高等职业教育电子信息类系列教材

高频电子线路 与技能实训

主　编　胡　方

副主编　汪文浩　郭珊珊

参　编　李小飞　毛　娟　熊韵然

主　审　李小珉

西安电子科技大学出版社

内 容 简 介

    本书为高频电子线路与基本技能实训教材,是根据高等职业教育的需求,结合当前高职学生的水平和特点,以理论够用、内容精练为原则编写的。书中适当淡化理论分析、简化数学推导,突出物理概念、强调与实际的联系,旨在帮助学生听懂理论,并学会动手做实验,为后续专业课程的学习奠定基础。全书共7章,分别为绪论,高频电路基础,高频小信号放大器,谐振功率放大器,正弦波振荡器,调幅、检波和混频,角度调制与解调;另附有综合实训——超外差式调幅收音机的安装与调试。为加强教学适用性和工程应用性,全书每章均设计了操作性较强的技能训练。此外,为了加强和巩固所学理论知识和实训技能,本书还配有丰富的例题、练习与思考及测试题。

    本书可作为高职高专通信、电子信息、自动化类专业或相近专业的教材,也可供相关的工程技术人员参考。

图书在版编目(CIP)数据

高频电子线路与技能实训 / 胡方主编. -- 西安:西安电子科技
大学出版社,2024.8. -- ISBN 978-7-5606-7348-6

Ⅰ. TN710.2

中国国家版本馆 CIP 数据核字第 2024AP2537 号

策　　划	秦志峰　杨丕勇
责任编辑	秦志峰
出版发行	西安电子科技大学出版社(西安市太白南路2号)
电　　话	(029) 88202421　88201467　　邮　编　710071
网　　址	www.xduph.com　　　　　电子邮箱　xdupfxb001@163.com
经　　销	新华书店
印刷单位	咸阳华盛印务有限责任公司
版　　次	2024 年 8 月第 1 版　　　2024 年 8 月第 1 次印刷
开　　本	787 毫米×1092 毫米　1/16　　印张　15.5
字　　数	365 千字
定　　价	48.00 元

ISBN 978-7-5606-7348-6

XDUP 7649001-1

前　言

　　为了适应高等职业教育的发展要求，更好地将工程教育理念融入到教学中，我们结合通信、电子信息等专业的需求，以现代高等职业教育的基本理念为指导，以满足职业需求和提高任职能力为牵引，结合当前高职高专学生的特点，按照理论教学与实验教学相结合的要求编写了本书。

　　本书在编写过程中，立足岗位任职需求，遵循教材有用、实用和易学的原则，本着"注重能力、理实结合、通俗易懂"的理念，以基本概念、基本电路和基本分析方法为主线，合理选取和整合教学内容，并注重以马克思主义的立场、观点、方法指导学生发现问题、分析问题和解决问题，引导学生树立正确的人生观、价值观和世界观；强调理论对实践的指导意义，以此提高学生运用理论知识分析和解决实际问题的能力，在实践教学中引导学生增强法规意识、诚信意识、工匠意识和协作意识，为后续课程的学习和从事相关专业技术工作奠定基础。

　　高频电子线路是通信与电子信息等专业重要的技术基础课，课程内容涉及面宽，具有理论性强和实践性强的特点。为适应高职高专学生的水平，体现高等职业教育教学的特点，本书在编写时考虑了以下几点：

　　• 注重应用牵引。根据高职学生未来工作岗位的特点和需求，全书主要章节均以"观察与思考"的形式引入实例，通过实例分析提出问题，讲解必备的理论知识。在教学内容选取方面不追求全面、系统，以满足后续课程的基本需求为目的；理论分析以"实用、够用、会用"为原则，强调对物理概念的理解。

　　• 弱化定量分析。在理论分析方面，以建立物理概念为先导，侧重定性分析，淡化繁杂的理论论证和冗长的数学推导过程，以降低学习的难度。同时，以"知识拓展""提示"等形式保留了部分进阶的理论分析方法，不仅体现了理论对实践的指导意义，而且能够拓展思维、提高学习兴趣，以满足学有余力学生进一步学习的要求。

　　• 强调实践教学。为培养理论联系实际的能力，本书在几乎每章后都安排了实训项目，以培养学生的实践操作能力；以例题、"技术与应用"等形式，安排了一些典型实用电路的分析，以供学生进行电路图的阅读练习。在教学组织上，可以按"理实一体"的形式进行教学，使理论教学与实践教学融为一体。

　　• 跟踪行业发展。为拓宽学生视野，使教学内容紧跟技术和器件发展的新趋势，本书中很多功能电路均以集成电路的应用为主。在介绍集成电路时，以外部电特性和应用方法为重点，内部电路则以信号流向为主导、以功能模型替代具体电路，以降低理论分析难度、建立系统概念。

　　• 便于自学自检。为方便学生学习，本书在几乎每节后都附有练习与思考，每章后附有测试题。练习与思考及测试题紧扣学习要求，测试题的类型与考试题相似，以帮助学生掌握试题的基本分析方法。

本书部分内容可以根据专业需要、后续课程的要求以及教学课时数进行调整，选择使用。本书授课学时建议为 54～90 学时，其中，理论教学与实训教学的比例建议为 2∶1。由于高频电子线路实训项目的电路比较复杂，元器件数量较多且对安装的要求较高，所以本书第 3 章～第 7 章所涉及的实训项目均使用专业定制的实验箱，应尽量创造条件完成，以便能系统地训练实际动手能力。在实验条件许可的情况下，可增加一些实训内容，逐步提高实训教学的比例。当由于场地、设备、器材等原因不能完成实训项目时，可以利用演示的方式或借助仿真软件通过模拟实验完成。

本书由胡方担任主编，汪文浩、郭珊珊担任副主编。其中，第 1 章由胡方、熊韵然编写，第 2 章由郭珊珊编写，第 3 章由李小飞编写，第 4 章由毛娟编写，第 5 章由李小飞、汪文浩编写，第 6 章由胡方、熊韵然编写，第 7 章由毛娟、郭珊珊编写，附录由汪文浩编写。全书由胡方拟定编写大纲并统稿。李小珉副教授担任主审，为本书的编写给予了全程指导，提出了宝贵的修改意见和建议，在此表示衷心的感谢。

本书在编写的过程中参考了部分文献，在此对这些文献的作者表示衷心的感谢。在编写本书的高频实验部分内容时，参考了高频实验箱的有关技术资料，在此感谢南京浒亭电子有限公司张万江工程师的支持和帮助。另外，为方便实验，在各章技能训练中，实验电路原理图中的各元器件的名称及格式均与相应的实验模块电路板上印刷的一致；在实验模块电路板上，用于连接输入、输出信号或用于测试点的 U 形单排针，用符号⊓表示。

尽管我们做出了努力，但由于对职业教育的特点和规律认知不足，编者的水平与经验有限，书中的缺点在所难免，恳请读者批评指正。

编者 E-mail：hf6584@163.con。

编　者
2024 年 3 月

目　录

第 1 章 绪 论

本章简要介绍了无线电通信发展的历史，并介绍通信系统的基本组成和工作原理。

1.1 无线电通信发展简史

信息传输是人类社会生活的基本需求。信息的传输和处理也是近代和现代发展最迅速、应用最广泛的一门科学，无线电通信又是信息传输中最重要的方式之一。无线电通信的发展对社会的进步和人类的生活产生了非常深刻的影响，涉及经济、军事和日常生活等各方面。

寻求远距离、快速、便捷的通信方式始终是人们在通信领域追求的目标。从古代的烽火到近代的旗语，体现了信息传输和处理的不同方式。

19世纪初，人们用导线传输电信号来传递信息，这就是有线通信。1837年，美国画家、发明家摩尔斯发明了有线电报和摩尔斯电码，开创了用电作为信息载体的历史。

1864年，英国的物理学家麦克斯韦发表了著名的论文《电磁场的动力学理论》，从理论上证明了电磁波的存在。1873年，麦克斯韦出版了科学名著《电磁理论》，系统、全面、完美地阐述了电磁场理论，为无线通信的发明和发展奠定了坚实的理论基础。

1887年，德国的物理学家赫兹以卓越的实验技巧证实了电磁波的客观存在。人们开始尝试利用以光速传播的电磁波来传输信息。

1895年，意大利工程师马可尼成功地用电磁波实现了数百米距离内的无线通信，并在1901年首次完成了横跨大西洋的无线通信，无线电通信从此进入了实用阶段。

1904年，英国物理学家弗莱明应用爱迪生效应，发明了真空二极管。1906年，美国物理学家德福雷斯特在二极管中另外加了一个炉栅形的电极——栅极，发明了真空三极管，用它可以组成具有放大、振荡、变频、调制、检波和波形变换等功能的电子线路。真空电子管的发明，是电子技术发展史上第一个重要的里程碑，电子技术从此进入真空时代。

1948年，美国物理学家巴丁、肖克莱和布拉顿三人组成的半导体研究小组发明了晶体三极管。晶体三极管在节省电能、减小体积、降低重量、延长寿命、提高可靠性等方面远远胜过电子管。晶体管的发明成为电子技术发展史上第二个重要的里程碑，电子技术从真空时代进入固体时代。

1958 年，美国电子工程师基尔比研制出微型组合电路，这就是集成电路的雏形。在电子技术领域"管"和"路"从此结合起来，半个多世纪以来，集成电路从中规模到大规模、到超大规模快速发展，取得了巨大成就。可以说集成电路的出现是电子技术发展史上第三个重要的里程碑。

无线电技术自诞生到现在，对人类社会的进步起到了不可估量的推动作用。20 世纪初先是出现了无线电报这一通信方式，随后又以无线电波直接传送语音和音乐，无线电广播和无线电话通信得到普及；之后又出现了图像传输，电视和无线电传真广泛进入社会各领域。20 世纪 30 年代中期到第二次世界大战期间，为了防空的需要，无线电定位技术的迅速发展和雷达的出现，带动了其他学科的兴起，如无线电天文学、无线电气象学等。随着无线电技术与电子计算机、信息论、控制论等学科的结合，无线电技术向更高、更广的领域发展。时至今日，可以说从科学研究、工农业生产，到社会生活、家庭生活都离不开无线电技术。虽然无线电技术的发展方向多、应用面广，但信息传输和信息处理始终是其核心任务。高频电子线路所涉及的单元电路都是围绕传输和处理信息这两个基本任务展开的。因此，本书仍以普遍应用的、典型的无线电通信系统为例来说明其工作原理和工作过程。

1.2　通信系统的基本工作原理

1.2.1　通信系统的组成

通信就是信息传递和处理的过程，是指由一地向另一地进行信息的传输与交换。广义上说，无论采用何种方法、使用何种媒质，只要将信息从一地传送到另一地，均可称为通信。通信系统是指实现信息传递所需设备和规则的总和。

1. 通信系统的基本组成

以电信号作为信息载体的通信系统又称为电信系统，其组成框图如图 1-2-1 所示。

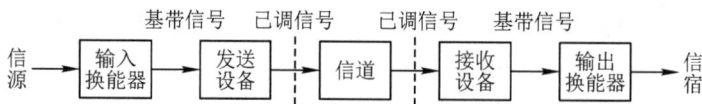

基带信号　已调信号　　已调信号　基带信号

信源 → 输入换能器 → 发送设备 → 信道 → 接收设备 → 输出换能器 → 信宿

图 1-2-1　通信系统的组成框图

通信系统各组成部分的主要作用简介如下。

(1) 信源：信息的发生源，即需要传送的原始信息，如声音、影像、文字等，一般是非电物理量。

(2) 输入换能器：将信源提供的非电物理量信息变换为电信号。信源提供的电信号通常称为基带信号，其特点是频率较低，相对带宽较宽，例如，声音信号(音频)的频率范围为 20 Hz~20 kHz；电话传送的语音信号频率范围为 300 Hz~3.4 kHz；中波调幅广播传送的音频信号频率范围为 50 Hz~4.5 kHz；调频广播传送的音频信号频率范围为 30 Hz~15 kHz；电视信号(视频)的频率范围为 0~6 MHz。

提示

相 对 带 宽

相对带宽(RBW)指信号的带宽与其中心频率之比,即

$$RBW = \frac{BW}{f_0} \times 100\% = \frac{f_H - f_L}{f_0} \times 100\% = 2\frac{f_H - f_L}{f_H + f_L} \times 100\%$$

其中,$BW = f_H - f_L$ 为信号的带宽,f_H 和 f_L 分别是信号的上、下限频率,$f_0 = (f_H + f_L)/2$ 为信号的中心频率。

若某音频信号的上、下限频率分别为 20 kHz 和 20 Hz,则其相对带宽为 199.6%。若某信号的中心频率为 1000 kHz,带宽为 9 kHz,则其相对带宽为 0.9%。

(3) 发送设备:将基带信号变换为适合信道传输的信号。在通信系统中,基带信号不适宜通过信道直接传输。为了更有效地传输信息,发送设备要对基带信号进行处理,即对基带信号进行调制,以得到适合信道传输的信号(已调信号)。

(4) 信道:信号传输的通道,又称传输媒介。通信系统中可应用的信道分为两大类,即有线信道(如架空明线、电缆、波导、光纤等)和无线信道(如自由空间、地球表面、海水等)。不同信道有不同的传输特性,同一信道对不同频率信号的传输特性也是不同的。

(5) 接收设备:处理从信道传送过来的已调信号,恢复出与发射端一致的基带信号。由于信号在信道传输和恢复的过程中会产生一定的干扰和失真,所以接收设备恢复的信号也会有一定的失真,应该尽量减小这种失真。

(6) 输出换能器:将接收设备输出的基带信号还原成原始信息,如还原声音的扬声器、还原图像的显示器等。

(7) 信宿:信息的接收者,可以是人,也可以是机器、设备等。

2. 通信系统的工作方式

通信系统的工作方式有三种,即单工方式、半双工方式和双工方式。

1) 单工方式

单工方式是指通信双方在信息传递过程中,一端只发不收,而另一端只收不发,系统使用一个信道的工作方式。在图 1-2-2 所示的单工通信系统中,A 端为发送端,B 端为接收端,信息只能从 A 端流向 B 端。无线广播系统就是典型的单工通信系统,如调幅广播、调频广播等。

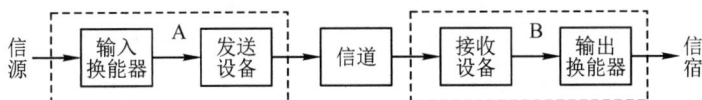

图 1-2-2　单工通信系统

2) 半双工方式

半双工方式是指通信双方在信息传递过程中轮流向对方发送信息,系统使用一个信道的工作方式。在图 1-2-3 所示的半双工通信系统中,A 端发送时 B 端接收,B 端发送时 A 端接收,A 端和 B 端不能同时向对方发送信息。对讲机就是典型的半双工通信系统。

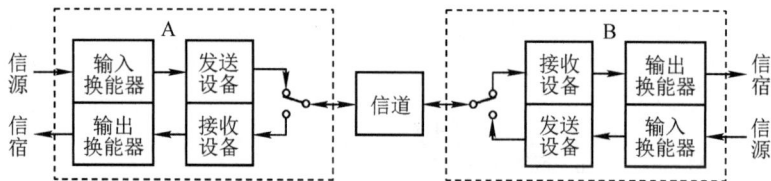

图 1-2-3 半双工通信系统

3）双工方式

双工方式是指通信双方在信息传递过程中可同时向对方发送信息，系统使用两个信道的工作方式。如图 1-2-4 所示，双工通信系统实际上是两套单工系统的组合，A 端和 B 端可实现信息的同时交互，提高了通信效率，但需要两个信道。电话就是典型的双工通信系统。

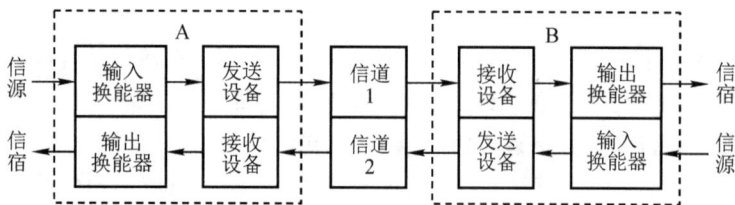

图 1-2-4 双工通信系统

1.2.2 无线电通信系统的基本工作原理

无线电通信是以电磁波为信息载体，以自由空间、地球表面、海水等为传输媒介的通信方式。无线电通信具有发射距离远、机动性能好的优点，本书仅介绍以自由空间为传输媒介的无线电通信系统，其组成框图如图 1-2-5 所示。其中，发射天线和接收天线是通信系统的重要组成部分。

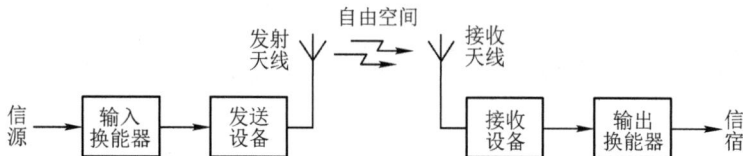

图 1-2-5 无线电通信系统的组成框图

1. 无线电波的传播方式

在自由空间媒介里，不同频率的电磁波有不同的传播方式。

（1）绕射传播。频率在 1.5 MHz 以下的电磁波主要沿着地表绕射传播，称为地波，如图 1-2-6(a)所示。由于大地不是理想的导体，当电磁波沿地表传播时，有一部分能量被损耗掉，并且频率越高，损耗越严重，因此频率较高的电磁波不适合沿地表绕射传播。

（2）反射传播。频率在 1.5～30 MHz 的电磁波主要靠空中电离层的反射传播，称为天波，如图 1-2-6(b)所示。电磁波到达电离层后，一部分能量被吸收，一部分能量被反射到地面。频率越高，被吸收的能量越少，电磁波穿入电离层也越深。当频率超过一定值后，电磁波就会穿透电离层传播到宇宙空间，不再返回到地面。因此，频率更高的电磁波不适合利用电离层反射的方式传播。

（3）直射传播。频率在30 MHz以上的电磁波主要在空间直线传播，称为空间波，如图1-2-6(c)所示。由于地球表面是弯曲的，空间波传播的距离受限于视距范围。架高收发天线、利用通信卫星可以增大其传输距离。

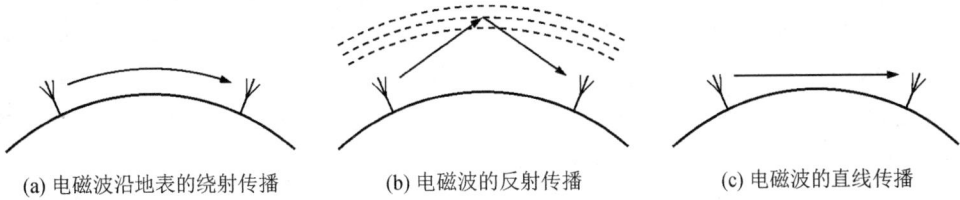

(a) 电磁波沿地表的绕射传播　　　　(b) 电磁波的反射传播　　　　(c) 电磁波的直线传播

图1-2-6　电磁波在自由空间的传播方式

为了方便讨论问题，国际电信联盟将不同频率的电磁波划分为若干频段或波段，其相应的名称和主要应用如表1-2-1所示。

表1-2-1　无线电波的波段划分

波段名称		波长范围	频率范围	频段名称	传播方式	应用举例
超长波		10 000～1000 km	30～300 Hz	超低频（SLF）	—	音频，电话
特长波（UW）		1000～100 km	300～3000 Hz	特低频（ULF）	地波	音频，电话，长距离航海时间标准
甚长波（VLW）		100～10 km	3～30 kHz	甚低频（VLF）	地波	
长波（LW）		10～1 km	30～300 kHz	低频（LF）	地波	远距离通信，无线电信标
中波（MW）		1000～100 m	300～3000 kHz	中频（MF）	地波，天波	调幅广播，通信，导航，业余无线电
短波（SW）		100～10 m	3～30 MHz	高频（HF）	天波	短波广播，中距离通信，业余无线电
超短波（米波）（VSW）		10～1 m	30～300 MHz	甚高频（VHF）	空间波	移动通信，电视，调频广播，雷达，导航
微波	分米波（USW）	100～10 cm	300～3000 MHz	特高频（UHF）	空间波	卫星通信，电视，雷达，遥测
	厘米波（SSW）	10～1 cm	3～30 GHz	超高频（SHF）	空间波	雷达，卫星通信
	毫米波（ESW）	10～1 mm	30～300 GHz	极高频（EHF）	空间波	雷达，微波通信，无线电天文学
	亚毫米波	1～0.1 mm	300～3000 GHz	至高频（THF）	空间波	卫星广播与通信

应该说明的是，尽管无线电频率的划分有明确的规定，而且各不同波段的电磁波传播方式也有明显的差别，但在各波段之间的电磁波传播方式没有明显的分界线。例如，频率为 1.5 MHz 的无线电波，既有沿着地表的绕射传播，也有靠空中电离层的反射传播。从元器件的选用、电路结构以及工作原理等方面看，中波、短波和超短波基本相同，它们基本上都采用集总参数元件，即通常的电阻、电容、电感等；在器件方面主要采用一般的二极管、晶体管、场效应管等。而在微波波段，则采用分布参数元件，如同轴线、波导、光纤等；在器件方面，除采用晶体管、场效应管外，还需要特殊器件，如调速管、行波管、磁控管等，它们在工作原理上与晶体管也不相同。

2. 发送和接收设备的主要任务

信息的传递通常应满足两个基本要求，一是实现远距离传送；二是实现多路传送，且各路信号在传输时要互不干扰。

为什么要用无线电波发射的方式传送信息呢？以声音(20 Hz～20 kHz)为例，一个人无论怎样用力高喊，其声音也不会传得很远。其原因有三个，一是声波在空气中传播时衰减很快；二是声波的速度很慢，常温下声波在空气中的传播速度约为 340 m/s；三是若多人同时说话，其频率范围相同，相互之间形成干扰，使接收者难以辨识。为实现远距离传声，需使用"输入换能器"(如麦克风)将声音信号变换为电信号——基带信号，再由"发送设备"放大、调制后，经"发射天线"以电磁波辐射的方式发射出去。由于无线电波以光速($c = 3 \times 10^8$ m/s)传播，所以通过合理调整天线的高度和发射功率，即可实现远距离通信。

为什么基带信号不能直接发射出去呢？由声音直接转换而来的基带信号，其频率范围仍为 20 Hz～20 kHz，若把这样的信号直接从天线发射出去，存在以下两个问题：

(1) 无法制造合适尺寸的天线。由信号的频率 f 与波长 λ 的关系

$$c = f\lambda \tag{1-2-1}$$

可知，音频信号相对应的波长为(15 000～15)km。由电磁场理论知，只有当天线的尺寸与波长相匹配时，信号才能被天线有效地发射出去；天线的实际尺寸通常为波长的 1/8～1/2，即便采用 $\lambda/8$ 的天线，实际天线的尺寸也在 1875 m 以上。显然，制造和安装这么长的天线是不现实的。

(2) 无法实现多路信号同时传送。解决该问题的办法是引入调制技术，将待传送的基带信号"装载"到高频载波上，提高发射的电磁波频率，同时也减小了天线的尺寸。另外，多路信号可分别"装载"到不同频率的载波上，接收端可按需选择要接收的信号。

对于有线通信，虽然可以直接传输语音电信号(如有线电话)，但一条信道只传输一路信号，信道的利用率太低。所以，有线通信也需要通过调制技术将各路语音信号搬迁到不同的频段，以实现一线传输多路信号而又互不干扰。

综上所述，无线发送设备的主要任务是调制和放大。调制就是用待传输的基带信号控制高频载波信号的某一参数，使该参数随基带信号的变化而线性变化的过程；放大就是对调制信号、载波信号和已调信号的电压和功率进行放大、滤波等处理的过程，以保证调制信号有足够大的电压进行调制，保证已调信号有足够大的功率进入信道。

接收设备的主要任务是选频、放大和解调。由于信道中存在众多的通信信号以及各种干扰信号，所以接收设备首先要选择有用信号，抑制其他信号和干扰信号；同时，因信道的衰减作用，经远距离传输后到达接收端的信号电平很微弱(微伏数量级)，需要放大后才能

解调；解调就是将信道传输过来的已调信号进行还原处理，恢复出与发送端相一致的基带信号。显然，解调是调制的逆过程。

3. 调制的基本类型

基带信号是如何"装载"到高频载波上的呢？一个高频正弦波可以表示为

$$u_c(t) = U_{cm}\cos(\omega_c t + \varphi_0) \qquad (1-2-2)$$

式中，$u_c(t)$ 是高频载波的瞬时值，简写为 u_c；U_{cm} 是振幅；$\omega_c = 2\pi f_c$ 是角频率，f_c 为频率，为方便表述，将 ω_c 和 f_c 均称为频率；φ_0 是初相位。

1）连续信号的调制类型

连续信号是指时间上连续的信号，其幅值可以是连续的，也可以是不连续的，如图 1-2-7 所示。幅值连续的连续信号又称为模拟信号，语音信号、图像信号都是模拟信号。

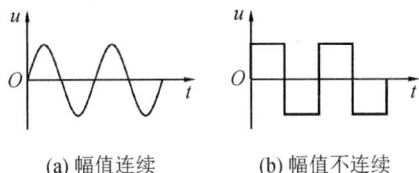

(a) 幅值连续　　　　　　(b) 幅值不连续

图 1-2-7　连续信号示例

设待传送的基带信号（又称为调制信号）是一个低频单音模拟信号，其表达式为

$$u_\Omega(t) = U_{\Omega m}\cos\Omega t \qquad (1-2-3)$$

式中，$u_\Omega(t)$ 是基带信号的瞬时值，简写为 u_Ω；$U_{\Omega m}$ 是振幅；$\Omega = 2\pi F$ 是角频率，F 为频率；初相位为 0。

由式（1-2-2）可知，用基带信号 u_Ω 控制高频载波 u_c 的某一参数，这个参数只能是振幅（U_{cm}）、频率（f_c）和初相位（φ_0）三个参数中的一个。所以，连续信号有以下三种基本调制方式：

（1）幅度调制（AM），又称振幅调制，简称调幅，即用调制信号控制高频载波的振幅，其特点是载波的振幅 U_{cm} 与调制信号 u_Ω 成正比。

（2）频率调制（FM），简称调频，即用调制信号控制高频载波的频率，其特点是载波的频率 f_c 与调制信号 u_Ω 成正比。

（3）相位调制（PM），简称调相，即用调制信号控制高频载波的初相位，其特点是载波的初相位 φ_0 与调制信号 u_Ω 成正比。

幅度调制将在第 6 章介绍，频率调制和相位调制将在第 7 章介绍。

2）数字信号的调制类型

数字信号指幅度的取值是离散的，幅值表示被限制在有限个数值之内。例如，二进制码就是一种数字信号，其幅值只用 1 或 0 表示，一般表示高电平或低电平。

连续信号经 A/D 转换后可变换为数字基带信号，用其对高频正弦波进行的调制称为数字调制。与连续信号调制相似，根据数字基带信号 u_D 控制高频载波 u_c 的参数不同，数字信号有以下三种基本调制方式：

（1）振幅键控（ASK），即用调制信号控制高频载波的振幅，如图 1-2-8 中的 u_{ASK} 所示。

（2）频率键控（FSK），即用调制信号控制高频载波的频率。例如，当 u_D 为 1 时，载波的频率为 f_1；当 u_D 为 0 时，载波的频率为 f_2，如图 1-2-8 中的 u_{FSK} 所示。

（3）相位键控（PSK），即用调制信号控制高频载波的初相位。例如，当 u_D 为 1 时，载波的初相位为 0；当 u_D 为 0 时，载波的初相位为 π，如图 1-2-8 中的 u_{PSK} 所示。

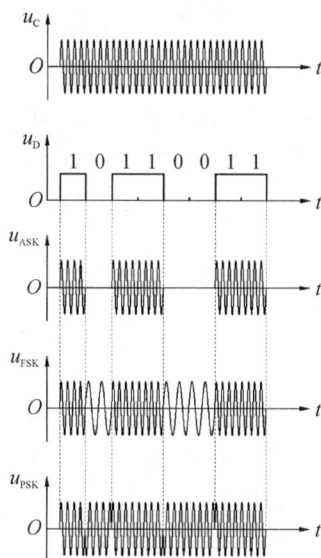

图 1-2-8　数字调制信号波形示例

数字通信具有抗干扰能力强、便于保密处理、便于计算机处理、便于集成化等优点，得到了广泛应用。其主要缺点是数字信号频带较宽，占用频率资源较多。

1.2.3　无线电通信系统应用举例

无线电通信系统的种类很多，如广播、电视、移动通信、全球定位系统、卫星通信等。虽然不同类别的通信系统有不同的特点和要求，但其发送和接收设备的基本组成和基本原理都是相近的。以下以调幅广播和调频公众对讲机为例，简要介绍无线电发送和接收设备的基本组成。

1. 调幅广播系统

无线电广播的形式一般分为调幅（AM）广播和调频（FM）广播，调幅广播又分为中波（MW）广播和短波（SW）广播。我国规定：中波调幅广播的发射频率为 $526.5\sim1606.5$ kHz；短波调幅广播的发射频率为 $2.3\sim26.1$ MHz；调频广播的发射频率为 $87\sim108$ MHz；校园调频广播的发射频率为 $76\sim84$ MHz。

1）调幅广播发射机

调幅广播发射机的组成框图如图 1-2-9 所示，它主要由低频（或称音频）部分和高频（或称射频）部分组成。

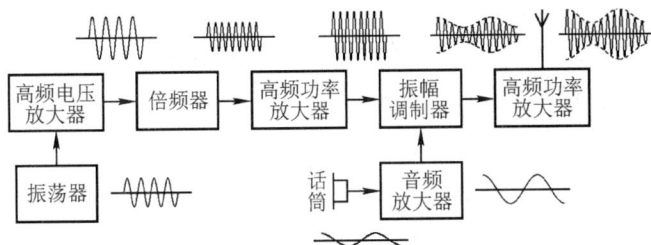

图 1-2-9 调幅广播发射机的组成框图

低频部分主要是音频放大器(或称低频放大器)。话筒的作用是将声波信号转换为电信号,由话筒转换来的电信号非常微弱,需要由低频电压放大器和低频功率放大器组成的音频放大器对它进行放大处理,以提供足够大的调制信号功率。

高频部分一般包括振荡器、高频电压放大器(又称高频小信号放大器)、高频功率放大器(含倍频器)、振幅调制器。振荡器的作用是产生一个频率稳定的高频振荡电压——载波信号。为了提高频率稳定度,振荡器往往采用石英晶体振荡器。高频电压放大器的作用是对高频振荡电压进行放大。

由于振荡器产生的频率不能太高,如果所需的载波频率较高,还应增加一级或若干级倍频器,使载波频率提高到所需的数值。高频功率放大器的作用是进一步提高载波的功率,以满足振幅调制器的需求。振幅调制器的作用是完成振幅调制过程,它在音频信号的控制下,将载波信号变换成振幅随调制信号变化的已调波信号,然后经过末级高频功率放大器将已调波信号的功率提高到所需的发射功率,最后由发射天线发射出去。

2) 超外差式调幅广播接收机

超外差式调幅广播接收机的组成框图如图 1-2-10 所示,它也由低频部分和高频部分组成。

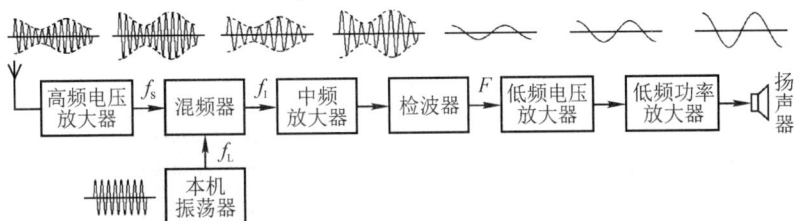

图 1-2-10 超外差式调幅广播接收机的组成框图

高频部分包括高频电压放大器(含中频放大器)、本机振荡器、混频器和检波器。从天线收到的微弱高频已调信号,先经过高频电压放大器(有时可省略)放大,然后送至混频器,与来自本机振荡器的振荡信号相混合,产生一个频率固定的中频信号。在后面有关章节将证明,中频信号保留了接收的高频已调信号中的全部有用信息,仅载波频率由 f_s 变换为 f_1,且 $f_1 = f_L - f_s = 465 \text{ kHz}$(有时为 $f_1 = f_L + f_s$)。中频信号再经若干级中频放大器放大后送入检波器,经检波后还原出调制信号。

低频部分一般由低频电压放大器和低频功率放大器组成。解调出的调制信号经低频放大器放大获得足够的功率后,推动扬声器发出声音。

超外差式调幅广播接收机的特点是采用了变频技术，即将接收的高频信号转换为中频信号。由于中频是固定的频率，中频放大器的选择性和增益都与接收信号的载波频率无关，从而极大地提高了接收机的选择性和灵敏度。

2. 调频公众对讲机

对讲机是一种近距离的、简单的无线传输通信工具，其工作方式为半双工移动通信，即在同一时刻只能"收信"或"发信"。公众对讲机是指对公众开放使用的、发射功率不大于0.5 W、工作于指定频率的半双工无线对讲机，其调制方式为调频，传送的语音信号频率为300 Hz～3 kHz。

各国对对讲机工作的频率和频道数均有明确规定。为防止用户随意扩展频率范围，公众对讲机的技术规范规定：前面板上不能设置编程操作功能；有屏显的只显示频道序号，不能显示其工作频率。我国规定的公众对讲机标准频点如表1-2-2所示，共开放了20个频道，频率间隔为12.5 kHz。

表1-2-2　我国公众对讲机标准频点

频道	1	2	3	4	5
频率/MHz	409.7500	409.7625	409.7750	409.7875	409.8000
频道	6	7	8	9	10
频率/MHz	409.8125	409.8250	409.8375	409.8500	409.8625
频道	11	12	13	14	15
频率/MHz	409.8750	409.8875	409.9000	409.9125	409.9250
频道	16	17	18	19	20
频率/MHz	409.9375	409.9500	409.9625	409.9750	409.9875

另外，我国还分配了144～146 MHz和430～440 MHz频段给业余电台使用。工作在该频段的对讲机应申办执照。

公众对讲机主要由发射、接收、频率合成和亚音控制等部分组成。其中，天线及其阻抗匹配电路为发射、接收两部分共用。其组成框图如图1-2-11所示。

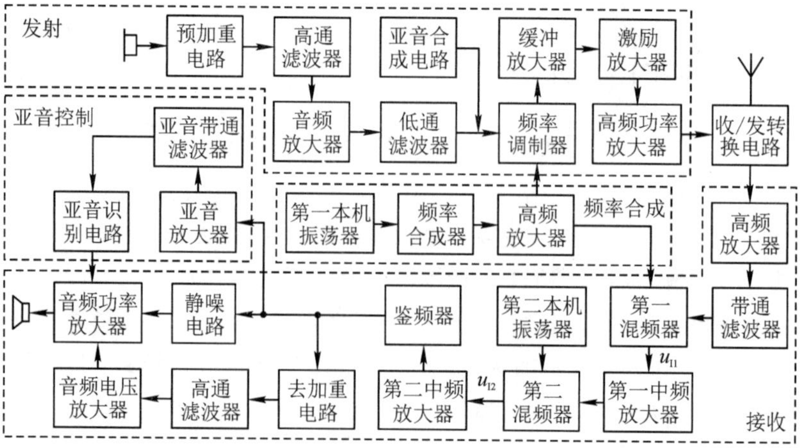

图1-2-11　公众对讲机的组成框图

1) 发射部分

在图 1 - 2 - 11 所示的发射部分，语音经话筒转换成音频电信号，先经过预加重电路处理，以压低低频部分的电平；然后送入高通滤波器，滤除低于 300 Hz 的部分；经过音频放大器后，再通过低通滤波器，滤除高于 3 kHz 的部分。根据需要可在音频信号中附加一个低于 300 Hz 的亚音频识别信号，以避免接收同频率的不相干信号；然后送入频率调制器进行调频。产生的调频信号再经过缓冲放大器、激励放大器、高频功率放大器放大后，产生额定的射频功率，最后通过收/发转换电路，将调频信号从天线发射出去。

2) 接收部分

接收部分采用二次变频超外差方式，以提高接收机的灵敏度。在图 1 - 2 - 11 所示的接收部分，从天线接收的信号经过收/发转换电路，送入高频放大器放大，再经过带通滤波器选频后，进入第一混频器；与来自频率合成部分的本振信号在第一混频器进行混频，生成第一中频信号 u_{I1}，第一中频信号的中心频率一般为 45 MHz，不同的机型略有差异。第一中频信号经过第一中频放大器放大后，与第二本机振荡器产生的第二本振信号在第二混频器再次进行混频，生成第二中频信号 u_{I2}，第二中频信号的中心频率一般为 455 kHz，不同的机型略有差异。第二中频信号经过第二中频放大器放大后，进入鉴频器，解调出音频信号。一路音频信号送入去加重电路，恢复被压低的低频部分的电平，再通过高通滤波器，滤除低于 300 Hz 的附加亚音频信号；最后进入音频电压放大器和音频功率放大器放大，以驱动扬声器发声。另一路音频信号进入静噪电路，对噪声分量进行检测，当无语音信号时，噪声分量相对较高，在静噪电路控制下关闭音频功率放大电路，使扬声器不发出噪声。

3) 频率合成部分

在图 1 - 2 - 11 所示的频率合成部分，频率合成器主要由微处理器(CPU)和锁相环(PLL)构成，如图 1 - 2 - 12 所示。从压控振荡器(VCO)输出的信号，一部分经过第二分频器分频后产生频率为 f_{o2} 的比较信号，送入鉴相器；由第一本机振荡器产生的本振信号，经第一分频器分频后产生频率为 f_{i1} 的参考信号，也送入鉴相器。两信号经过鉴相器的比较，将两者的相位差变换为直流信号，经环路滤波器后，控制压控振荡器的输出信号频率。当 f_{i1} 与 f_{o2} 相等时，两信号的相位差为固定值，鉴相器输出的直流电平也为固定值，压控振荡器输出的信号频率保持为 f_o；若 f_{i1} 与 f_{o2} 不相等，两信号的相位差产生了改变，鉴相器输出的直流电平也发生了改变，控制压控振荡器输出信号的频率向 f_o 靠近，直至达到 f_o。微处理器控制分频器，可形成不同的分频比，锁相环电路可产生频率间隔分别为 5 kHz、10 kHz、12.5 kHz、15 kHz、25 kHz 的输出信号。

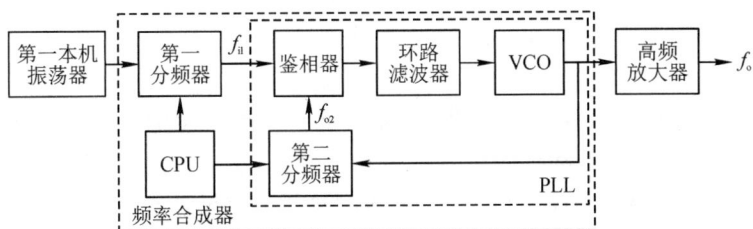

图 1 - 2 - 12 频率合成部分的组成框图

4）亚音控制部分

亚音控制是一种将低于传送的音频频率的某一频率的信号附加在音频信号中一起传输的技术，因其频率范围在传送的音频以下，故称为亚音频。普通公众对讲机的亚音频识别信号的频率范围为 67～250.3 Hz，一般设 38 个频率点（有的系统分为 50 个频率点），如表 1-2-3 所示。亚音频识别信号就是其中某一个频率的模拟信号。使用亚音频识别信号的目的是避免接收同频率不相干的呼叫。

表 1-2-3 亚音点频率

亚音点	1	2	3	4	5	6	7	8	9	10
频率/Hz	67.0	71.9	74.4	77.0	79.7	82.5	85.4	88.5	91.5	94.8
亚音点	11	12	13	14	15	16	17	18	19	20
频率/Hz	97.4	100.0	103.5	107.2	110.9	114.8	118.8	123.0	127.3	131.8
亚音点	21	22	23	24	25	26	27	28	29	30
频率/Hz	136.5	141.3	146.2	151.4	156.7	162.2	167.9	173.8	179.9	186.2
亚音点	31	32	33	34	35	36	37	38		
频率/Hz	192.8	203.5	210.7	218.1	225.7	233.6	241.8	250.3		

在图 1-2-11 所示的亚音控制部分，鉴频器输出的音频信号，经过亚音放大器和亚音带通滤波器，将亚音信号送入亚音识别电路，与预设值进行比较，用其结果控制音频功率放大电路的输出。如果与预置的亚音值相同，则驱动音频功率放大电路，扬声器可正常发声；否则，将关闭音频功率放大电路。

1.3 本书研究的内容

通过以上介绍，我们对无线电通信的基本原理有了初步了解，下面将陆续介绍无线电发送和接收设备中各单元电路的工作原理、典型电路、性能特点、基本分析方法、测试及调试方法。这些基本单元电路包括高频小信号放大电路、谐振功率放大电路、正弦波振荡器电路、调制和解调电路等。这些电路除了在现代通信系统中具有重要作用，也广泛应用于其他电子设备中。

需要指出的是，所谓高频是相对的，高频和低频的界定频率值是多少并无严格定义。从广义上说，适合无线电发射和传播的频率都可称为"高频"，通常又称为"射频"。由表 1-2-1 可知，高频包括的频率范围很宽。本书讨论的内容仅限于低于微波频率的范围。这是因为在微波波段，使用的元器件与线路结构都与高频段有很大的差异。

测　试　题

1-1　填空题

1. 一个完整的通信系统由_____、_____、_____组成。

2. 通信系统中可应用的信道分为_____信道、_____信道两大类。

3. 无线电波传播速度固定不变，频率越高，波长越_____。

4. 根据电磁波的波长或频率范围不同，其传输方式有_____、_____、_____等。

5. 所谓调制，就是用待传输的_____信号控制_____信号的某一参数的过程。其中模拟调制分为_____、_____、_____。

6. 调制的目的是_____、_____。

7. 解调是从已调信号中恢复_____信号的过程。

8. 超外差式 AM 收音机的组成包括天线、_____、_____、_____、_____、低频电压放大器、低频功率放大器和扬声器。

9. 调幅收音机的中频为_____kHz。

10. 无线电通信的传输信道有_____、_____和_____。

1-2　单选题

1. 以下（　　）不是基带信号的特点。

A. 带宽较宽　　　　　　　　　　B. 频率较低

C. 相对带宽较宽　　　　　　　　D. 包含直流信号

2. 电话传送的语音信号频率范围为（　　），中波调幅广播传送的音频信号频率范围为（　　），调频广播传送的音频信号频率范围为（　　），电视信号的频率范围为（　　）。

A. 300 Hz～3.4 kHz　　　　　　B. 50 Hz～4.5 kHz

C. 30 Hz～15 kHz　　　　　　　D. 0～6 MHz

3. 中波调幅广播的发射频率范围是（　　），短波调幅广播的发射频率范围是（　　），调频广播的发射频率范围是（　　）。

A. 526.5～1606.5 kHz　　　　　B. 2.3～26.1 MHz

C. 76～84 MHz　　　　　　　　D. 87～108 MHz

4. 若某信号的中心频率为 1000 kHz，带宽为 9 kHz，则其相对带宽为（　　）。

A. 90%　　　　　　　　　　　　B. 9%

C. 0.9%　　　　　　　　　　　　D. 0.09%

5. 若某信号的频率为 1000 MHz，则其波长为（　　）。

A. 3 cm　　　　　　　　　　　　B. 30 cm

C. 3 m　　　　　　　　　　　　D. 30 m

6. 为了将接收的高频信号转变为中频信号，（   ）是超外差接收机的关键部件。

A. 本机振荡器
B. 振幅调制器

C. 混频器
D. 检波器

1-3 判断题

1. 在无线电通信中，基带信号不能直接通过天线发射。 （   ）

2. 电信号的频率越高，其波长就越长。 （   ）

3. 无线电爱好者可以不经审批任意设置电台。 （   ）

4. 在超外差式调幅接收机中，混频器的作用是将接收的高频信号转换为中频信号。

（   ）

5. 中频信号的频率总是低于接收信号的频率。 （   ）

第 1 章参考答案

第2章 高频电路基础

通信系统中的发送和接收设备主要由振荡器、高频小信号放大器、谐振功率放大器、倍频器、混频器、调制器和解调器组成，而这些电路的负载均为选频网络。选频网络可分为两大类：第一类是由电感和电容组成的谐振回路；第二类是各种固体滤波器，如石英晶体滤波器、陶瓷滤波器、声表面波滤波器等。为方便分析高频电路，常用频谱分布情况来描述实际的高频信号，常需要对电路进行等效变换。尽管有些概念在前序课程中学习过，为了给后续各章的学习奠定基础，本章仍有必要对频谱、谐振回路、阻抗变换的基本方法进行复习和归纳，并介绍常用的固体滤波器。

2.1 频谱的概念

观察与思考

在1.2.2节介绍数字信号的调制类型时，曾提到"数字信号频带较宽"。观察如图2-1-1所示的单位开关信号，该信号是矩形脉冲信号，也可将其看成数字信号。那么，这个矩形信号的频带宽度到底是多少？如何描述该矩形信号？怎么描述更直观、便捷？

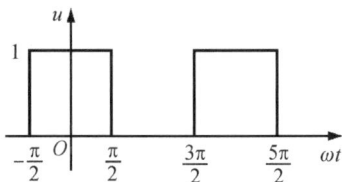

图 2-1-1 单位开关信号

1. 频谱

在实际通信系统中，信号是千变万化的。为了便于分析，常采用数学表达式、波形及频谱的方式来描述信号。

比较简单的信号适合采用数学表达式、波形来描述，而实际信号都是规律复杂或是无规律的，用数学表达式或波形来描述实际信号就非常繁琐。为了突出主要矛盾，常采用频谱表示法来描述实际信号。由于各种复杂的信号都可以分解为许多不同频率的正弦信号之和，所以，频谱就是指组成信号的各正弦分量按频率分布的情况。为了更直观地了解信号的频率组成和特点，通常采用作图的方法——频谱图来表示频谱，即以频率 f 为横坐标，以信号各正弦分量的振幅 U_m 为纵坐标。

2. 连续信号的频谱

声音信号是典型的连续信号，声音信号的变化规律比较复杂，用数学表达式描述比较难，但用频谱图的方法来描述就比较清晰，也容易抓住其特点。图 2-1-2 所示为电话传送语音（也称话音）信号的频谱图，其频率范围为 300～3400 Hz，其主要能量集中在 1000 Hz 附近。

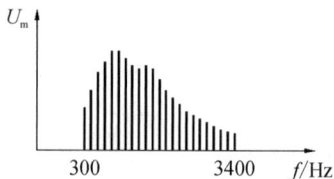

图 2-1-2 话音信号的频谱图

实际上，语音信号包含的频率成分是连续的，所以其频谱线（谱线）也几乎连成一片。为了方便分析和观察，图 2-1-2 中把谱线的距离拉开了。其中，每一条线段的位置代表某一正弦波的频率，线段的长度代表正弦波的振幅。信号的最高频率与最低频率之差，就是该信号所拥有的频率范围，称为频谱宽度，简称频宽，也称为带宽。例如，在图 2-1-2 中，话音的带宽为 3100 Hz。

3. 矩形脉冲信号的频谱

单位开关信号是典型的矩形脉冲信号，如图 2-1-1 所示，可表示为

$$u(\omega t) = \begin{cases} 1 & (\cos\omega t > 0) \\ 0 & (\cos\omega t < 0) \end{cases} \tag{2-1-1}$$

单位开关信号可以分解为许多正弦分量的叠加，用傅里叶级数可分解为

$$\begin{aligned} u(\omega t) &= \frac{1}{2} + \frac{2}{\pi}\cos\omega t - \frac{2}{3\pi}\cos3\omega t + \frac{2}{5\pi}\cos5\omega t - \frac{2}{7\pi}\cos7\omega t + \frac{2}{9\pi}\cos9\omega t - \cdots \\ &= U_0 + u_1 + u_3 + u_5 + u_7 + u_9 + \cdots \end{aligned} \tag{2-1-2}$$

其中，$U_0 = \dfrac{1}{2}$、$u_1 = \dfrac{2}{\pi}\cos\omega t$、$u_3 = -\dfrac{2}{3\pi}\cos3\omega t$、$u_5 = \dfrac{2}{5\pi}\cos5\omega t$、$u_7 = -\dfrac{2}{7\pi}\cos7\omega t$、$u_9 = \dfrac{2}{9\pi}\cos9\omega t$，分别为直流分量、基波分量、三次谐波分量、五次谐波分量、七次谐波分量、九次谐波分量。

由式（2-1-2）可知，图 2-1-1 所示的单位开关信号的频谱有以下特点：

（1）理论带宽为无限宽。由理论分析可知，单位开关信号中包含有直流分量 U_0、频率为 $f_1(\omega = 2\pi f_1)$ 的基波分量 u_1、频率为 $f_3 = 3f_1(3\omega = 2\pi f_3)$ 的三次谐波分量 u_3 以及频率为 $f_5 = 5f_1$、$f_7 = 7f_1$、$f_9 = 9f_1$、…更高次的奇次项谐波分量 u_5、u_7、u_9、…，即单位开关信号包含了无限多的频率成分，所以其理论带宽为无限宽。

（2）实际带宽为有限值。随着谐波次数的升高，其振幅将下降，若忽略振幅小的高次谐波分量，则其带宽是有限的。

如果忽略所有谐波分量，即 u 仅由直流分量和基波分量叠加而成，如图 2-1-3(a)所示，显然，u 与原来的矩形脉冲差别很大。如果在此基础上再叠加上三次谐波分量，如图 2-1-3(b)所示，u 与原来的矩形脉冲就比较相近了。同理，如果再叠加五次、七次谐波分量，如图 2-1-3(c)、(d)所示，则 u 就更加逼近原来的矩形脉冲。由此可见，u 包含的高次谐波分量越多，就与单位开关信号越一致。

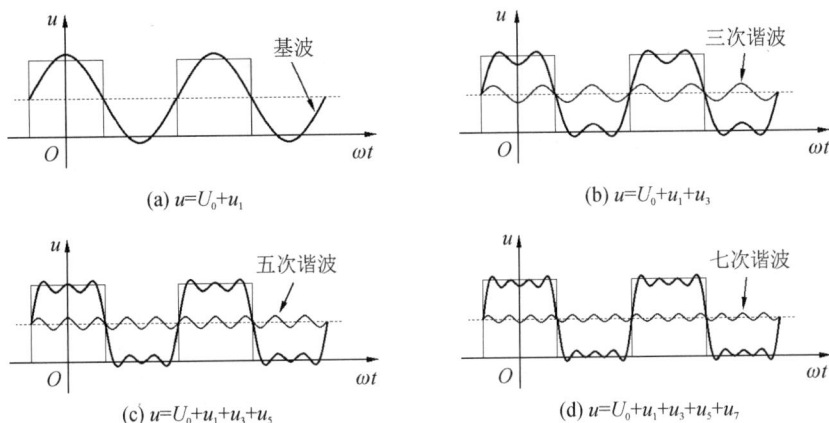

(a) $u=U_0+u_1$

(b) $u=U_0+u_1+u_3$

(c) $u=U_0+u_1+u_3+u_5$

(d) $u=U_0+u_1+u_3+u_5+u_7$

图 2-1-3 单位开关信号的分解

由式(2-1-2)可画出单位开关信号的频谱，如图 2-1-4 所示。其中，频率为 0 的频谱线对应直流分量，频率为 f_1 的频谱线对应基波分量，频率为 f_3、f_5、f_7、f_9、f_{11}、f_{13}、…的频谱线对应各次谐波分量。从能量的角度看，由于高次谐波的振幅已经很小，若忽略九次以上的高次谐波，u 的波形与原来的矩形脉冲相当接近，其带宽就是从 0（直流）到 f_9。因此，在实际应用中，可以根据对误差的要求，忽略一部分高次谐波分量，信号的实际带宽就是有限的了。

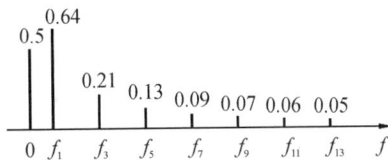

图 2-1-4 单位开关信号的频谱

提示

开关函数简介

开关函数是一个二值函数，即其输出只有两个值，表示两种状态。

1. 单向开关函数

单向开关函数的输出为 1 和 0。如图 2-1-5 中的 $S_1(\omega t)$ 所示，当 $\cos\omega t > 0$ 时，输出为 1，表示"开"；当 $\cos\omega t < 0$ 时，输出为 0，表示"关"，即

$$S_1(\omega t)=\begin{cases}1 & (\cos\omega t>0)\\ 0 & (\cos\omega t<0)\end{cases} \qquad (2-1-3)$$

用傅里叶级数可将其分解为

$$S_1(\omega t)=\frac{1}{2}+\frac{2}{\pi}\cos\omega t-\frac{2}{3\pi}\cos3\omega t+\frac{2}{5\pi}\cos5\omega t-\frac{2}{7\pi}\cos7\omega t+\frac{2}{9\pi}\cos9\omega t-\cdots$$

$$(2-1-4)$$

可见,单向开关函数包含直流分量、基波分量以及奇次项谐波分量。

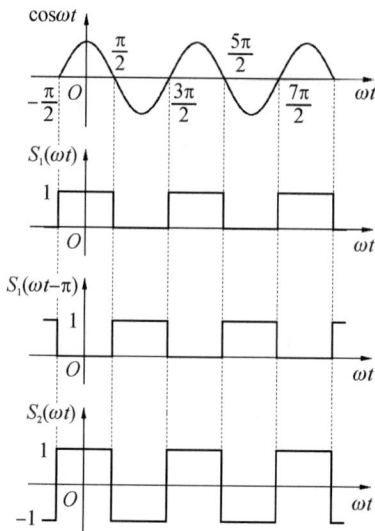

图 2-1-5　开关函数

2. 双向开关函数

由式(2-1-3)可知,若将 $S_1(\omega t)$ 相移 180°,则有

$$S_1(\omega t-\pi)=\begin{cases}0 & (\cos\omega t>0)\\ 1 & (\cos\omega t<0)\end{cases} \qquad (2-1-5)$$

如图 2-1-5 中的 $S_1(\omega t-\pi)$ 所示。用式(2-1-3)减式(2-1-5)可得

$$S_2(\omega t)=\begin{cases}1 & (\cos\omega t>0)\\ -1 & (\cos\omega t<0)\end{cases} \qquad (2-1-6)$$

所以,双向开关函数的输出为 1 和 −1。如图 2-1-5 中的 $S_2(\omega t)$ 所示,当 $\cos\omega t>0$ 时,输出为 1,表示"开";当 $\cos\omega t<0$ 时,输出为 −1,表示"反向开"。

用傅里叶级数可将其分解为

$$S_2(\omega t)=\frac{4}{\pi}\cos\omega t-\frac{4}{3\pi}\cos3\omega t+\frac{4}{5\pi}\cos5\omega t-\frac{4}{7\pi}\cos7\omega t+\frac{4}{9\pi}\cos9\omega t-\cdots \quad (2-1-7)$$

可见,双向开关函数没有直流分量,只包含基波分量以及奇次项谐波分量。

▶ **练习与思考**

2-1-1　什么是频谱?用频谱描述复杂波形有什么优点?

2-1-2　单位开关信号的频谱有什么主要特点?

2.2　谐振回路的基本特性

电感的阻抗为 $Z_L = \mathrm{j}\omega L$，即在电感电路中电压超前 $90°$（电流滞后 $90°$）。

电容的阻抗为 $Z_C = \dfrac{1}{\mathrm{j}\omega C}$，即在电容电路中电压滞后 $90°$（电流超前 $90°$）。

若将电感和电容组合起来，在特定频率 ω_0 下，电路中电感上超前的电压（滞后的电流）与电容上滞后的电压（超前的电流）是否会相互抵消？这种由电感和电容组合起来的电路又有什么特殊的性能？

LC 谐振电路是常见的选频网络，基本的 LC 谐振电路有两种形式，即串联谐振回路和并联谐振回路。

2.2.1　串联谐振回路

串联谐振回路如图 2-2-1 所示。其中，r 为电感的内阻；电容的损耗很小，可忽略。

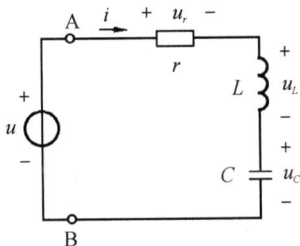

图 2-2-1　串联谐振回路

1. 阻抗特性

设串联谐振回路的阻抗为 Z，电抗为 X，阻抗的模为 $|Z|$，则有

$$Z = \frac{\dot{U}}{\dot{I}} = r + \mathrm{j}X = r + \mathrm{j}\omega L + \frac{1}{\mathrm{j}\omega C} = r + \mathrm{j}\left(\omega L - \frac{1}{\omega C}\right) \tag{2-2-1}$$

$$X = \omega L - \frac{1}{\omega C} \tag{2-2-2}$$

$$|Z| = \sqrt{r^2 + X^2} = \sqrt{r^2 + \left(\omega L - \frac{1}{\omega C}\right)^2} \tag{2-2-3}$$

由式（2-2-2）和式（2-2-3）可画出串联谐振回路的电抗曲线和阻抗模曲线，如图 2-2-2 所示。

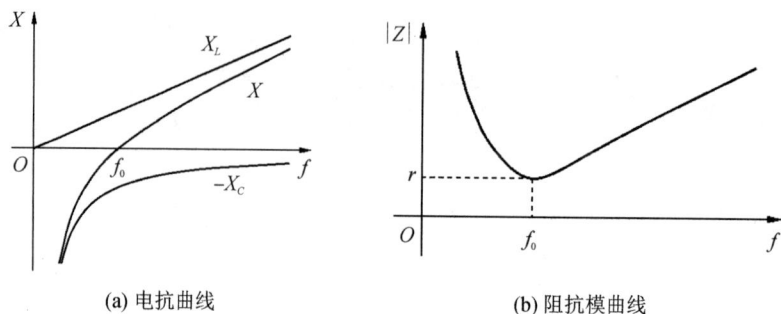

(a) 电抗曲线 (b) 阻抗模曲线

图 2-2-2 串联谐振回路的阻抗特性

由图 2-2-2 中可以看出：

(1) 当 $\omega < \omega_0$ 时，有 $\omega L < \dfrac{1}{\omega C}$，即 $X < 0$，电路呈电容性，且 $|Z| > r$；

(2) 当 $\omega > \omega_0$ 时，有 $\omega L > \dfrac{1}{\omega C}$，即 $X > 0$，电路呈电感性，且 $|Z| > r$；

(3) 当 $\omega = \omega_0$ 时，有 $\omega L = \dfrac{1}{\omega C}$，即 $X = 0$，电路呈纯电阻性，且 $|Z| = r$，为最小值。

2. 串联谐振频率

当电感的感抗和电容的容抗相互抵消时，即当串联谐振回路的电抗 $X = 0$ 时，电路呈纯电阻性，端口(即 AB 两端)上电压、电流的相位相同，称电路发生了谐振。由式(2-2-2)可知，电路发生串联谐振的条件为

$$\omega L = \frac{1}{\omega C}$$

满足上式的信号频率称为谐振频率，用 ω_0 表示，则串联谐振回路的谐振频率为

$$\omega_0 = \frac{1}{\sqrt{LC}} \ \text{或} \ f_0 = \frac{1}{2\pi\sqrt{LC}} \tag{2-2-4}$$

可见，串联谐振频率 f_0 仅与 L、C 有关，与 r 无关。在实际应用中常利用改变信号源频率或改变电路参数 L 或 C(通常是改变 C)的方法来使串联回路达到谐振。

3. 串联谐振电阻

由于在发生谐振时，串联谐振回路的电抗 $X = 0$，由式(2-2-1)可得到谐振时电路的阻抗 Z_0 为

$$Z_0 = r \tag{2-2-5}$$

式(2-2-5)再次说明 LC 串联电路在发生谐振时呈纯电阻性。

4. 品质因数

品质因数 Q 定义为在电路发生谐振时无功功率与有功功率之比，即谐振时的感抗或容抗与电路中电阻的比值，即

$$Q = \frac{\omega_0 L}{r} = \frac{1}{r\omega_0 C} = \frac{1}{r}\sqrt{\frac{L}{C}} \tag{2-2-6}$$

品质因数无量纲。在工程中，常用 Q 值来讨论谐振电路的性能。

5. 串联谐振时电路的特点

1）阻抗最小

由于阻抗是复数，两个复数一般只能说相等或不相等，而不能比较大小。所谓阻抗的大小，是指阻抗模的大小。

当串联电路发生谐振时，有 $\omega_0 L = \dfrac{1}{\omega_0 C}$，即感抗和容抗相互抵消，由式（2-2-3）可知，谐振时电路的阻抗的模 $|Z| = r$，为纯电阻，且为最小，如图 2-2-2(b) 所示。

2）电流最大

当串联电路发生谐振时，电路的电流为

$$\dot{I}_0 = \dot{I}(\omega_0) = \frac{\dot{U}}{Z_0} = \frac{\dot{U}}{r} \qquad (2-2-7a)$$

$$I_0 = I(\omega_0) = \frac{U}{r} \qquad (2-2-7b)$$

由于谐振时的谐振阻抗 Z_0 最小，若激励电压 u 不变，则电流 i 达到最大值 I_0，且 u 与 i 同相。工程实际中常根据这个特征来判断电路是否发生了串联谐振。

3）电感和电容上的电压是激励电压的 Q 倍

当串联电路发生谐振时，各元件上的电压分别为

$$U_{R0} = I_0 r = U \qquad (2-2-8a)$$

$$U_{L0} = I_0 \omega_0 L = \frac{\omega_0 L}{r} \cdot I_0 r = QU \qquad (2-2-8b)$$

$$U_{C0} = \frac{I_0}{\omega_0 C} = \frac{1}{r \omega_0 C} \cdot I_0 r = QU \qquad (2-2-8c)$$

由于电感上的电压超前电流 $90°$，电容上的电压滞后电流 $90°$，所以 L 和 C 上的电压大小相等、方向相反。

当串联电路发生谐振时，若 $\omega_0 L = \dfrac{1}{\omega_0 C} \gg r$，且 $Q \gg 1$，则 $U_{L0} = U_{C0} \gg U$，在 L 和 C 上将出现高电压，所以串联谐振又称电压谐振。在实际 LC 串联电路中，Q 值一般可达几十至几百。

┌╌╌╌╌╌╌╌╌╌╌┐
╎ 技术与应用 ╎
└╌╌╌╌╌╌╌╌╌╌┘

串联谐振电路应用举例

在通信中，由于从天线接收到的信号一般较弱，所以常利用串联谐振电路谐振时电抗元件可获得高电压的特性来获得一个与接收信号电压频率相同且幅度大很多倍的电压。

某收音机接收电路的选频电路如图 2-2-3(a) 所示，无线电信号经天线接收，由天线线圈 L_1 耦合到 L 上。天线所收到的各种不同频率的信号都会在 L 中感应出相应的电压 u_{s1}、u_{s2}、u_{s3}、…，该选频电路可以用图 2-2-3(b) 所示的等效电路进行分析。调可变电容 C 的大小，使谐振频率 f_0 等于某电台载波频率，如 f_1，产生串联谐振，那么这时 LC 回路中信号频率为 f_1 的电流最大，在电容器两端频率为 f_1 的信号电压也最高，从而选择出所

需信号。

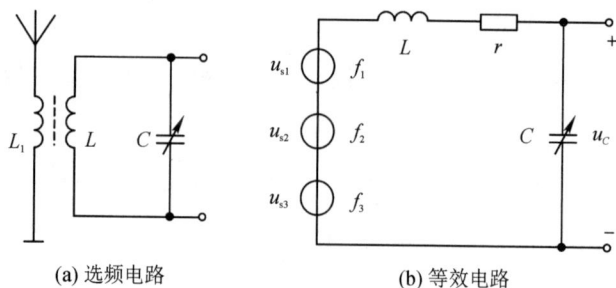

(a) 选频电路　　　　　　　(b) 等效电路

图 2-2-3　收音机接收电路原理

但是，在电力系统中，由于电源电压比较高，一旦发生谐振，会因电压过高而击穿绝缘，从而损坏设备，应尽量避免。

6. 幅频特性和相频特性

在串联谐振回路中，常以电路的电流为输出量来分析电路的频率响应。由式(2-2-1)可知：

$$\dot{I} = \frac{\dot{U}}{r + j\left(\omega L - \dfrac{1}{\omega C}\right)}$$

将式(2-2-4)、式(2-2-6)、式(2-2-7a)代入上式，整理后得

$$\dot{I} = \frac{\dot{I}_0}{1 + jQ\left(\dfrac{\omega}{\omega_0} - \dfrac{\omega_0}{\omega}\right)} \qquad (2-2-9)$$

其幅频特性和相频特性分别为

$$I(\omega) = \frac{I_0}{\sqrt{1 + Q^2\left(\dfrac{\omega}{\omega_0} - \dfrac{\omega_0}{\omega}\right)^2}} \qquad (2-2-10a)$$

$$\varphi_i(\omega) = -\arctan\left[Q\left(\frac{\omega}{\omega_0} - \frac{\omega_0}{\omega}\right)\right] \qquad (2-2-10b)$$

在不同 Q 值时，LC 串联谐振回路的幅频特性曲线和相频特性曲线如图 2-2-4 所示，习惯上也称其为电流谐振曲线。

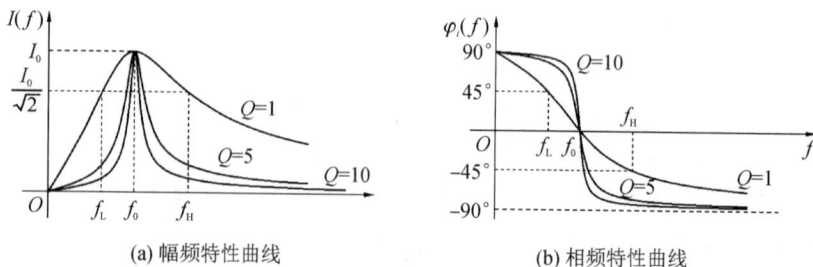

(a) 幅频特性曲线　　　　　　　(b) 相频特性曲线

图 2-2-4　LC 串联谐振回路的频率特性

由图 2-2-4(a)可以看出，串联谐振回路对不同频率的信号有不同的响应。当 $f = f_0$ 时，称为谐振，$I = I_0 = U/r$ 达最大值；当 $f \neq f_0$ 时，称为失谐，$I < I_0$，失谐越大，则 I 越小，即串联谐振回路对远离谐振频率的信号具有抑制作用。

由于串联谐振电路对不同频率的信号具有选择能力，所以该电路具有"选频"或"滤波"的作用，称为"选择性"。选择性的好坏与幅频特性曲线的形状有关，曲线越尖锐，选择性越好。由图 2-2-4(a)可见，Q 值越大，曲线越尖锐；Q 值越小，曲线越平坦。当 Q 值较大时，如果信号频率稍微偏离谐振点，则曲线急剧下降，说明串联谐振电路对非谐振频率的电流具有较强的抑制能力，选择性较好。

由式(2-2-6)可知，若电路的 L、C 不变，r 越小，则 Q 值越大，选择性越好。

图 2-2-4(b)说明了 LC 串联谐振回路具有如下相频特性：

(1) 当 $\omega = \omega_0$ 时，$\varphi_i = 0$，电路呈纯电阻性，为串联谐振状态；

(2) 当 $\omega < \omega_0$ 时，$\varphi_i > 0$，电路呈电容性；

(3) 当 $\omega > \omega_0$ 时，$\varphi_i < 0$，电路呈电感性。

7. 通频带

根据截止频率的定义，由式(2-2-10a)可知，当 $\dfrac{I(\omega)}{I_0} = \dfrac{1}{\sqrt{2}}$ 时，有 $Q\left(\dfrac{\omega}{\omega_0} - \dfrac{\omega_0}{\omega}\right) = \pm 1$。

由此可得电路的上限频率和下限频率分别为

$$\omega_{\mathrm{H}} = \left[\sqrt{\left(\frac{1}{2Q}\right)^2 + 1} + \frac{1}{2Q}\right]\omega_0 \quad 或 \quad f_{\mathrm{H}} = \left[\sqrt{\left(\frac{1}{2Q}\right)^2 + 1} + \frac{1}{2Q}\right]f_0$$

$$\omega_{\mathrm{L}} = \left[\sqrt{\left(\frac{1}{2Q}\right)^2 + 1} - \frac{1}{2Q}\right]\omega_0 \quad 或 \quad f_{\mathrm{L}} = \left[\sqrt{\left(\frac{1}{2Q}\right)^2 + 1} - \frac{1}{2Q}\right]f_0$$

电路的通频带为 f_{H} 与 f_{L} 之间的频率范围，如图 2-2-4(a)所示，即

$$\mathrm{BW}_{0.7} = f_{\mathrm{H}} - f_{\mathrm{L}} = \frac{f_0}{Q} \tag{2-2-11}$$

式 2-2-11 表明，在谐振频率 f_0 一定时，Q 值越大，则通频带越窄，选择性越好。

由式(2-2-10a)可知，在截止频率处，$I(\omega_{\mathrm{L}}) = I(\omega_{\mathrm{H}}) = I_0/\sqrt{2}$，如图 2-2-4(a)所示；由式(2-2-10b)可知，在截止频率处，$\varphi(\omega_{\mathrm{L}}) = 45°$，$\varphi(\omega_{\mathrm{H}}) = -45°$，如图 2-2-4(b)所示。

8. 信号源内阻及负载对串联谐振回路的影响

在实际应用中，不仅信号源有内阻 R_{s}，电路也有负载 R_{L}，如图 2-2-5 所示。

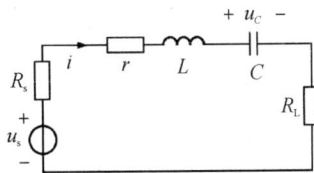

图 2-2-5 实际的串联谐振电路

通常把回路本身的 Q 值称为空载品质因数，用 Q_0 表示，即式(2-2-6)可写为

$$Q_0 = \frac{\omega_0 L}{r} = \frac{1}{r\omega_0 C} = \frac{1}{r}\sqrt{\frac{L}{C}} \tag{2-2-12}$$

把接入信号源内阻和负载电阻时的 Q 值称为有载品质因数,用 Q_L(或 Q)表示,即图 $2-2-5$ 所示电路的 Q 值为

$$Q_L = \frac{\omega_0 L}{r + R_s + R_L} \tag{2-2-13}$$

显然,$Q_L < Q_0$。由此可见,串联谐振回路适用于 R_s 小(电压源)、R_L 小的电路。这样才能使电路的有载品质因数 Q_L 不至于太低,以保证回路有较好的选择性。

例 2.2.1 LC 串联电路与具有内阻 R_s 的电压源和负载 R_L 相连,如图 $2-2-5$ 所示,已知 $r=10\ \Omega$,$L=0.1\ \text{mH}$,$C=100\ \text{pF}$,电压源 $U_s=10\ \text{mV}$。试求:

(1) 电路的谐振频率 f_0;

(2) 当 $R_s + R_L = 10\ \Omega$ 时,谐振时的电流 I_0、输出电压 U_{C0} 以及通频带 $\text{BW}_{0.7}$;

(3) 当 $R_s + R_L = 190\ \Omega$ 时,谐振时的电流 I_0、输出电压 U_{C0} 以及通频带 $\text{BW}_{0.7}$。

解 (1) 谐振频率为

$$f_0 = \frac{1}{2\pi\sqrt{LC}} = \frac{1}{2\pi\sqrt{0.1\ \text{mH} \times 100\ \text{pF}}} = 1.59\ \text{MHz}$$

(2) 当 $R_s + R_L = 10\ \Omega$ 时,

$$Q_L = \frac{1}{r + R_s + R_L}\sqrt{\frac{L}{C}} = \frac{1}{10\ \Omega + 10\ \Omega}\sqrt{\frac{0.1\ \text{mH}}{100\ \text{pF}}} = 50$$

谐振电流为

$$I_0 = \frac{U_s}{r + R_s + R_L} = \frac{10\ \text{mV}}{10\ \Omega + 10\ \Omega} = 0.5\ \text{mA}$$

输出电压为

$$U_{C0} = Q_L U_s = 50 \times 10\ \text{mV} = 0.5\ \text{V}$$

通频带为

$$\text{BW}_{0.7} = \frac{f_0}{Q_L} = \frac{1.59\ \text{MHz}}{50} = 31.8\ \text{kHz}$$

(3) 当 $R_s + R_L = 190\ \Omega$ 时,有

$$Q_L = \frac{1}{r + R_s + R_L}\sqrt{\frac{L}{C}} = \frac{1}{10\ \Omega + 190\ \Omega}\sqrt{\frac{0.1\ \text{mH}}{100\ \text{pF}}} = 5$$

谐振电流为

$$I_0 = \frac{U_s}{r + R_s + R_L} = \frac{10\ \text{mV}}{10\ \Omega + 190\ \Omega} = 0.05\ \text{mA}$$

输出电压为

$$U_{C0} = Q_L U_s = 5 \times 10\ \text{mV} = 0.05\ \text{V}$$

通频带为

$$\text{BW}_{0.7} = \frac{f_0}{Q_L} = \frac{1.59\ \text{MHz}}{5} = 318\ \text{kHz}$$

可见,当内阻、负载增大时,Q 值减小,通频带增宽,选择性变差。

2.2.2　并联谐振回路

串联谐振回路适用于信号源内阻很小的电压源电路，但在实际电路中，有时信号源内阻较大，可视为电流源。例如，晶体管共发射极连接时的输出电阻在几十千欧以上，故不能采用串联谐振回路，而应用并联谐振回路。

并联谐振回路如图 2-2-6(a) 所示。其中，r 为电感的内阻；电容的损耗很小，可忽略。由于并联谐振电路是串、并混联电路，故并联谐振现象较为复杂。为方便分析，常将 L 与 r 的串联连接等效为 L' 与 R 的并联连接（等效原理见 2.3.1 节），其等效电路如图 2-2-6(b) 所示。

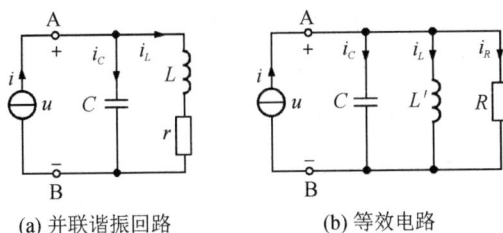

(a) 并联谐振回路　　　　　　(b) 等效电路

图 2-2-6　并联谐振回路

1. 阻抗特性

设并联谐振回路的阻抗为 Z，等效电阻为 R，等效电抗为 X，阻抗的模为 $|Z|$，则有

$$Z=\frac{\dot{U}}{\dot{I}}=\frac{(r+j\omega L)\dfrac{1}{j\omega C}}{r+j\omega L+\dfrac{1}{j\omega C}}=\frac{(r+j\omega L)\dfrac{1}{j\omega C}}{r+j\left(\omega L-\dfrac{1}{\omega C}\right)}=R+jX \qquad (2-2-14)$$

$$|Z|=\sqrt{R^2+X^2} \qquad (2-2-15)$$

可以证明，并联谐振回路的阻抗特性如图 2-2-7 所示，由图可知：

(1) 当 $\omega<\omega_0$ 时，有 $X>0$，电路呈电感性，且 $|Z|<R_0$；

(2) 当 $\omega>\omega_0$ 时，有 $X<0$，电路呈电容性，且 $|Z|<R_0$；

(3) 当 $\omega=\omega_0$ 时，有 $X=0$，电路呈纯电阻性，且 $|Z|=R_0$，为最大值。

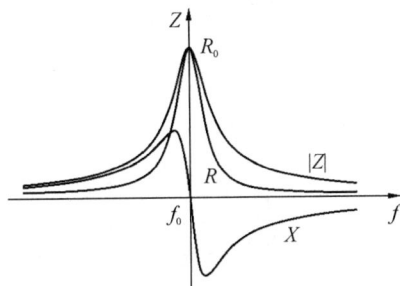

图 2-2-7　并联谐振回路的阻抗特性

可见，并联谐振回路的阻抗 Z、电阻 R、电抗 X 均与信号的频率有关。

┌─────────────┐
│ 知识拓展 │
└─────────────┘

LC 并联谐振回路的阻抗

在如图 2-2-6(a) 所示的并联谐振回路中，电路的导纳为

$$Y = \frac{\dot{I}}{\dot{U}} = G + jB = j\omega C + \frac{1}{r + j\omega L} = \frac{r}{r^2 + (\omega L)^2} + j\left[\omega C - \frac{\omega L}{r^2 + (\omega L)^2}\right]$$

其中

$$G = \frac{r}{r^2 + (\omega L)^2}$$

$$B = \omega C - \frac{\omega L}{r^2 + (\omega L)^2}$$

则其阻抗为

$$Z = \frac{1}{Y} = \frac{1}{G + jB} = \frac{G}{G^2 + B^2} - j\frac{B}{G^2 + B^2} = R + jX$$

其中

$$R = \frac{G}{G^2 + B^2} \tag{2-2-16a}$$

$$X = -\frac{B}{G^2 + B^2} \tag{2-2-16b}$$

由式 (2-2-16a)、式 (2-2-16b) 和式 (2-2-15) 可得到 R、X 和 $|Z|$ 与频率的关系曲线，如图 2-2-7 所示。因为 G 和 B 都是频率的函数，所以 LC 并联谐振电路的等效电阻 R 和等效电抗 X 也是频率的函数。其中，当 $f = f_0$ 时，阻抗 $Z = R_0$。

2. 并联谐振频率

在实际应用中，通常满足 $\omega L \gg r$，则式 (2-2-14) 可简化为

$$Z = \frac{\dot{U}}{\dot{I}} \approx \frac{L/C}{r + j\omega L + \frac{1}{j\omega C}} = \frac{1}{\frac{rC}{L} + j\left(\omega C - \frac{1}{\omega L}\right)} \tag{2-2-17}$$

与串联谐振回路相似，当电感的感抗和电容的容抗相互抵消时，并联谐振电路呈纯电阻性，端口（即 AB 两端）上电压、电流的相位相同，称电路发生了谐振。由式 (2-2-17) 知，发生并联谐振的条件为

$$\omega C = \frac{1}{\omega L}$$

满足上式的信号频率称为谐振频率，用 ω_0 表示。故并联谐振回路的谐振频率为

$$\omega_0 = \frac{1}{\sqrt{LC}} \text{ 或 } f_0 = \frac{1}{2\pi\sqrt{LC}} \tag{2-2-18}$$

在实际应用中，常利用改变信号源频率或改变电路参数 L 或 C（通常是改变 C）的方法来使并联谐振电路达到谐振。

3. 并联谐振电阻

由于并联谐振电路在发生谐振时，电路的感抗与容抗相互抵消，由式 (2-2-17) 可得

到谐振时电路的阻抗 Z_0 为

$$Z_0 = R_0 = \frac{L}{rC} \qquad (2-2-19)$$

式(2-2-19)再次说明 LC 并联电路在谐振时呈纯电阻性。

4. 品质因数

与串联谐振回路一样，并联谐振回路的空载品质因数 Q_0 定义为

$$Q_0 = \frac{\omega_0 L}{r} = \frac{1}{r\omega_0 C} = \frac{1}{r}\sqrt{\frac{L}{C}} \qquad (2-2-20a)$$

在并联谐振电路中，将式(2-2-19)代入式(2-2-20a)中，空载品质因数又可写为

$$Q_0 = \frac{\omega_0 L}{r} \cdot \frac{C}{C} = \omega_0 C R_0 = \frac{R_0}{\omega_0 L} \qquad (2-2-20b)$$

5. 并联谐振时电路的特点

1）阻抗最大

当并联电路发生谐振时，感抗和容抗相互抵消，有 $X=0$，由式(2-2-15)可知，并联电路发生谐振时电路的阻抗的模 $|Z|=R_0$，为纯电阻，且为最大，如图2-2-7所示。

2）电压最大

并联电路发生谐振时电路的电压为

$$\dot{U}_0 = \dot{U}(\omega_0) = \dot{I} Z_0 = \dot{I} R_0 = \dot{I} \frac{L}{rC} \qquad (2-2-21a)$$

$$U_0 = U(\omega_0) = I R_0 = I \frac{L}{rC} \qquad (2-2-21b)$$

由于并联电路发生谐振时的谐振阻抗 Z_0 最大，若激励电流 i 不变，则电压 u 达到最大值 U_0，且 u 与 i 同相。在实际工作中常根据这个特征来判断电路是否发生了并联谐振。

3）电感和电容上的电流是激励电流的 Q_0 倍

当并联电路发生谐振时，若 $\omega_0 L \gg r$，通过各元件的电流分别为

$$I = \frac{U_0}{R_0} \qquad (2-2-22a)$$

$$I_{L0} = \frac{U_0}{\sqrt{r^2 + (\omega_0 L)^2}} \approx \frac{U_0}{\omega_0 L} = \frac{I R_0}{\omega_0 L} = Q_0 I \qquad (2-2-22b)$$

$$I_{C0} = U_0 \omega_0 C = I R_0 \omega_0 C = Q_0 I \qquad (2-2-22c)$$

式(2-2-22a)和式(2-2-22b)可理解为：在图2-2-6(b)的等效电路中，I 就是流入等效电阻 R 的电流 I_{R0}，I_{L0} 就是流入等效电感 L' 的电流。

由于电感上的电流滞后电压90°，电容上的电流超前电压90°，所以 L 和 C 上的电流大小相等、方向相反。

在并联电路发生谐振时，若 $\omega_0 L = \frac{1}{\omega_0 C} \gg r$，有 $Q_0 \gg 1$，则 $I_{L0} = I_{C0} \gg I$，在 L 和 C 上将出现大电流，所以并联谐振又称电流谐振。在实际的 LC 串联电路中，Q_0 值一般可达几十至几百。

6. 幅频特性和相频特性

在并联谐振回路中，常以电路的电压为输出量来分析电路的频率响应。由式（2-2-17）可知：

$$\dot{U} = \frac{\dot{I}}{\dfrac{rC}{L} + \mathrm{j}\left(\omega C - \dfrac{1}{\omega L}\right)}$$

将式（2-2-18）、式（2-2-19）、式（2-2-20a）、式（2-2-22a）代入上式，整理后得

$$\dot{U} = \frac{\dot{U}_0}{1 + \mathrm{j}Q_0\left(\dfrac{\omega}{\omega_0} - \dfrac{\omega_0}{\omega}\right)} \tag{2-2-23}$$

其幅频特性和相频特性分别为

$$U(\omega) = \frac{U_0}{\sqrt{1 + Q_0^2\left(\dfrac{\omega}{\omega_0} - \dfrac{\omega_0}{\omega}\right)^2}} \tag{2-2-24a}$$

$$\varphi_u(\omega) = -\arctan\left[Q_0\left(\frac{\omega}{\omega_0} - \frac{\omega_0}{\omega}\right)\right] \tag{2-2-24b}$$

对比式（2-2-23）与式（2-2-9），可知两式有相同的表达形式。所以，并联谐振电路的频率特性与串联谐振电路相似，其通频带也相同。但并联谐振电路的幅频特性和相频特性分别以 $U(\omega)$ 和 $\varphi_u(\omega)$ 为纵坐标，故由式（2-2-24b）可知并联谐振电路具有如下性质：

（1）当 $\omega = \omega_0$ 时，$\varphi_u = 0$，电路呈纯电阻性，为并联谐振状态；

（2）当 $\omega < \omega_0$ 时，$\varphi_u > 0$，电路呈电感性；

（3）当 $\omega > \omega_0$ 时，$\varphi_u < 0$，电路呈电容性。

在高频电路中，并联谐振电路常作为放大器的负载，因为放大器的输出端可视为内阻很大的电流源。

7. 信号源内阻及负载对并联谐振回路的影响

在实际应用中，不仅信号源有内阻 R_s，电路也有负载 R_L，故实际的并联谐振电路如图 2-2-8 所示。

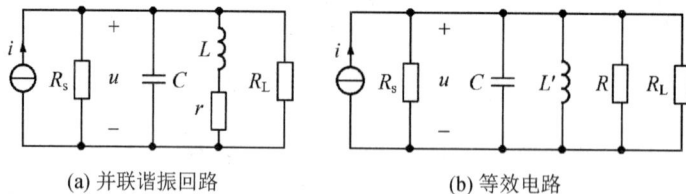

(a) 并联谐振回路　　　　　　　(b) 等效电路

图 2-2-8　实际的并联谐振电路

实际的并联谐振电路的总等效电阻为

$$R_e = \left(\frac{1}{R} + \frac{1}{R_s} + \frac{1}{R_L}\right)^{-1}$$

并联电路发生谐振时的总等效电阻为

$$R_{e0} = \left(\frac{1}{R_0} + \frac{1}{R_s} + \frac{1}{R_L}\right)^{-1}$$

由式(2-2-20b)可知，电路的有载品质因数为

$$Q_L = \frac{R_{e0}}{\omega_0 L} \tag{2-2-25}$$

因为 $R_{e0} < R_0$，所以 $Q_L < Q_0$。由此可见，并联谐振回路适用于 R_s 大(电流源)、R_L 大的电路。这样才能使电路的有载品质因数 Q_L 不至于太低，保证回路有较好的选择性。

例 2.2.2　在图 2-2-8(a)所示的 LC 并联电路中，已知 L 的内阻 $r = 10\ \Omega$，$Q_0 = 100$。若信号源的内阻 $R_s = 100\ \text{k}\Omega$，负载 $R_L = 50\ \text{k}\Omega$。试求电路的有载品质因数 Q_L。

解　由式(2-2-20a)可知

$$\omega_0 L = Q_0 r = 100 \times 10\ \Omega = 1\ \text{k}\Omega$$

因并联电路发生谐振时 $R = R_0$，由式(2-2-20b)可知，谐振时回路的等效电阻为

$$R_0 = Q_0 \omega_0 L = 100 \times 1\ \text{k}\Omega = 100\ \text{k}\Omega$$

此时，电路的总电阻 R_{e0} 为

$$R_{e0} = \left(\frac{1}{R_s} + \frac{1}{R_0} + \frac{1}{R_L} \right)^{-1} = \left(\frac{1}{100\ \text{k}\Omega} + \frac{1}{100\ \text{k}\Omega} + \frac{1}{50\ \text{k}\Omega} \right)^{-1} = 25\ \text{k}\Omega$$

由式(2-2-25)可得电路的有载品质因数 Q_L 为

$$Q_L = \frac{R_{e0}}{\omega_0 L} = \frac{25\ \text{k}\Omega}{1\ \text{k}\Omega} = 25$$

可见，当内阻、负载减小时，Q 值减小，通频带增宽，选择性变差。

▶ 练习与思考

2-2-1　某收音机输入电路的电感约为 0.3 mH，可变电容器的调节范围为 25～360 pF。试问能否满足收听中波段 526～1606 kHz 的要求。

2-2-2　某 LC 串联电路中，$L = 0.36\ \text{mH}$，$r = 100\ \Omega$，$C = 160\ \text{pF}$。试计算 LC 串联谐振电路的谐振频率、品质因数、通频带及发生谐振时的阻抗。

2-2-3　在 LC 并联谐振电路中，若想展宽通频带，一般应如何改进电路？

2-2-4　已知某电感线圈的 $L = 1\ \text{mH}$，$r = 10\ \Omega$，谐振角频率 $\omega_0 = 10^6\ \text{rad/s}$，外接信号源的内阻 $R_s = 100\ \text{k}\Omega$。

(1) 若与电容接成并联谐振电路，并外接信号源后，电路的有载品质因数为多少？

(2) 若与电容接成串联谐振电路，并外接信号源后，电路的有载品质因数为多少？

2.3　阻抗变换的基本方法

┌─────────────┐
│ 观察与思考 │
└─────────────┘

由 2.2 节分析可知，信号源的内阻 R_s 和电路的实际负载 R_L 会降低谐振回路的 Q 值。如何减小 R_s 和 R_L 对 Q 值的影响呢？

2.3.1 串并联阻抗的等效互换

为方便分析，常需要将电路中电阻元件与电抗元件的串联或并联接法进行等效互换。例如，在分析图 2-2-6(a) 所示的并联谐振回路时，需要将 L 与 r 的串联连接等效为 L' 与 R 的并联连接，如图 2-2-6(b) 所示。

电阻元件与电抗元件的串联和并联接法如图 2-3-1 所示。图中，R_s 和 X_s 是串联电路中的电阻元件和电抗元件，R_p 和 X_p 是并联电路中的电阻元件和电抗元件。

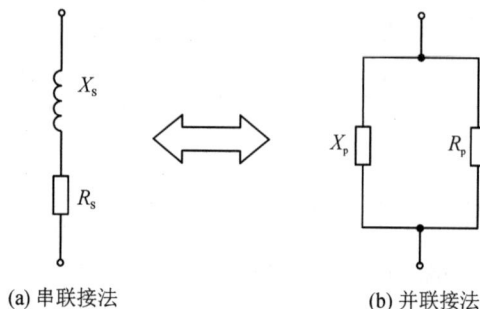

(a) 串联接法   (b) 并联接法

图 2-3-1 串并联电路等效互换

根据等效原理，串联和并联电路两端的阻抗相等，即有

$$R_s + jX_s = \cfrac{1}{\cfrac{1}{R_p} + \cfrac{1}{jX_p}}$$

整理后得

$$\frac{1}{R_p} - j\frac{1}{X_p} = \frac{R_s}{R_s^2 + X_s^2} - j\frac{X_s}{R_s^2 + X_s^2}$$

由上式可知，将串联接法等效为并联接法时，其等效电阻和等效电抗为

$$\begin{cases} R_p = \cfrac{R_s^2 + X_s^2}{R_s} = \left(1 + \cfrac{X_s^2}{R_s^2}\right)R_s = (1 + Q_0^2)R_s \\ X_p = \cfrac{R_s^2 + X_s^2}{X_s} = \left(\cfrac{R_s^2}{X_s^2} + 1\right)X_s = \left(\cfrac{1}{Q_0^2} + 1\right)X_s \end{cases} \tag{2-3-1}$$

式中，Q_0 为回路的空载品质因数，即

$$Q_0 = \frac{X_s}{R_s} = \frac{R_p}{X_p} \tag{2-3-2}$$

同理可得，当将并联接法等效为串联接法时，其等效电阻和等效电抗为

$$\begin{cases} R_s = \cfrac{1}{1 + Q_0^2}R_p \\ X_s = \cfrac{Q_0^2}{1 + Q_0^2}X_p \end{cases} \tag{2-3-3}$$

当 $Q_0 \gg 1$ 时，式 (2-3-1) 和式 (2-3-3) 可写为

$$\begin{cases} R_p \approx Q_0^2 R_s \\ X_p \approx X_s \end{cases} \tag{2-3-4}$$

上述推导过程表明：

（1）将串联电路与并联电路等效互换后，电抗 X_s 的性质与 X_p 的相同。

（2）在 Q_0 较高的情况下，电抗 X_s 与 X_p 基本相同。

（3）并联电阻 R_p 比串联电阻 R_s 大 Q_0^2 倍。在串联电路中，串联电阻越小，其分压就越小，损耗也越小；在并联电路中，并联电阻越大，其分流就越小，损耗也越小。所以两种电路是完全等效的。

2.3.2　回路部分接入时的阻抗变换

1. 变压器耦合连接

变压器耦合连接的电路及其等效电路如图 2-3-2(a)、(b)所示，变压器的电压变换关系为 $u_1/u_2=U_1/U_2=N_1/N_2$（U_1、U_2 分别为 u_1、u_2 的有效值）。设变压器效率为 100%，变压器不产生损耗，根据等效原理，在 R_L 和 R_L' 上消耗的功率相等，即 $U_2^2/R_L=U_1^2/R_L'$，则有

$$R_L'=\frac{U_1^2}{U_2^2}R_L=\frac{N_1^2}{N_2^2}R_L=\frac{1}{n^2}R_L \tag{2-3-5}$$

式中，$n=U_2/U_1=N_2/N_1$，为接入系数，即变压器的匝数比。

如果取 $n<1$，则 $R_L'>R_L$，即次级的实际负载等效到初级回路两端的等效负载变大，减小了对回路 Q 值的影响。

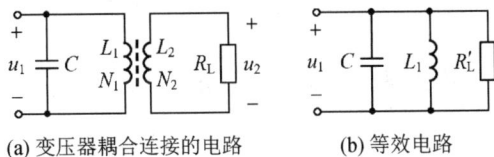

(a) 变压器耦合连接的电路　　　　(b) 等效电路

图 2-3-2　变压器耦合连接的变换

2. 自耦变压器耦合连接

自耦变压器耦合连接的电路及其等效电路如图 2-3-3(a)、(b)所示，变压器的电压变换关系为 $u_1/u_2=U_1/U_2=(N_1+N_2)/N_2$。若忽略自耦变压器的损耗，根据等效原理，在 R_L 和 R_L' 上消耗的功率相等，即 $U_2^2/R_L=U_1^2/R_L'$，则有

$$R_L'=\frac{U_1^2}{U_2^2}R_L=\left(\frac{N_1+N_2}{N_2}\right)^2 R_L=\frac{1}{n^2}R_L \tag{2-3-6}$$

式中，$n=\dfrac{u_2}{u_1}=\dfrac{N_2}{N_1+N_2}$，为接入系数，即电压比。

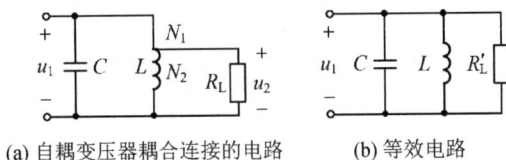

(a) 自耦变压器耦合连接的电路　　　　(b) 等效电路

图 2-3-3　自耦变压器耦合连接的变换

显然 $n<1$，则 $R_L'>R_L$，即 N_2 两端的实际负载等效到 (N_1+N_2) 两端的等效负载变大，减小了对回路 Q 值的影响。

3. 电容分压耦合连接

电容分压耦合连接的电路及其等效电路如图 2-3-4(a)、(b)所示。设 C_1、C_2 无损耗，在高频电路中通常满足 $R_L \gg 1/(\omega_0 C_2)$，故 $i_L \ll i_2$，即 R_L 的分流可忽略，则有 $i_1 \approx i_2$。此时，u_2 为 u_1 在 C_2 上的分压，有

$$u_1 = i_1 \left(\frac{1}{\omega C_1} + \frac{1}{\omega C_2} \right)$$

$$u_2 = i_1 \frac{1}{\omega C_2}$$

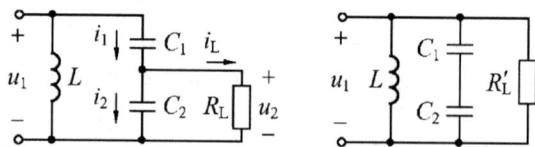

(a) 电容分压器耦合连接的电路　　(b) 等效电路

图 2-3-4　电容分压耦合连接的变换

根据等效原理，在 R_L 和 R_L' 上消耗的功率相等，即 $U_2^2/R_L = U_1^2/R_L'$，则有

$$R_L' = \frac{U_1^2}{U_2^2} R_L = \left(\frac{C_1+C_2}{C_1} \right)^2 R_L = \frac{1}{n^2} R_L \qquad (2-3-7)$$

式中，$n = \dfrac{u_2}{u_1} = \dfrac{C_1}{C_1+C_2}$，为接入系数，即电容的分压比。

显然 $n<1$，$R_L'>R_L$，即 C_2 两端实际负载等效到 L 两端的等效负载变大，减小了对回路 Q 值的影响。

4. 回路部分接入时等效变换的推广

若需要进行等效变换的负载是电抗元件 X_L，按上述方法分析，可得

$$X_L' = \frac{1}{n^2} X_L \qquad (2-3-8)$$

若信号源也需要等效变换，如图 2-3-5 所示。对于电压源和电流源，分别有

$$u_s' = \frac{1}{n} u_s \qquad (2-3-9)$$

$$i_s' = n i_s \qquad (2-3-10)$$

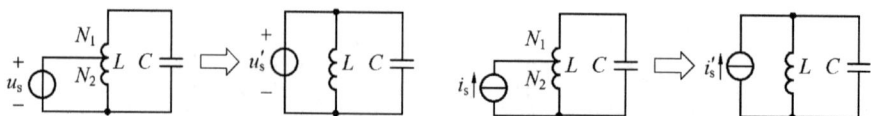

(a) 电压源部分接入时的变换　　　　　(b) 电流源部分接入时的变换

图 2-3-5　信号源部分接入时的变换

例 **2.3.1**　在超外差式收音机中，中频放大器的负载为中频变压器，其交流通路和等效电路如图 2-3-6(a)、(b)所示，其中，晶体管的输出端等效为 i_s 和 R_s 的并联。已知 $N_{13}=150$ 匝，$N_{23}=15$ 匝，$N_{45}=10$ 匝。试求等效电流源 i_s'、等效内阻 R_s'、等效负载 R_L'。

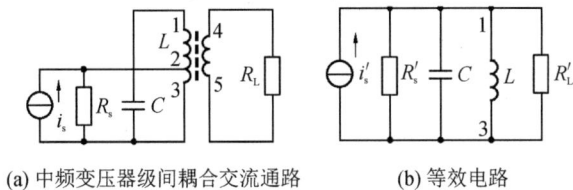

(a) 中频变压器级间耦合交流通路　　　(b) 等效电路

图 2-3-6　例 2.3.1 电路

解　当将信号源等效到回路两端时，接入系数为

$$n_1 = \frac{N_{23}}{N_{13}} = \frac{15}{150} = 0.1$$

由式(2-3-5)得

$$R_s' = \frac{1}{n_1^2} R_s = \frac{1}{0.1^2} R_s = 100 R_s$$

由式(2-3-10)得

$$i_s' = n_1 i_s = 0.1 i_s$$

当将负载等效到回路两端时，接入系数为

$$n_2 = \frac{N_{45}}{N_{13}} = \frac{10}{150} = \frac{1}{15}$$

由式(2-3-5)得

$$R_L' = \frac{1}{n_2^2} R_L = \frac{R_L}{(1/15)^2} = 225 R_L$$

可见，由于晶体管的输出端和实际负载采用了部分接入的方式，等效到并联谐振回路两端的等效电阻增大，降低了对回路品质因数 Q 的影响。

▶ 练习与思考

2-3-1　某电路如图 2-3-7 所示，已知电路的工作频率为 $\omega=10^7$ rad/s，$L=0.1$ mH，$r=5$ Ω，$R=20$ Ω。为方便分析，需将 L 与 r 和 R 的串联连接等效为 L' 与 R' 的并联连接。试求 L' 与 R'。

2-3-2　某高频放大电路的等效电路如图 2-3-8 所示，已知 $L=0.1$ mH，$C_1=20$ pF，$C_2=80$ pF，$C=5$ pF，$Q_0=100$，$R_s=100$ kΩ，$R_L=4$ kΩ，$C_L=100$ pF。试计算谐振频率、回路的谐振电阻(不计 R_s 与 R_L)、有载品质因数和通频带。

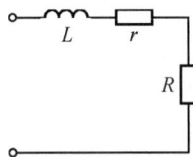

图 2-3-7

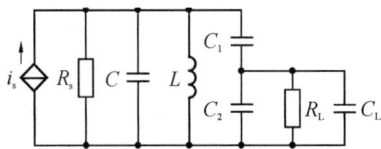

图 2-3-8

2.4 固体滤波器

观察与思考

由 LC 谐振回路组成的滤波器具有结构简单、调节谐振频率方便等优点。单级 LC 谐振回路的幅频特性说明了其滤波效果，如图 2-4-1 所示。

（1）当传输系数 $H/H_0 > 1/\sqrt{2} \approx 0.7$ 时，对应频率范围的信号在通过滤波器时幅度衰减的不多，由此产生的频率失真可忽略，称该频率范围为通带（即通频带）。

（2）当 $H/H_0 < 0.1$ 时，对应频率范围的信号在通过滤波器时几乎被全部抑制，由此产生的干扰也可忽略，称该频率范围为阻带。

（3）当 $0.1 < H/H_0 < 0.7$ 时，对应频率范围的信号在通过滤波器时幅度仍较高，其干扰不能忽略，称该频率范围为过渡带。

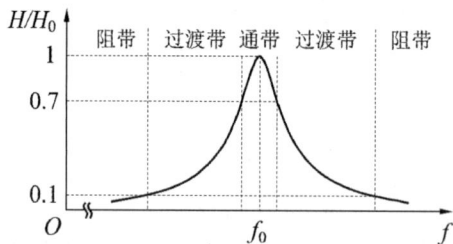

图 2-4-1　单级 LC 谐振回路的幅频特性

由图 2-4-1 可明显看出，单级 LC 谐振回路的过渡带较宽，过渡带内的信号滤波效果较差。

为有效降低过渡带的范围，可使用固体滤波器。

固体滤波器是指用特殊的固体材料制作的滤波器，包括石英晶体滤波器、陶瓷滤波器、声表面波滤波器等。与 LC 谐振回路构成的滤波器相比，固体滤波器在频率选择性、频率稳定性、过渡带陡度等方面都优越得多，已广泛用于通信、导航、测量等电子设备。

2.4.1　石英晶体滤波器

石英晶体的化学成分是纯净的二氧化硅，具有稳定的物理化学性能。将石英晶体按一定方位切割成薄片，两面喷涂金属层，并夹在两个金属片之间，再引出导线，封装外壳即构成石英晶体滤波器（又称石英晶体谐振器，简称晶振）。石英晶体滤波器的电路符号如图 2-4-2(a)所示。

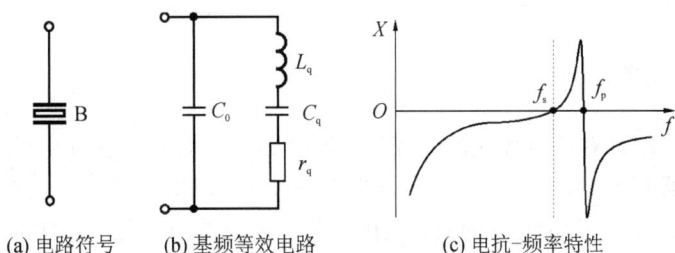

(a) 电路符号　　(b) 基频等效电路　　(c) 电抗-频率特性

图 2 - 4 - 2　石英晶体滤波器

1. 压电效应与压电谐振

石英晶体具有如下压电效应：

(1) 当给晶体表面施加机械压力时，晶体内的电荷会向表面聚集，称为正压电效应；

(2) 当给晶体加交流电压时，晶体将随外加电压的变化而产生机械振动，称为反压电效应。

石英晶体具有如下压电谐振特性：

(1) 当石英晶体的几何尺寸和结构一定时，其机械振动频率为一个固定值。

(2) 当外加交流电压的频率与晶体的固有振荡频率相同时，晶体的机械振动最大，晶体表面聚集的电荷量最多，外电路中的交流电流最强，即产生了压电谐振。

2. 等效电路

图 2 - 4 - 2(b)所示为石英晶体滤波器的基频等效电路，为一个串联谐振回路与一个电容的并联。其中，L_q 是动态电感，一般很大，约为几十毫亨；C_q 是动态电容，一般很小，在 10^{-2} pF 以下；r_q 是动态电阻，一般约为几十欧；C_0 是安装电容，包括石英晶体的静态电容和支架、引线等的分布电容，约为 $1\sim10$ pF。

3. 电抗特性

由图 2 - 4 - 2(b)可知，石英晶体滤波器的电抗-频率特性曲线如图 2 - 4 - 2(c)所示。它有两个容性区和一个感性区，并有两个谐振频率。其中，f_s 为串联谐振频率，是 L_q 与 C_q 发生串联谐振时的频率；f_p 为并联谐振频率，是 L_q 与 C_0、C_q 发生并联谐振时的频率。串联谐振频率和并联谐振频率分别为

$$f_s = \frac{1}{2\pi\sqrt{L_q C_q}} \tag{2-4-1}$$

$$f_p = \frac{1}{2\pi\sqrt{L_q\dfrac{C_0 C_q}{C_0+C_q}}} = f_s\frac{1}{\sqrt{\dfrac{C_0}{C_0+C_q}}} = f_s\sqrt{1+\frac{C_q}{C_0}} \tag{2-4-2}$$

石英晶体滤波器有以下基本特点：

(1) 串、并联谐振频率很接近。由于 $C_0 \gg C_q$，由式(2 - 4 - 2)知，f_s 与 f_p 很接近。

(2) 品质因数 Q 很高。由式(2 - 2 - 12)可知，石英晶体滤波器固有的品质因数为

$$Q_0 = \frac{1}{r_q}\sqrt{\frac{L_q}{C_q}}$$

由于 L_q 很大、C_q 很小，Q_0 值可达数万甚至数百万，远高于 LC 回路的品质因数。

（3）通频带窄。由于 f_s 与 f_p 很接近、Q 值很高，所以其通频带很窄，选择性很好。

2.4.2 陶瓷滤波器

陶瓷滤波器是用具有压电效应的陶瓷片（如锆酸铝或钛酸铝）制作的滤波器，其电性能与石英晶体滤波器相类似，即具有正、反压电效应，且能产生压电谐振。陶瓷滤波器的品质因数 Q_0 可达几百，比 LC 滤波器的高，但比石英晶体滤波器的低，故其选择性比 LC 滤波器好，比石英晶体滤波器差；其通频带比 LC 滤波器的通频带窄，比石英晶体滤波器的通频带宽。由于陶瓷片的物理化学性能十分稳定，所以其固有的机械振动频率也十分稳定。此外，陶瓷滤波器还具有体积小、制造简便、稳定性高、无须调整等优点，被广泛应用于各类电子设备中。

常用的陶瓷滤波器有两端和三端两种类型。

1. 两端陶瓷滤波器

两端陶瓷滤波器的电路符号和等效电路如图 2-4-3 所示。其中，C_0 为陶瓷片的静态电容，L_1、C_1、r_1 分别为陶瓷滤波器的等效电感、等效电容和等效内阻。根据陶瓷片的物理尺寸不同，其参数也不相同。两端陶瓷滤波器的等效电路与石英晶体滤波器的相同，所以两端陶瓷滤波器的电抗特性也与石英晶体滤波器的电抗特性相似，有两个谐振频率，即串联谐振频率 f_s 和并联谐振频率 f_p。

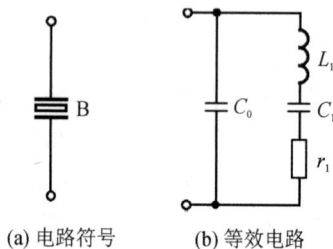

(a) 电路符号　　(b) 等效电路

图 2-4-3　两端陶瓷滤波器

$$f_s = \frac{1}{2\pi\sqrt{L_1 C_1}} \qquad (2-4-3)$$

$$f_p = f_s \sqrt{1 + \frac{C_1}{C_0}} \qquad (2-4-4)$$

当电路发生串联谐振时，两端陶瓷滤波器的等效阻抗最小；当电路发生并联谐振时，两端陶瓷滤波器的等效阻抗最大。

2. 三端陶瓷滤波器

三端陶瓷滤波器的电路符号和等效电路如图 2-4-4 所示，图中 1、3 端是输入端，2、3 端是输出端。

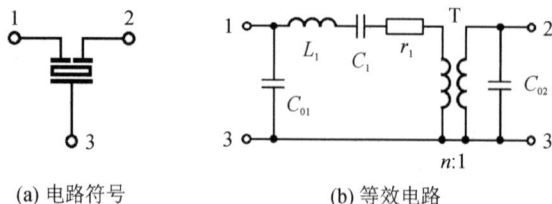

(a) 电路符号　　　　　　　(b) 等效电路

图 2-4-4　三端陶瓷滤波器

输入信号经 1、3 端输入，若信号频率等于陶瓷滤波器的串联谐振频率，则陶瓷片将产生与谐振频率相同的机械振动。由于压电效应，2、3 端将输出频率为谐振频率的输出电压。三端陶瓷滤波器的等效电路为双调谐耦合回路（双调谐耦合回路的性能见 3.3.3 节），用它可以取代中频放大电路中的中频变压器。其优点是无须调整。

2.4.3 声表面波滤波器

声表面波滤波器(SAWF)是用具有压电效应的晶体(如石英晶体、铌酸锂、钛酸钡)为基片制成的滤波元件,具有体积小、中心频率高、接近理想的矩形选频特性、稳定性好、无须调整等优点,被广泛应用在高频接收设备中。

声表面波滤波器的电路符号和结构原理如图 2-4-5 所示,压电材料基片的左、右各有一对叉指电极。在输入端,加入的高频电信号在输入端的叉指电极间会产生相应的高频电场;由于基片的反压电效应,高频电场在基片表面激起机械振动波,并沿基片表面传播。在输出端,由于基片的正压电效应,输出端的叉指电极会将机械振动波转换成高频电信号输出。

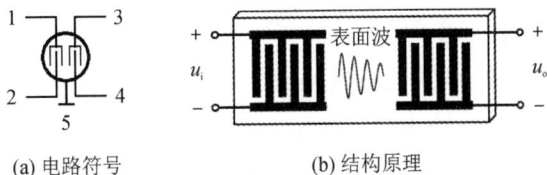

(a) 电路符号   (b) 结构原理

图 2-4-5 声表面波滤波器

声表面波滤波器的中心频率、通频带等性能指标与晶体的基片材料,以及叉指电极的形状、尺寸、数量、位置有关。只要设计合理,用光刻技术可以保证较高的制造精度。

某声表面波滤波器的幅频特性如图 2-4-6 所示,由图可见,它具有接近矩形的幅频特性,所以有比较理想的选择性和较宽的通频带。该声表面波滤波器常用于电视接收机的中频放大器。但由于信号进行了电/声转换和声/电转换,信号的损耗比较大;另外,声表面波滤波器有回波干扰的缺点。

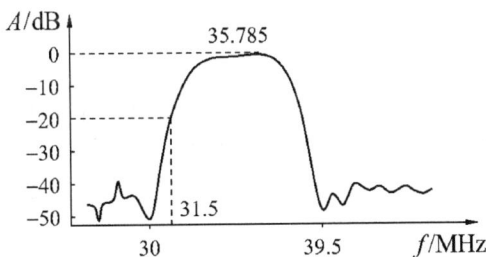

图 2-4-6 某声表面波滤波器的幅频特性

▶ 练习与思考

2-4-1 固体滤波器主要有_____滤波器、_____滤波器、_____滤波器。

2-4-2 某石英晶体滤波器的等效电路如图 2-4-2(b)所示,已知 $L_q = 25$ mH, $C_q = 0.005$ pF, $r_q = 50$ Ω, $C_q = 10$ pF。试计算空载品质因数、串联谐振频率和并联谐振频率。

2-4-3 固体滤波器有哪些主要特点?

2.5 技能训练

2.5.1 串联谐振电路频率特性的测试

1. 实验目的

(1) 验证串联谐振电路的特点,加深对串联谐振现象的理解;

(2) 学会测量串联谐振电路的谐振频率。

2. 实验内容

(1) 串联谐振电路幅频特性的测量;

(2) 不同频率时串联谐振电路性质的测量。

3. 实验器材

双踪示波器,信号发生器,电阻(100 Ω),电感(1 mH),电容(100 pF)。

4. 实验电路

实验电路如图 2-5-1 所示。若输入电压 u_1 为固定值,谐振时的串联谐振电阻最小,则输出电压 u_2 最高;失谐时串联谐振电路的阻抗增大, u_2 将降低。

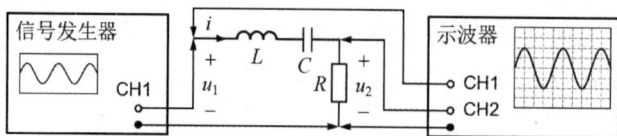

图 2-5-1 技能训练 2.5.1 电路

5. 注意事项

在变换频率时,信号发生器输出电压可能会有变化,所以在每次测试前,应用示波器监视电路的输入信号电压,使其电压峰峰值始终维持在指定值。

6. 实验步骤

(1) 按图 2-5-1 连接电路,根据电路参数计算谐振频率:

$$f_0 = \frac{1}{2\pi\sqrt{LC}} = \frac{1}{2\pi\sqrt{1\text{ mH} \times 100\text{ pF}}} = 503.3\text{ kHz}$$

(2) 用回路电流判断法寻找谐振频率 f_0。

① 设置信号发生器输出电压的幅度为 $U_{1m} = 2$ V、频率 $f = 503$ kHz 的正弦波。

② 在 503 kHz 附近微调信号发生器输出频率,观测 u_2 峰峰值 U_{2pp} 的大小。当 U_{2pp} 最大时,信号发生器的输出频率就是电路的谐振频率 f_0。将 f_0 填入表 2-5-1 中。

③ 当频率大于或小于谐振频率时,判断 u_1 与 u_2 哪个超前,并判断电路呈现的性质,将结果填入表 2-5-1 中。

表 2-5-1　串联谐振频率测量数据

		f/kHz	$U_{2\mathrm{pp}}/\mathrm{V}$	u_1 与 u_2 相位关系	呈现性质
$f=f_0$	回路电流判断法				
	相位判断法				
$f>f_0$：$f_0+100\ \mathrm{kHz}$					
$f<f_0$：$f_0-100\ \mathrm{kHz}$					

（3）用相位判断法寻找谐振频率 f_0。

① 保持信号发生器输出电压的幅度为 $U_{1\mathrm{m}}=2\ \mathrm{V}$、频率 $f=503\ \mathrm{kHz}$ 的正弦波。

② 在 $503\ \mathrm{kHz}$ 附近微调信号发生器输出频率，观测 u_1 与 u_2 的波形。当 u_1 与 u_2 相位相同时，信号发生器的输出频率就是电路的谐振频率 f_0。将 f_0 填入表 2-5-1 中。

（4）测量幅频特性。

① 保持信号发生器输出电压的幅度为 $U_{1\mathrm{m}}=2\ \mathrm{V}$，按表 2-5-2 所列频率调节信号发生器的输出频率，分别测出各频率点的 $U_{2\mathrm{pp}}$ 值并填入 2-5-2 中。

表 2-5-2　幅频特性测量数据

$\dfrac{f}{f_0}$	0.50	0.60	0.70	0.80	0.85	0.90	0.95	0.98	1.0
f/kHz									
$U_{2\mathrm{pp}}/\mathrm{V}$									
$H(f)=\dfrac{U_{2\mathrm{pp}}(f)}{U_{2\mathrm{pp}}(f_0)}$									
$\dfrac{f}{f_0}$	1.02	1.05	1.10	1.15	1.20	1.30	1.50	1.70	2.00
f/kHz									
$U_{2\mathrm{pp}}/\mathrm{V}$									
$H(f)=\dfrac{U_{2\mathrm{pp}}(f)}{U_{2\mathrm{pp}}(f_0)}$									

② 根据测量结果，计算传输函数 $H(f)$ 并填入表 2-5-2 中，绘制幅频特性曲线。

7. 总结与思考

（1）整理实验数据，撰写实验报告。

（2）电阻 R 上的电压 u_2 的相位代表了什么量？

（3）谐振时，u_1 与 u_2 是否相等？试分析原因。

2.5.2　并联谐振电路频率特性的测试

1. 实验目的

（1）验证并联谐振电路的特点，加深对并联谐振现象的理解；

（2）学会测量并联谐振电路谐振频率；

（3）理解谐振电路的选频性能。

2．实验内容

（1）并联谐振电路幅频特性的测量；

（2）不同频率时并联谐振电路性质的测量；

（3）观察选频性能。

3．实验器材

双踪示波器，信号发生器，电阻（100 kΩ），电感（0.1 mH），电容（100 pF）。

4．实验电路

实验电路如图 2－5－2 所示。若输入电压 u_1 为固定值，谐振时的并联谐振电阻最大，则输出电压 u_2 最高；失谐时并联谐振电路的阻抗减小，u_2 将降低。

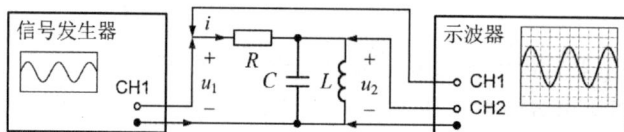

图 2－5－2　技能训练 2.5.2 电路

5．注意事项

在变换频率时，信号发生器输出电压可能会有变化，所以在每次测试前，应用示波器监视电路的输入信号电压，使其电压峰峰值始终维持在指定值。

6．实验步骤

（1）按图 2－5－2 连接电路，根据电路参数计算谐振频率：

$$f_0 \approx \frac{1}{2\pi\sqrt{LC}} = \frac{1}{2\pi\sqrt{0.1\ \text{mH} \times 100\ \text{pF}}} = 1.59\ \text{MHz}$$

（2）寻找谐振频率 f_0。

① 设置信号发生器输出电压的幅度为 $U_{1m} = 3$ V、频率 $f = 1.59$ MHz 的正弦波。

② 在 1.59 MHz 附近微调信号发生器输出频率，观测 u_2 峰峰值 U_{2pp} 的大小。当 U_{2pp} 最大时，信号发生器的输出频率就是电路的谐振频率 f_0。将 f_0 填入表 2－5－3 中。

表 2－5－3　并联谐振频率测量数据

	f/MHz	U_{2pp}/V	u_1 与 u_2 相位关系	呈现性质
$f = f_0$				
$f > f_0$：$f_0 + 100$kHz				
$f < f_0$：$f_0 - 100$kHz				

③ 当频率大于或小于谐振频率时，判断 u_1 与 u_2 哪个超前，并判断电路呈现的性质，将结果填入表 2－5－3 中。

（3）测量幅频特性。

① 保持信号发生器输出电压的幅度为 $U_{1m} = 3$ V，按表 2－5－4 所列频率调节信号发

生器的输出频率，分别测出各频率点的 U_{2pp} 值，并填入表 2-5-4 中。

表 2-5-4　幅频特性测量数据

$\dfrac{f}{f_0}$	0.80	0.85	0.90	0.95	0.96	0.97	0.98	0.99	1.00
f/kHz									
U_{2pp}/V									
$H(f)=\dfrac{U_{2pp}(f)}{U_{2pp}(f_0)}$									
$\dfrac{f}{f_0}$	1.01	1.02	1.03	1.04	1.05	1.07	1.10	1.15	1.20
f/kHz									
U_{2pp}/V									
$H(f)=\dfrac{U_{2pp}(f)}{U_{2pp}(f_0)}$									

② 根据测量结果，计算传输函数 $H(f)$ 并填入表 2-5-4 中，绘制幅频特性曲线。

（4）观察选频性能。

用信号发生器分别产生不同频率、幅度为 3 V 的方波信号 u_1，观察记录 u_2 的波形，填入表 2-5-5 中。

表 2-5-5　谐振回路的选频性能波形

f/MHz	$f_0-0.5=$	$f_0=$	$f_0+0.5=$
u_1 的波形			
u_2 的波形			

7. 总结与思考

（1）整理实验数据，撰写实验报告。

（2）谐振时，LC 谐振回路两端的电压 u_2 是最大还是最小？

（3）电压 u_2 的相位是否反映了电流 i 的相位？

小　结

1. 频谱

频谱是指组成信号的各正弦分量按频率分布的情况。

2. 串联与并联谐振电路主要特性对比

	串联谐振电路	并联谐振电路
谐振频率	$f_0 = \dfrac{1}{2\pi\sqrt{LC}}$	$f_0 = \dfrac{1}{2\pi\sqrt{LC}}$
谐振阻抗	$Z_0 = r$（最小）	$Z_0 = R_0 = \dfrac{L}{rC}$（最大）
品质因数	$Q_0 = \dfrac{\omega_0 L}{r} = \dfrac{1}{r\omega_0 C} = \dfrac{1}{r}\sqrt{\dfrac{L}{C}}$	$Q_0 = \dfrac{\omega_0 L}{r} = \dfrac{R_0}{\omega_0 L}$
通频带	$\mathrm{BW}_{0.7} = \dfrac{f_0}{Q}$	$\mathrm{BW}_{0.7} = \dfrac{f_0}{Q}$
电路性质	当 $f < f_0$ 时，电路呈容性 当 $f > f_0$ 时，电路呈感性	当 $f < f_0$ 时，电路呈感性 当 $f > f_0$ 时，电路呈容性
对电源的要求	适用于低内阻的电压源	适用于高内阻的电流源

3. 串并联阻抗的等效互换

等效互换的目的是方便分析电路。

等效的条件是串联阻抗与并联阻抗相等。

当 $Q_0 \gg 1$ 时，有 $X_p \approx X_s$，$R_p \approx Q_0^2 R_s$。

4. 回路部分接入时的阻抗变换

回路部分接入的目的是降低信号源内阻和负载对回路 Q 值的影响。

当接入系数 $n < 1$ 时，等效阻抗增大为原阻抗的 $1/n^2$ 倍，等效电压源提高为原电压源的 $1/n$ 倍，等效电流源减小为原电流源的 n 倍。

5. 固体滤波器

固体滤波器主要有石英晶体滤波器、陶瓷滤波器和声表面波滤波器。

固体滤波器的共同优点是 Q 值高，抗干扰能力强，无须调整。

测 试 题

2 – 1　填空题

1. 在 LC 串联电路中，发生串联谐振的条件是＿＿＿＿＿，谐振频率 $f_0 = $ ＿＿＿＿＿。

2. 由内阻 $r = 0$ 的线圈与电容器组成串联谐振电路，其谐振频率 $f_0 = $ ＿＿＿＿＿；谐振时的阻抗 $Z_0 = $ ＿＿＿＿＿，谐振时电路相当于＿＿＿＿＿。

3. 由内阻为 r 的电感 L 与电容 C 组成并联谐振电路，其谐振角频率 $\omega_0 = $ ＿＿＿＿＿，

谐振时的阻抗 $Z_0=$＿＿＿＿＿，品质因数 $Q_0=$＿＿＿＿＿。

4. 当信号源为电流源时，不宜用＿＿＿＿＿联谐振电路作负载，而应用＿＿＿＿＿联谐振电路作负载。

5. 若 LC 并联谐振电路的 $L=0.1\text{ mH}$，$r=5\text{ }\Omega$，$C=100\text{ pF}$，则其谐振频率 $f_0=$＿＿＿ MHz，空载品质因数 $Q_0=$＿＿＿＿＿，谐振电阻 $R_0=$＿＿＿＿＿ kΩ。若在回路两端并联一个 $200\text{ k}\Omega$ 的电阻，则其有载品质因数 $Q_L=$＿＿＿＿＿，通频带 $\text{BW}_{0.7}=$＿＿＿＿＿ MHz。

6. 当将 LC 并联谐振回路作为放大器的负载时，回路的 Q 值越高，选择性越＿＿＿＿＿，通频带越＿＿＿＿＿。

7. 某谐振回路的谐振频率 $f_0=465\text{ kHz}$，若要求通频带 $\text{BW}_{0.7}=10\text{ kHz}$，则 $Q=$＿＿＿。

8. 某 LC 并联谐振电路的实际负载采用部分接入方式，已知接入系数 $n=0.2$，负载 $R_L=2\text{ k}\Omega$，则其等效到回路两端的等效电阻 $R'_L=$＿＿＿＿＿ kΩ。

9. 当将并联谐振回路作为放大器负载时，常采用部分接入的方式，目的是避免＿＿＿＿＿回路的 Q 值。

10. 石英晶体滤波器有串联谐振频率 f_s 和并联谐振频率 f_p，且 f_s＿＿＿＿＿f_p。

2-2　单选题

1. 用频谱可以清晰地表示信号所包含的（　　）分量。
A. 幅度　　　　B. 频率　　　　C. 相位　　　　D. 时间

2. 在串联谐振回路中，当 $f>f_0$ 时，回路呈（　　）性；在并联谐振回路中，当 $f>f_0$ 时，回路呈（　　）性。
A. 容　　　　B. 纯阻　　　　C. 感　　　　D. 不能确定

3. 在串联谐振回路中，当电路发生谐振时，回路的阻抗值（　　）；在并联谐振回路中，当电路发生谐振时，回路的阻抗值（　　）。
A. 最大　　　　B. 最小　　　　C. 为零　　　　D. 不能确定

4. 在 LC 并联谐振电路两端并联电阻，可以（　　）。
A. 展宽通频带　　　　　　　　B. 提高谐振频率
C. 提高 Q 值　　　　　　　　D. 增大谐振电阻

5. 为了有好的滤波效果，希望滤波器过渡带的宽度（　　）。
A. 越宽越好　　B. 宽度适当　　C. 越窄越好　　D. 不为 0

6. 下列（　　）不是固体滤波器的特点。
A. Q 值高　　B. 抗干扰能力强　　C. 无须调整　　D. 增益高

7. 石英晶体滤波器工作在串联谐振频率 f_s 和并联谐振频率 f_p 之间时，呈（　　）性。
A. 容　　　　B. 纯阻　　　　C. 感　　　　D. 不能确定

8. 已知一个信号包括 465 kHz 和 10 kHz 2 个频率分量，电压幅度均为 10 mV。该信号经过中心频率为 465 kHz、增益为 40 dB、通频带为 9 kHz 的放大器后，输出信号的电压幅度为（　　）V、频率为（　　）kHz。
A. 0.4、10　　　B. 1、10　　　C. 0.4、465　　　D. 1、465

2-3　判断题

1. 高频电路的负载通常是各种选频网络。　　　　　　　　　　　　　（　　）

2. 任何周期信号都可以分解成各种正弦波的叠加。 （　　）

3. 由于 LC 谐振回路的 Q 值越高，其选择性就越好，所以 Q 值越高越好。 （　　）

4. 当 LC 并联谐振回路发生谐振时，电路的阻抗 Z_0 最大。 （　　）

5. 在电压源激励下，当 LC 并联谐振回路发生谐振时，回路两端的电压最大。 （　　）

6. 石英晶体滤波器的并联谐振频率 f_p 远高于串联谐振频率 f_s。 （　　）

2 – 4　计算题

1. 串联谐振电路如图 T2 – 1 所示，已知 $U_s=1\ \text{mV}$，$R_s=45\ \Omega$，$L=0.4\ \text{mH}$，$r=5\ \Omega$，$C=100\ \text{pF}$。试求：

（1）谐振频率 f_0 和通频带 $\text{BW}_{0.7}$ 各为多少？

（2）当电路发生谐振时，电容上的电压 U_C 为多少？

2. 并联谐振回路如图 T2 – 2 所示，已知 $L=10\ \mu\text{H}$，$r=5\ \Omega$，$C_1=20\ \text{pF}$，C_2 为微调电容。

（1）若要求谐振频率 f_0 为 $10.7\ \text{MHz}$，C_2 应为多少？

（2）通频带 $\text{BW}_{0.7}$ 为多少？

（3）为展宽通频带，通常在回路两端并联电阻 R，若要求通频带为 $200\ \text{kHz}$，电阻 R 应为多少？

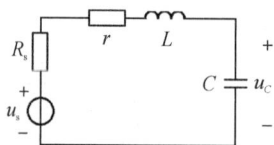

图 T2 – 1

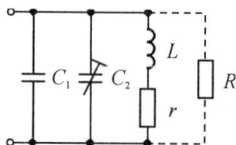

图 T2 – 2

3. 某收音机中频放大器的负载回路如图 T2 – 3 所示，中频频率为 $465\ \text{kHz}$。已知 $N_{13}=200$ 匝，$N_{23}=50$ 匝，$N_{45}=40$ 匝，电感 L 的 $Q_0=100$，$C=180\ \text{pF}$，$R_s=80\ \text{k}\Omega$，$R_1=300\ \text{k}\Omega$，$R_L=3\ \text{k}\Omega$。试求：

（1）电感 L 为多少？

（2）通频带 $\text{BW}_{0.7}$ 为多少？

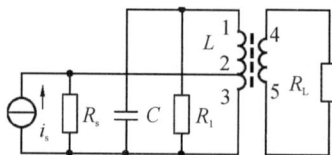

图 T2 – 3

第 2 章参考答案

第3章　高频小信号放大器

高频小信号放大器是各类接收机的重要组成部分，由于工作频率升高，晶体管的结电容对电路的性能会产生明显影响。本章先介绍晶体管高频小信号等效电路及频率参数，然后在此基础上分别介绍单调谐、参差调谐和双调谐谐振放大器，最后介绍集中选频放大器。

3.1　概　　述

在通信系统中，收、发两地一般相距很远。为了提高通信距离，在发射端需要将已调制的高频信号进行放大，获得足够的功率后，再馈送到天线上发射出去。高频信号经过远距离传输后衰减很大，到达接收端的高频信号电平多在微伏级。因此，需要先将接收到的微弱高频信号进行放大，再进行相应的处理(如解调)。所以高频小信号放大器是发射和接收设备中的重要组成部分。

高频小信号放大器又称高频电压放大器，与低频(音频)电压放大器相比较，二者的共同点是都工作在线性范围，它们的区别主要体现在以下几个方面：

(1) 工作频率范围不同。低频电压放大器的工作频率低，一般在几十千赫以下。高频电压放大器的工作频率高，一般在几百千赫至几千兆赫。

(2) 信号的相对带宽不同。低频电压放大器主要用于放大基带信号，基带信号的相对带宽较宽，例如，音频信号频带范围为 $20\ \text{Hz} \sim 20\ \text{kHz}$，其高、低频之比达 1000 倍，相对带宽接近 200%。高频电压放大器主要用于放大高频窄带信号，高频窄带信号的相对带宽窄，即其高、低频之比接近 1。例如，在调幅接收机的中频放大电路中，信号的带宽 $\Delta f = 9\ \text{kHz}$，中心频率 $f_0 = 465\ \text{kHz}$，相对带宽 $\Delta f / f_0$ 不到 2%；又如，在调频接收机的中频放大电路中，调频立体声信号的带宽 $\Delta f = 256\ \text{kHz}$，中心频率 $f_0 = 10.7\ \text{MHz}$，相对带宽 $\Delta f / f_0$ 约为 2.4%。

(3) 负载不同。低频电压放大器一般采用无调谐负载，如电阻、铁芯变压器等。高频电压放大器一般采用谐振负载，如选频网络、固体滤波器等。

(4) 关注的性能指标不同。除两者都关注的电压增益和通频带外，低频电压放大器侧重输入电阻和输出电阻，高频电压放大器则侧重选择性和稳定性。

1. 高频小信号放大器的分类

对高频小信号放大器的关注点不同，其分类方式也有所不同。若按器件分类，可分为晶体管放大器、场效应管放大器和集成电路放大器；若按通带分类，可分为窄带放大器和宽带放大器；若按负载分类，可分为谐振放大器和非谐振放大器。

本书仅介绍以谐振回路和固体滤波器为负载的晶体管窄带放大器。

2. 主要技术指标

高频小信号放大器的主要技术指标有：

1）中心频率 f_0

中心频率就是谐振放大器的工作频率，由通信系统的要求确定。随着技术的发展，可利用的信道频率越来越高。例如，电视采用的特高频（UHF）频段，其工作频率为几百兆赫兹；雷达、卫星通信采用的超高频（SHF）、极高频（EHF）、超级高频（SEHF）频段，其工作频率从几个吉赫兹到几个太赫兹。中心频率是设计放大器时选择放大器件、计算选频网络参数的依据。

2）电压增益 A_{u0}

电压增益表示放大电路对有用信号的放大能力，通常指中心频率处的电压放大倍数，即

$$A_{u0} = \frac{u_o}{u_i} \tag{3-1-1a}$$

用分贝表示为

$$A_{u0}(\text{dB}) = 20\lg \left| \frac{u_o}{u_i} \right| (\text{dB}) \tag{3-1-1b}$$

一般希望每级放大器在中心频率（谐振频率）处及通频带内的电压增益尽量高，在满足总增益的条件下，放大器的级数尽量少。例如，用于各种接收机中的中频放大器，一般要求其电压放大倍数为 $10^4 \sim 10^5$，即电压增益为 $80 \sim 100$ dB，通常要靠多级放大器才能实现。

3）通频带 $\text{BW}_{0.7}$

在多数情况下，被放大的信号不是单一频率的载波信号，而是占有一定频谱宽度的频带信号。为不失真地放大频带信号，放大器的通频带就必须有一定的带宽。放大器的幅频特性与通频带如图 3-1-1 所示。通频带是指当放大电路的电压增益 A_u 下降到最大值 A_{u0} 的 0.7 倍（$1/\sqrt{2}$ 倍，即 -3 dB）时所对应的频率范围，用 $\text{BW}_{0.7}$ 或 $2\Delta f_{0.7}$ 表示。

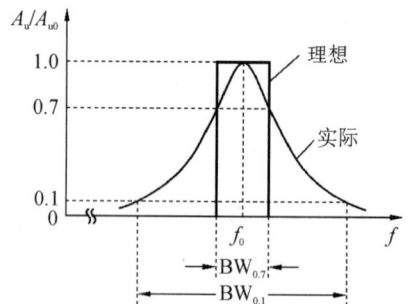

图 3-1-1 放大器的幅频特性与通频带

4）选择性

选择性是指放大电路排除通频带之外干扰信号的能力。衡量选择性的两个基本指标是矩形系数和抑制比。

（1）矩形系数 K_r。矩形系数反映了放大器对邻近频率信号的抑制能力。理想情况下，放大电路应对通频带内的各频率信号分量有同样的放大倍数，而对通频带以外的邻近频率

信号完全抑制，即放大电路的理想频率特性曲线应为矩形。但实际的频率特性曲线形状与矩形有较大的差异，如图 3-1-1 所示。为了评价实际曲线与理想矩形的接近程度，通常用矩形系数 K_r 来表示，其定义为

$$K_{r0.1} = \frac{\mathrm{BW}_{0.1}}{\mathrm{BW}_{0.7}} \qquad (3-1-2)$$

显然，矩形系数越接近 1，实际曲线就越接近矩形，放大器滤除邻近信号干扰的能力就越强。

（2）抑制比 d。抑制比通常表示放大器对某些特定频率信号选择性的优劣。说明抑制比的幅频特性如图 3-1-2 所示，在谐振点 f_0 的增益为 A_{u0}。若有一干扰信号的频率为 f_n，其增益为 A_{un}，则放大器对此干扰信号的抑制比定义为

$$d = 20\lg \frac{A_{u0}}{A_{un}} (\mathrm{dB}) \qquad (3-1-3)$$

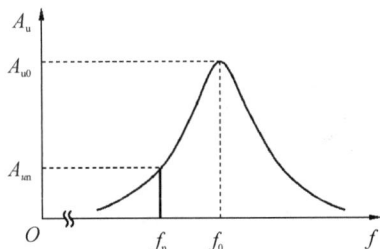

图 3-1-2　说明抑制比的幅频特性

显然，d 值越大，放大器的选择性越好。调幅收音机常用偏调 ±10 kHz 时的抑制比来衡量其选择性，即对邻台的抑制能力。例如，超外差收音机所用中周（中频变压器）的选择性约为 5～8 dB，即偏调 ±10 kHz 时的衰减应不小于 5～8 dB。

5）工作稳定性

工作稳定性是指当放大器的工作状态、元件参数等发生可能的变化时，放大器的主要特性的稳定程度。一般的不稳定现象是增益变化、中心频率偏移、通频带变窄、特性曲线变形等；极端的不稳定状态是放大器自激，致使放大器完全不能正常工作。

引起不稳定的原因主要是寄生反馈作用。为了使放大器稳定工作，需要采取相应的措施，如选择内部反馈小的晶体管、引入中和电路或稳定电阻、使级间阻抗失匹配等。此外，在工艺结构方面，如元件排列、屏蔽、接地等均应良好，使放大器不产生自激。

6）噪声系数

噪声系数是用来描述放大器本身产生噪声电平大小的一个参数。在放大电路中，噪声总是有害无益的，特别是对微弱信号的影响是极其不利的。在多级放大器中，最前面的一、二级对整个放大电路的噪声系数起决定性作用，因此要求它们的信噪比要尽量高。为减小放大电路的内部噪声，可选用低噪声管、正确选择工作点电流、选用合适的线路等。

以上这些技术指标相互之间既有联系，又有矛盾，如电压增益与稳定性，通频带与选择性等，应根据实际需要决定主次，进行合理设计调整。例如，接收机的整机灵敏度、选择性、通频带等主要取决于中放级，而噪声则主要决定于高放级或混频级（无高放级时）。因此，在考虑中放级时，应在满足通频带要求与保证工作稳定性的前提下，尽量提高电压增益；在考虑高放级时，电压增益成为次要矛盾，主要应尽量减小本级的内部噪声。

▶ 练习与思考

3-1-1　高频电压放大器与低频电压放大器的主要区别有哪些？

3-1-2 在高频电压放大器中，如何理解电压增益、通频带和选择性之间的关系？

3-1-3 某高频电压放大器的 $A_{u0}=100$，其电压增益为多少 dB？若特定频率处的 $A_{un}=50$，其抑制比为多少 dB？

3.2 晶体管的高频小信号等效电路及频率参数

观察与思考

PN 结存在结电容，晶体管的结电容包括 $C_{b'e}$、C_{ce}、$C_{b'c}$，如图 3-2-1 所示。在"低频电路"中，由于结电容很小，其影响可忽略。随着工作频率的升高，结电容的容抗将减小。结电容对晶体管的电流放大系数 β 有什么影响？β 值与工作频率有什么样的量化关系？

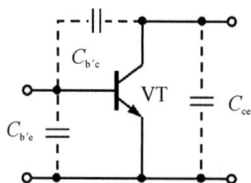

图 3-2-1 晶体管结电容的等效电路

3.2.1 晶体管的高频小信号等效电路

当工作频率升高时，晶体管极间电容的影响逐渐增大。因此，要用晶体管的高频小信号等效电路来分析放大器的性能。

1. 共发射极高频等效电路

晶体管共发射极高频等效电路如图 3-2-2 所示，图中，b′ 点是为便于分析而虚拟的一个等效端点。

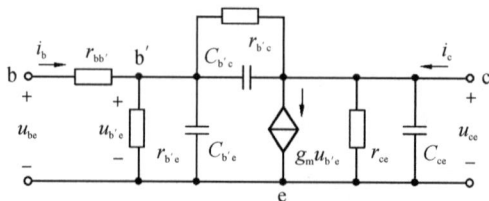

图 3-2-2 晶体管共发射极高频等效电路

各参数含义如下：

(1) $r_{bb'}$ 为基区体电阻，不同类型晶体管的 $r_{bb'}$ 值相差较大，高频管的 $r_{bb'}$ 一般为 15～

$50\ \Omega$。$r_{bb'}$ 在共基应用时会引起高频负反馈，降低晶体管的 β 值。

（2）$r_{b'e}$ 为发射结交流等效电阻：

$$r_{b'e} = (1+\beta_0)\frac{26(\text{mV})}{I_E(\text{mA})} \qquad (3-2-1)$$

式中，β_0 为直流时的 β 值。

（3）$C_{b'e}$ 为发射结结电容，由于发射结正偏，其值一般为 $50\sim500$ pF。

（4）$r_{b'c}$ 为集电结反偏电阻，一般为 100 kΩ~10 MΩ。由于 $r_{b'c}$ 较大，通常忽略其影响。

（5）$C_{b'c}$ 为集电结结电容，由于集电结反偏，一般为 $2\sim10$ pF。$C_{b'c}$ 将输出交流电流反馈到输入端，降低了放大电路的稳定性，甚至有可能引起放大器的自激。

（6）$g_m u_{b'e} = \beta i_b$，为受控电流源，模拟晶体管的放大作用。

（7）$g_m = i_c/u_{b'e}$，为跨导，反映了晶体管的放大能力，单位为西门子（S），一般约为几十毫西门子。在低频时，$g_m u_{b'e} = \beta_0 i_b$

$$g_m = \frac{\beta_0 i_b}{r_{b'e} i_b} = \frac{\beta_0}{r_{b'e}} = \frac{\beta_0}{(1+\beta_0)\frac{26(\text{mV})}{I_E(\text{mA})}} \approx \frac{I_E(\text{mA})}{26(\text{mV})} \qquad (3-2-2)$$

（8）r_{ce} 为集电极-发射极的极间电阻，又称输出电阻，它表示集电极电压 u_{ce} 对集电极电流 i_c 的影响，一般为几十千欧以上；

（9）C_{ce} 为集电极-发射极的极间电容，一般为 $2\sim10$ pF。

2. 简化的共发射极高频等效电路

随着工作频率的上升，晶体管极间电容的容抗会降低，其分流作用将增强。因此要分析高频放大器的性能，首先要分析晶体管在高频工作时的等效电路。晶体管共发射极高频等效电路如图 3-2-2 所示（此时忽略 $r_{b'c}$），根据密勒定理，$C_{b'c}$ 可分别折合到 b'e 和 ce 两端，得到的密勒等效电路如图 3-2-3(a)所示。

可以证明：

$$\begin{cases} C_{M1} = (1+g_m R_L')C_{b'c} \\ C_{M2} \approx C_{b'c} \end{cases} \qquad (3-2-3)$$

其中，R_L' 为晶体管的总负载。

忽略 $r_{bb'}$，可得到简化的晶体管共发射极高频等效电路，如图 3-2-3(b)所示，其中，$C_{ie} = C_{b'e} + C_{M1}$，$C_{oe} = C_{ce} + C_{M2}$。

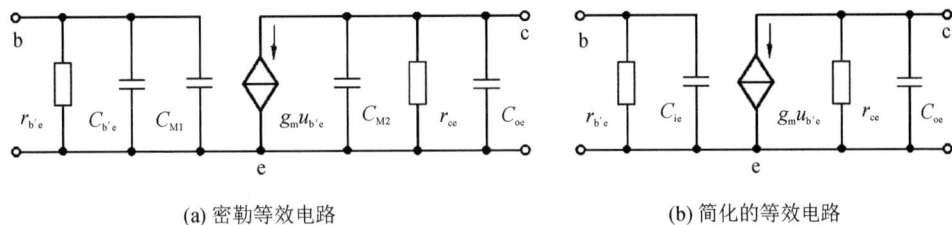

(a) 密勒等效电路　　　　　　　　(b) 简化的等效电路

图 3-2-3　简化的晶体管共发射极高频等效电路

密勒定理与密勒效应简介

1920 年，美国工程师约翰·米尔顿·密勒在研究真空三极管时发现了密勒效应，该效应也适用于晶体管和场效应管。在进行电路分析时，应用密勒定理可以有效地简化电路。

1. 密勒定理

在图 3-2-4(a)所示的实际电路中，阻抗 Z_F 接在输入端与输出端之间，U_i 为输入电压，U_o 为输出电压，$A = U_o/U_i$ 为电压放大倍数。为方便分析，可将 Z_F 分别等效到输入端和输出端，得到密勒等效电路，如图 3-2-4(b)所示。

由图 3-2-4(a)、(b)可知，$I_F = (U_i - U_o)/Z_F$，$I_1 = U_i/Z_1$，$I_2 = U_o/Z_2$。根据等效原理有 $I_1 = I_F$，$I_2 = -I_F$，由此可得

$$Z_1 = \frac{U_i}{U_i - U_o} Z_F = \frac{Z_F}{1-A} \tag{3-2-4}$$

$$Z_2 = \frac{U_o}{U_i - U_o} Z_F = \frac{Z_F}{1 - \dfrac{1}{A}} \tag{3-2-5}$$

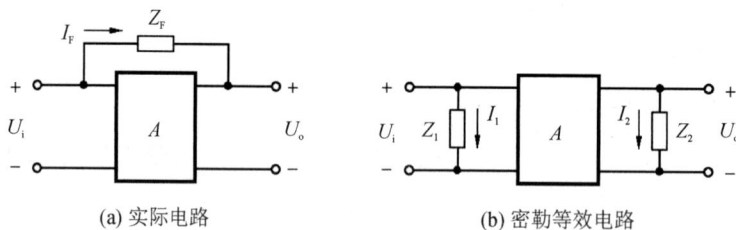

(a) 实际电路   (b) 密勒等效电路

图 3-2-4 密勒定理原理电路

2. 密勒效应

密勒效应是密勒定理的一个特例。在图 3-2-4(a)所示的实际电路中，若 A 为反相放大器(即 $A < 0$)，且 Z_F 为电容 C，则 C 可等效为输入回路的 C_1 和输出回路的 C_2。

由式(3-2-4)可得

$$\frac{1}{j\omega C_1} = \frac{1}{1-A} \cdot \frac{1}{j\omega C}$$

$$C_1 = (1-A)C \tag{3-2-6}$$

即 C 等效到输入端后，其等效电容值增大为 $(1-A)$ 倍。

由式(3-2-5)可得

$$\frac{1}{j\omega C_2} = \frac{1}{1 - \dfrac{1}{A}} \cdot \frac{1}{j\omega C}$$

$$C_2 = \left(1 - \frac{1}{A}\right)C \tag{3-2-7}$$

当 $|A| \gg 1$ 时，有 $C_2 \approx C$，即 C 等效到输出端后，其等效电容值与原电容近似相等。

3.2.2　晶体管的频率参数

频率参数表示了晶体管对不同频率信号的电流放大能力。由图 3 - 2 - 2 所示的晶体管共发射极高频等效电路可知,当信号频率升高时,结电容 $C_{b'e}$、$C_{b'c}$ 和 C_{ce} 的容抗减小,其分流作用将随信号频率升高而增大,对电流的放大能力将减小。

常用的晶体管的频率参数如下:

1. 共发射极截止频率 f_β

f_β 是晶体管的 β 值随信号频率升高而下降到低频值 β_0 的 0.7 倍(即 $1/\sqrt{2}$ 倍)时对应的频率,如图 3 - 2 - 5 所示。

可以证明:

$$\beta(f)=\frac{\beta_0}{\sqrt{1+(f/f_\beta)^2}} \qquad (3-2-8)$$

$$f_\beta=\frac{1}{2\pi r_{b'e}(C_{b'e}+C_{b'c})}\approx\frac{1}{2\pi r_{b'e}C_{b'e}} \qquad (3-2-9)$$

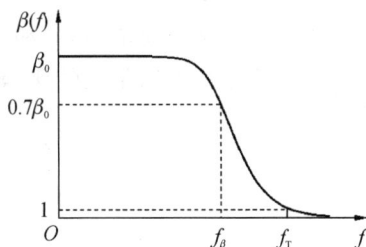

图 3 - 2 - 5　晶体管的频率参数

2. 特征频率 f_T

f_T 是晶体管的 β 值随信号频率升高而下降到 1 时对应的频率,如图 3 - 2 - 5 所示,它表明了晶体管失去电流放大能力的极限频率。

由式(3 - 2 - 8)可知:当 $f=f_T$ 时,$\beta(f_T)=\dfrac{\beta_0}{\sqrt{1+(f_T/f_\beta)^2}}=1$。由于 $f_T\gg f_\beta$,故有

$$f_T=\beta_0 f_\beta \qquad (3-2-10)$$

由式(3 - 2 - 9)、式(3 - 2 - 10)和式(3 - 2 - 2)可得

$$f_T=\frac{\beta_0}{2\pi r_{b'e}C_{b'e}}=\frac{g_m}{2\pi C_{b'e}} \qquad (3-2-11)$$

f_T 和 f_β 是晶体管重要的频率参数。f_T、$C_{b'c}$ 一般可从手册中查到。目前,先进的硅半导体工艺可将晶体管的 f_T 做到 10 GHz 以上,新型的砷化镓、硅锗半导体工艺已经可以将晶体管的 f_T 做到 100 GHz 以上。

例 3.2.1　已知某晶体管的 $f_T=150$ MHz,$\beta_0=200$。求该晶体管工作在 1 MHz 和 10 MHz 时的 β 值。

解　由式(3 - 2 - 10)可得

$$f_\beta=\frac{f_T}{\beta_0}=\frac{150\ \text{MHz}}{200}=0.75\ \text{MHz}$$

(1)当 $f=1$ MHz 时,由式(3 - 2 - 8)可得

$$\beta(1\ \text{MHz})=\frac{\beta_0}{\sqrt{1+(f/f_\beta)^2}}=\frac{200}{\sqrt{1+(1\ \text{MHz}/0.75\ \text{MHz})^2}}=120$$

(2)当 $f=10$ MHz 时,满足 $f\gg f_\beta$,式(3 - 2 - 8)可简化为 $\beta(f)\approx\dfrac{\beta_0}{f/f_\beta}$,于是有

$$\beta(f)f=\beta_0 f_\beta=f_T \qquad (3-2-12)$$

由式(3-2-12)可得

$$\beta(10 \text{ MHz}) \approx \frac{f_T}{f} = \frac{150 \text{ MHz}}{10 \text{ MHz}} = 15$$

例 3.2.2 某单调谐放大器输出回路的交流等效电路如图 3-2-6 所示，其中 r_{ce}、C_{oe} 分别为晶体管的输出电阻和输出电容，C、L、R_0 分别为谐振回路的电容、电感和谐振电阻，R_L 为等效负载电阻。已知电感 $L=4.3~\mu\text{H}$，谐振频率 $f_0=10.7~\text{MHz}$，通频带 $\text{BW}_{0.7}=190~\text{kHz}$。

(1) 试求回路总电容 C_e 和回路有载品质因数 Q_L；

(2) 为了把通频带调整到 256 kHz，通常在回路两端并联电阻 R，试求 R 的值。

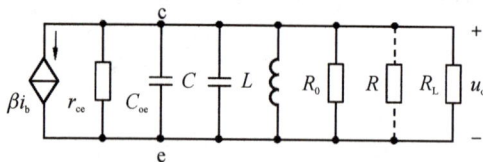

图 3-2-6 例 3.2.2 电路

解 输出回路的总电容和总电阻分别为

$$C_e = C_{oe} + C$$

$$R_{e0} = \left(\frac{1}{r_{ce}} + \frac{1}{R_0} + \frac{1}{R_L}\right)^{-1}$$

(1) 由 $f_0 = \dfrac{1}{2\pi\sqrt{LC_e}}$ 可得

$$C_e = \frac{1}{(2\pi f_0)^2 L} = \frac{1}{(2\pi \times 10.7 \text{ MHz})^2 \times 4.3~\mu\text{H}} = 51.5 \text{ pF}$$

由 $\text{BW}_{0.7} = \dfrac{f_0}{Q_L}$ 可得

$$Q_L = \frac{f_0}{\text{BW}_{0.7}} = \frac{10.7 \text{ MHz}}{190 \text{ kHz}} \approx 56.3$$

(2) 由 $Q_L = \dfrac{R_{e0}}{\omega_0 L}$ 可得，在并联电阻 R 之前回路的总电阻 R_{e0} 为

$$R_{e0} = \omega_0 L Q_L = 2\pi \times 10.7 \text{ MHz} \times 4.3~\mu\text{H} \times 56.3 = 16.3 \text{ k}\Omega$$

在并联电阻 R 之后，有 $Q_L' = \dfrac{\left(\dfrac{1}{R_{e0}} + \dfrac{1}{R}\right)^{-1}}{\omega_0 L}$，则并联电阻 R 前、后，通频带之比为

$$\frac{\text{BW}_{0.7}}{\text{BW}_{0.7}'} = \frac{f_0/Q_L}{f_0/Q_L'} = \frac{\left(\dfrac{1}{R_{e0}} + \dfrac{1}{R}\right)^{-1}}{R_{e0}} = \frac{R}{R_{e0} + R} = \frac{190 \text{ kHz}}{256 \text{ kHz}}$$

可得

$$R = \frac{\text{BW}_{0.7}}{\text{BW}_{0.7}' - \text{BW}_{0.7}} R_{e0} = \frac{190 \text{ kHz}}{256 \text{ kHz} - 190 \text{ kHz}} \times 16.3 \text{ k}\Omega = 46.9 \text{ k}\Omega$$

即可在回路两端并联 47 kΩ 的电阻。

▶ **练习与思考**

3-2-1　晶体管在高频应用时，其结电容 $C_{b'e}$、C_{ce}、$C_{b'c}$ 的影响不可忽略。这三个结电容中，哪个结电容影响最大？

3-2-2　随着工作频率升高，晶体管的 β 值会下降。因此，有人认为当工作频率高于截止频率 f_β 后，晶体管就没有放大能力了。这个观点对不对？为什么？

3.3　谐 振 放 大 器

┌─────────┐
│ 观察与思考 │
└─────────┘

在 1.2.3 节中，简要介绍了超外差式调幅广播接收机的组成和工作过程。在图 1-2-10 所示的超外差式调幅广播接收机组成框图中，"高频电压放大器"和"中频放大器"的实质都是高频小信号谐振放大器，但两者又是有区别的。"高频电压放大器"在接收机的最前端，属于调谐放大器，即其谐振回路需调谐于需要放大的外来信号的频率上；"中频放大器"属于频带放大器，即其谐振回路的谐振频率为固定值，如调幅广播接收机的中频为 465 kHz。本节介绍以谐振回路为负载的高频小信号谐振放大器。

谐振放大器由线性放大器和选频网络组成，其中，选频网络为 LC 并联谐振回路或耦合谐振回路，工作频率一般在一百千赫兹到几百兆赫兹之间，信号幅度在 200 mV 以下。放大器必须在增益、选择性、通频带和稳定性等几个方面满足设计要求。

3.3.1　单调谐放大器

单调谐放大器的选频网络是一个单级 LC 并联谐振回路。

1. 单级单调谐放大器

超外差式收音机中的中频放大器（简称中放）是典型的单调谐放大器，图 3-3-1(a) 所示为单级中频放大器的原理电路。其中，VT 构成共发射极放大电路，R_{B1}、R_{B2} 和 R_E 组成稳定工作点的分压式偏置电路，C_B、C_E 为中频旁路电容；C_C 为电源去耦电容；Z_L 为负载阻抗（或下一级输入阻抗），一般可等效为负载电阻 R_L 和负载电容 C_L 的并联；T_1、T_2 为中频变压器（简称中周），其中 T_2 的初级电感 L 和电容 C 组成的并联谐振回路作为放大器的集电极负载，其谐振频率调谐在输入信号的中心频率上。

图 3-3-1(a) 所示单级中频放大器的交流通路如图 3-3-1(b) 所示，从图中可见，LC 并联谐振回路与晶体管之间采用部分接入，与后级之间采用变压器耦合，以减小负载阻抗、晶体管输出阻抗对回路 Q 值和谐振频率的影响（其影响是使 Q 值减小、增益降低、谐振频

率降低），从而提高了电路的稳定性。采用变压器耦合还能分开前、后级的直流电路，以便于调整；同时可以实现前、后级的阻抗匹配。

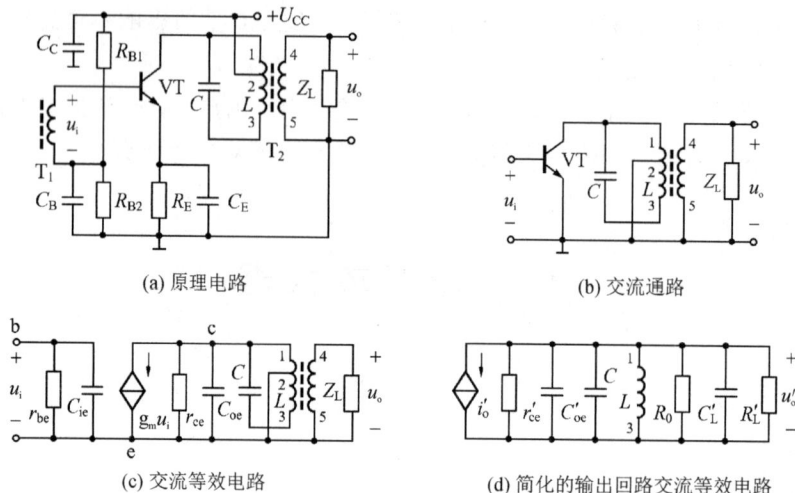

(a) 原理电路   (b) 交流通路

(c) 交流等效电路   (d) 简化的输出回路交流等效电路

图 3 - 3 - 1 单级中频放大器电路

由图 3 - 3 - 1(b) 可画出其交流等效电路，如图 3 - 3 - 1(c) 所示，图中输入端忽略了 $r_{bb'}$，输出端忽略了 $C_{b'c}$。当将晶体管的输出端等效到回路两端时，接入系数为 $n_1 = N_{12}/N_{13}$；当将负载等效到回路两端时，接入系数为 $n_2 = N_{45}/N_{13}$。得到的简化的输出回路交流等效电路如图 3 - 3 - 1(d) 所示，图中 R_0 为并联谐振回路的谐振电阻。由式(2 - 3 - 10)、式(2 - 3 - 6)、式(2 - 2 - 19)、式(2 - 3 - 5)、式(2 - 3 - 8)可得

$$i'_o = n_1 g_m u_i$$

$$r'_{ce} = \frac{1}{n_1^2} r_{ce} \quad (其电导形式为 g'_{ce} = n_1^2 g_{ce})$$

$$R_0 = \frac{L}{rC} \quad (其电导形式为 g_0 = \frac{rC}{L}，其中 r 为电感 L 的内阻)$$

$$R'_L = \frac{1}{n_2^2} R_L (其电导形式为 g'_L = n_2^2 g_L)$$

$$C'_L = n_2^2 C_L$$

故当输出回路发生谐振时的总电导和总电容分别为

$$g_{e0} = g'_{ce} + g_0 + g'_L = n_1^2 g_{ce} + g_0 + n_2^2 g_L \tag{3 - 3 - 1}$$

$$C_e = C'_{oe} + C + C'_L = n_1^2 C_{oe} + C + n_2^2 C_L \tag{3 - 3 - 2}$$

由此可计算出单级单调谐放大器的主要技术指标：

1) 谐振时的电压放大倍数

谐振时的输出电压为

$$u_o = n_2 u'_o = \frac{-n_2 i'_o}{g_{e0}} = -\frac{n_1 n_2 g_m u_i}{g_{e0}}$$

故谐振时的电压放大倍数为

$$A_{u0} = \frac{u_o}{u_i} = -\frac{n_1 n_2 g_m}{g_{e0}} = -\frac{n_1 n_2 g_m}{n_1^2 g_{ce} + g_0 + n_2^2 g_L} \tag{3 - 3 - 3}$$

由式(3-2-2)可知，跨导 g_m 与直流电流 I_E 有关，所以在一定范围内，适当提高静态工作点，即适当提高 I_E，可增大 g_m，从而提高电压放大倍数 A_{u0}。

2）谐振频率

谐振频率为

$$f_0 = \frac{1}{2\pi\sqrt{LC_e}} = \frac{1}{2\pi\sqrt{L(n_1^2 C_{oe} + C + n_2^2 C_L)}} \tag{3-3-4}$$

由式(3-3-4)可知，改变 L 或 C、n_1、n_2、C_L 都可以改变谐振频率，即进行调谐。在实际电路中，常采用调节中周的磁芯，改变电感量 L，达到调谐的目的。

3）通频带

回路的有载品质因数为

$$Q_L = \frac{R_{e0}}{\omega_0 L} = \frac{1}{\omega_0 L g_{e0}} \tag{3-3-5}$$

故单级单调谐放大电路的通频带为

$$BW_{0.7} = \frac{f_0}{Q_L} \tag{3-3-6}$$

显然，接入负载电导 g_L 和晶体管输出电导 g_{ce} 后，回路的总电导 g_{e0} 增大，回路的品质因数 Q_L 降低，通频带 $BW_{0.7}$ 增宽，降低了选择性。为提高品质因数，应减小接入系数 n_1 和 n_2。但由于品质因数增大会使通频带变窄，所以在实际工作中，需兼顾选择性与通频带的要求来确定 Q_L 值。

4）矩形系数

由理论分析可以证明：单级单调谐放大器的矩形系数为

$$K_{r0.1} = \frac{BW_{0.1}}{BW_{0.7}} \approx 9.95 \tag{3-3-7}$$

单级单调谐放大器的频率特性曲线与图 3-1-1 相似。由于单级单调谐放大器的矩形系数远大于 1，其频率特性曲线与矩形相差甚远，故单级单调谐放大器的选择性较差。

例 3.3.1　超外差式收音机的中频放大器如图 3-3-1(a)所示。其中频为 465 kHz，中周初级线圈匝数 $N_{13} = 150$ 匝，$N_{12} = 30$ 匝，次级线圈匝数 $N_{45} = 30$ 匝。回路的空载品质因数 $Q_0 = 90$，电感 $L = 0.4$ mH，两级中放采用的晶体管相同，跨导 $g_m = 60$ mS，输入电导 $g_{be} = 0.4$ mS，输出电导 $g_{ce} = 0.01$ mS。试求谐振时的电压放大倍数和通频带。

解　接入系数为

$$n_1 = \frac{N_{12}}{N_{13}} = \frac{30}{150} = 0.2$$

$$n_2 = \frac{N_{45}}{N_{13}} = \frac{30}{150} = 0.2$$

由 $Q_0 = \dfrac{R_0}{\omega_0 L} = \dfrac{1}{g_0 \omega_0 L}$ 得

$$g_0 = \frac{1}{Q_0 \omega_0 L} = \frac{1}{90 \times 2\pi \times 456 \text{ kHz} \times 0.4 \text{ mH}} = 9.5 \ \mu\text{S}$$

故

$$g_{e0} = n_1^2 g_{ce} + g_0 + n_2^2 g_L = 0.2^2 \times 0.01 \text{ mS} + 9.5 \ \mu\text{S} + 0.2^2 \times 0.4 \text{ mS} = 25.9 \ \mu\text{S}$$

$$A_{u0} = -\frac{n_1 n_2 g_m}{g_{e0}} = -\frac{0.2 \times 0.2 \times 60 \text{ mS}}{25.9 \text{ } \mu\text{S}} = -92.6$$

由于

$$Q_L = \frac{R_{e0}}{\omega_0 L} = \frac{1}{\omega_0 L g_{e0}} = \frac{1}{2\pi \times 465 \text{ kHz} \times 0.4 \text{ mH} \times 25.9 \text{ } \mu\text{S}} = 33$$

所以

$$\text{BW}_{0.7} = \frac{f_0}{Q_L} = \frac{465 \text{ kHz}}{33} = 14.1 \text{ kHz}$$

2. 多级单调谐放大器

在实际运用中,为了满足较高电压增益的要求,需要用多级放大器来实现。

1) 多级单调谐放大器的电压增益

设有 n 级单调谐放大器相互级联,则级联后放大器的总电压增益为

$$A_u = A_{u1} A_{u2} A_{u3} \cdots A_{un}$$

2) 通频带

多级相同的放大器级联后的幅频特性如图 3-3-2 所示。由图可见,级联的级数越多,总通频带就越窄。由理论分析可以证明,n 级相同的单调谐放大器级联后的总通频带为

$$(\text{BW}_{0.7})_n = \sqrt{2^{1/n} - 1} \frac{f_0}{Q_L} \qquad (3-3-8)$$

式中,$\sqrt{2^{1/n} - 1}$ 是频带缩小因子。

表 3-3-1 列举了几种不同 n 值对应的缩小因子值。

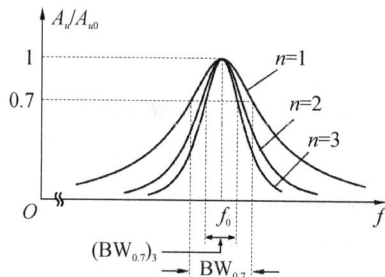

图 3-3-2 多级相同的放大器级联后的幅频特性

3) 选择性

由图 3-3-2 还可看出,放大器级联的级数越多,其幅频特性曲线的形状就越接近矩形,即矩形系数越接近 1,选择性越好。由理论分析可以证明,n 级相同的单调谐放大器级联后的矩形系数为

$$(K_{r0.1})_n = \frac{(\text{BW}_{0.1})_n}{(\text{BW}_{0.7})_n} = \sqrt{\frac{100^{1/n} - 1}{2^{1/n} - 1}} \qquad (3-3-9)$$

表 3-3-1 列举了不同 n 值对应的矩形系数。

表 3-3-1 缩小因子、矩形系数与级数 n 的关系

n	1	2	3	4	5	6	...	∞
$\sqrt{2^{1/n} - 1}$	1	0.64	0.51	0.43	0.39	0.35	...	0
$(K_{r0.1})_n$	9.95	4.66	3.74	3.38	3.19	3.07	...	2.56

在例 3.3.1 中,单级中频放大器的通频带为 14.1 kHz,由表 3-3-1 可知,两级中频放大器的通频带为 0.64 × 14.1 kHz=9 kHz,满足调幅广播信号的要求。

由表 3-3-1 可见,增加单调谐放大电路的级数后,明显增加了电压放大倍数,改善了矩形系数,提高了选择性,但减小了通频带。所以,在单调谐放大电路中,不仅放大倍数与

通频带之间存在矛盾，且对选择性改善的程度不明显，即使级数为无限多，矩形系数也只能达到 2.56，与理想矩形仍有较大的差距。例如，在电视接收机中，中频为 38 MHz，信号带宽为 8 MHz，电压增益为 80 dB 左右，是典型的高增益、宽频带放大电路。在这类电路中，增益与通频带的矛盾更加突出，仅用多级单调谐放大电路级联是无法实现的。

3.3.2　参差调谐放大器

多级单调谐放大电路因级数增加而使通频带变窄，为展宽通频带，可采用参差调谐的方式，即将前、后级单调谐放大电路的谐振频率错开，分别调到略高于和略低于中心频率上。常用的有双参差调谐和三参差调谐。例如，在超外差式收音机中，将三个中周分别调谐在 465 kHz、462 kHz、468 kHz 上，就构成了三参差调谐放大电路。

图 3-3-3(a) 所示为双参差调谐放大器的交流通路，放大器 A_1、A_2 与各自的 LC 回路组成两级单调谐放大器。若第一级和第二级的谐振频率分别为 f_{01} 和 f_{02}，通频带均为 $(BW_{0.7})_1$，两个单级单调谐放大器的幅频特性如图 3-3-3(b) 中的虚线所示。当两个 LC 回路的谐振频率与中心频率 f_0 的偏调值 Δf_d 为 $\pm 0.5(BW_{0.7})_1$ 时，称为临界偏调，此时合成的幅频特性如图 3-3-3(b) 中的实线所示。偏调值不同，合成后幅频特性的形状也不同。

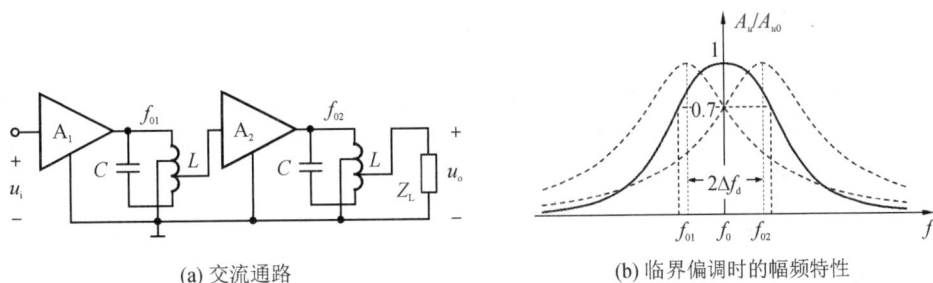

(a) 交流通路　　　　　　　　　　　　　(b) 临界偏调时的幅频特性

图 3-3-3　双参差调谐放大器电路

从图 3-3-3(b) 中可看出，在 $f_{01} \sim f_{02}$ 频率段内，第一级的电压放大倍数随频率的增加而减小，第二级的电压放大倍数随频率的增加而增大，两者的变化趋势相互抵消；在小于 f_{01} 和大于 f_{02} 的频率范围内，当频率降低或升高时，两级的电压放大倍数都随着远离中心频率 f_0 而减小，两者的变化趋势相互加强。所以，合成的频率特性在 $f_{01} \sim f_{02}$ 频率范围内比较平坦，频带加宽；在此范围外，曲线更陡峭，矩形系数变小，双参差调谐放大器的选择性提高。

双参差调谐放大器在临界偏调时的主要技术指标简要分析如下。

1. 电压增益

设第一、二级放大器在谐振时的电压放大倍数分别为 A_{01} 和 A_{02}，通频带均为 $(BW_{0.7})_1$。在临界偏调时，第一、二级放大器的谐振频率分别为

$$f_{01} = f_0 - 0.5(BW_{0.7})_1$$
$$f_{02} = f_0 + 0.5(BW_{0.7})_1$$

则在中心频率 f_0 处，两级的电压放大倍数分别为

$$A_1 = \frac{1}{\sqrt{2}}A_{01}, \quad A_2 = \frac{1}{\sqrt{2}}A_{02}$$

所以，在中心频率 f_0 处的电压放大倍数为

$$A_0 = A_1, \quad A_2 = \frac{1}{2}A_{01}A_{02} \tag{3-3-10}$$

2. 通频带

由理论分析可以求出，双参差调谐放大器的通频带为

$$\mathrm{BW}_{0.7} = \sqrt{2}\frac{f_0}{Q_L} = 1.4\frac{f_0}{Q_L} \tag{3-3-11}$$

3. 矩形系数

由理论分析可以求出双参差调谐放大器的矩形系数为

$$K_{r0.1} = \frac{\mathrm{BW}_{0.1}}{\mathrm{BW}_{0.7}} = 3.15 \tag{3-3-12}$$

与两级单调谐放大器相比较，临界偏调的双参差调谐放大器的电压放大倍数为其 $1/2$，通频带由 $0.64\dfrac{f_0}{Q_L}$ 变为 $1.4\dfrac{f_0}{Q_L}$，矩形系数由 4.66 变为 3.15。也就是说，双参差调谐放大器通过牺牲一定的增益，改善了电路的频率特性。

3.3.3 双调谐放大器

双调谐放大器的负载为双调谐耦合回路，双调谐耦合回路有电容耦合和互感耦合两种类型。因其选择性较好、通频带较宽，能较好地解决增益与通频带之间的矛盾，因而常用于高增益、宽频带、选择性要求高的场合。

互感耦合双调谐放大器的原理电路如图 3-3-4(a)所示。图中，R_{B1}、R_{B2} 和 R_E 组成稳定工作点的分压式偏置电路，C_B、C_E 为高频旁路电容，C_C 为电源去耦电容，Z_L 为负载阻抗(或下一级输入阻抗)，一般可等效为负载电阻 R_L 和负载电容 C_L 的并联，T_1、T_2 为高频变压器，其中，T_2 的初、次级电感 L_1、L_2 分别与电容 C_1、C_2 组成双调谐耦合回路作为放大器的集电极负载，晶体管的输出端与初级回路采用了部分接入的方法，负载与次级回路也采用了部分接入的方法。图 3-3-4(b)所示为其交流通路。其中，M 为互感系数。为说明回路间耦合的紧密程度，可用耦合系数 k 来表示，其定义为

$$k = \frac{M}{\sqrt{L_1 L_2}}$$

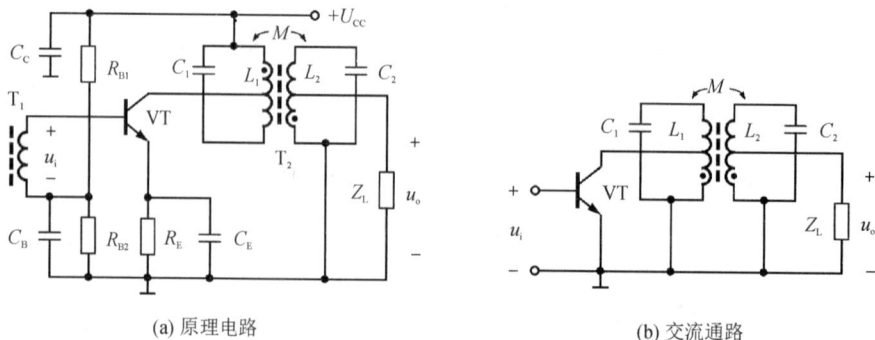

(a) 原理电路　　　　　　　　　　　　(b) 交流通路

图 3-3-4　互感耦合双调谐放大器电路

双调谐放大器的分析方法与前述单调谐放大器的分析方法相似,这里仅简要介绍几个重要结论。

为简化分析,设初、次级回路元件的参数相同,即

$$L_1 = L_2 = L$$

折合到初、次级回路的总电容和电导分别为

$$C_1 + n_1^2 C_{oe} = C_2 + n_2^2 C_L = C$$

$$g_{01} + n_1^2 g_{ce} = g_{02} + n_2^2 g_L = g_{e0}$$

所以,初、次级回路的谐振频率和有载品质因数分别为

$$f_{01} = f_{02} = f_0 = \frac{1}{2\pi\sqrt{LC}}$$

$$Q_{L1} = Q_{L2} = Q_L = \frac{1}{g_{e0}\omega_0 L} = \frac{\omega_0 C}{g_{e0}}$$

令耦合因数为

$$\eta = kQ_L$$

当 $\eta = 1$ 时,为临界耦合;当 $\eta > 1$ 时,为强耦合;当 $\eta < 1$ 时,为弱耦合。不同耦合因数时的双调谐放大器的幅频特性如图 3-3-5 所示。

双调谐放大器的主要技术指标简要分析如下。

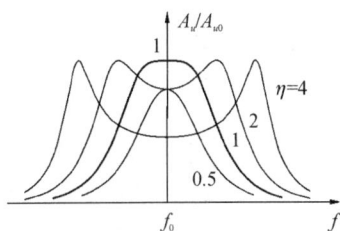

图 3-3-5　双调谐放大器的幅频特性

1. 电压增益

由理论分析可以求出,双调谐放大器在中心频率 f_0 处的电压放大倍数为

$$A_{u0} = -\frac{\eta}{1+\eta^2}\frac{n_1 n_2 g_m}{g_{e0}} \tag{3-3-13}$$

(1) 在临界耦合时,双调谐放大器的电压放大倍数达到最大值,即

$$A_{u0max} = \frac{n_1 n_2 g_m}{2 g_{e0}} \tag{3-3-14}$$

正好为单调谐放大器的一半。

(2) 在强耦合时,双调谐放大器的频率特性出现等高的双峰,两个峰的峰点位置分别为

$$f_0 \pm \sqrt{\eta^2-1}\frac{f_0}{2Q_L}$$

在峰点处的电压放大倍数与临界耦合时的相同。

在中心频率 f_0 处出现谷点,在谷点处的电压放大倍数可由式(3-3-13)求得。

(3) 在弱耦合时,双调谐放大器的频率特性与单调谐回路相似,为单峰曲线,在中心频率 f_0 处的电压放大倍数可由式(3-3-13)求得。

2. 通频带

由理论分析可以求出不同耦合状态的通频带。

(1) 在临界耦合时,双调谐放大器的通频带为

$$BW_{0.7} = \sqrt{2}\frac{f_0}{Q_L} = 1.4\frac{f_0}{Q_L} \tag{3-3-15}$$

与单调谐放大器相比,在 Q 值相同的情况下,双调谐放大器的通频带为其 1.4 倍。

（2）在强耦合时，当 $\eta = 2.41$ 时，由式（3-3-13）可知，谷点处的电压放大倍数为最大值的 $1/\sqrt{2}$ 倍，此时放大器的通频带为

$$\mathrm{BW}_{0.7} = 3.1\frac{f_0}{Q_\mathrm{L}} \qquad\qquad (3-3-16)$$

与单调谐放大器相比，在 Q 值相同的情况下，通频带为其 3.1 倍。

3. 矩形系数

由理论分析可以求出，在临界耦合时，双调谐放大器的矩形系数为

$$K_{r0.1} = \frac{\mathrm{BW}_{0.1}}{\mathrm{BW}_{0.7}} = 3.15 \qquad\qquad (3-3-17)$$

与单调谐放大器相比，双调谐放大器的矩形系数从 9.95 降为 3.15。

▶ **练习与思考**

3-3-1　某单调谐放大器如图 3-3-6 所示，已知输入信号的中心频率为 465 kHz，试分析电路中各元件的作用：R_1、R_2、R_3 组成稳定静态工作点的_____电路，C_1 为_____电容，其作用是防止_____信号进入直流电源；C_2、C_3 为_____电容，起_____作用；输入信号从晶体管 VT 的_____极输入，从 VT 的_____极输出，故该电路是共_____极放大器；电感 L 和电容 C_4 构成_____谐振回路，作为放大器的_____，其谐振频率应调谐在_____上，电阻 R_4 的作用是_____。

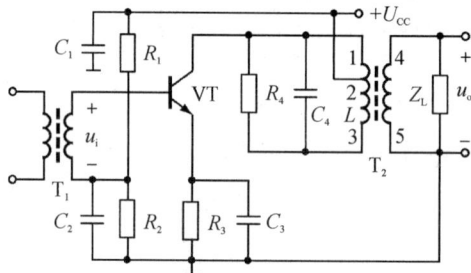

图 3-3-6

3-3-2　某中频放大电路由三级相同的单调谐放大器组成，已知单级放大器的电压放大倍数 $A_{u0} = 100$，通频带 $\mathrm{BW}_{0.7} = 18$ kHz。电路的总电压放大倍数 $A_u = $_____，总电压增益为 $A_u(\mathrm{dB}) = $_____ dB，总通频带 $(\mathrm{BW}_{0.7})_3 = $_____ kHz。

3.4　集中选频放大器

┌╌╌╌╌╌╌╌╌┐
┆ 观察与思考 ┆
└╌╌╌╌╌╌╌╌┘

以 LC 并联谐振回路为负载的高频小信号谐振放大器具有增益高的优点，但其缺点也

不可忽视。一是调试不方便，在多级谐振放大器中，每级都需要调谐，特别是双调谐电路，还需要反复调谐才能使回路达到谐振；二是受外部因素影响大，因谐振回路直接与晶体管相连，其频率特性受到晶体管参数、分布参数的影响；三是过渡带长，不能满足特殊频率特性的要求，如当通频带很窄或要求通频带外衰减很大时。

是否有选频性能更好、调试更便捷的器件取代 LC 并联谐振回路呢？

随着电子技术的发展，新型元器件不断诞生，出现了采用集中滤波与集中放大相结合的高频小信号放大器，即集中选频放大器。

3.4.1　集中选频放大电路的组成

集中选频放大电路由宽带放大器和集中选频滤波器组成，它有两种基本形式，如图 3-4-1 所示。其中，图 3-4-1(a) 的集中选频滤波器接在宽带放大器的后面，图 3-4-1(b) 的集中选频滤波器则置于宽带放大器的前面。宽带放大器一般由线性集成放大器组成，当工作频率较高时，也可以由分立元件构成。集中选频滤波器可由多组串并联 LC 回路组成的带通滤波器构成，也可以是石英晶体滤波器、陶瓷滤波器或声表面波滤波器等固体滤波器。由于固体滤波器可以根据电路的性能要求进行精确设计，在与放大器连接时可以达到良好的阻抗匹配，使选频特性能够达到近似理想的要求，因此，由固体滤波器组成的集中选频放大器被广泛应用。

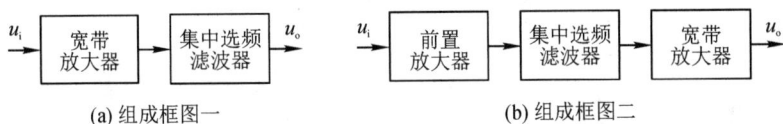

图 3-4-1　集中选频放大器的组成框图

3.4.2　宽带放大器

1. 宽带放大器的基本概念

1）主要特点

（1）采用了特征频率 f_T 高的高频管。用于高频电路的宽带放大器的主要功能是放大高频信号，所以对其上限频率要求很高，在分析电路时也必须考虑晶体管的高频特性。

（2）技术要求高。这不仅是因为宽带放大器的频带宽，还由于它常用于放大视频信号，而人的视觉比听觉更敏感。所以，在低频放大器中忽略的一些问题，如相位失真等，在宽带放大器中就必须予以考虑。

（3）采用非谐振负载。不同用途的宽带放大器的电路形式也有所不同，一般有两种形式，一是直接耦合放大器，用于放大从直流到高频范围的信号；二是阻容耦合放大器，用于放大从低频到高频范围的信号。无论哪种形式的宽带放大器，由于要求的频带宽，其负载总是非谐振的。

2）主要技术指标

（1）通频带。通频带是宽带放大器的基本指标。在宽带放大器中，由于上限频率 f_H 很高，下限频率 f_L 很低，常用上限频率表示频带的宽度，即 $BW=f_H-f_L\approx f_H$。当下限频率 f_L 接近零时，还需要注明下限频率值。

（2）增益。宽带放大器应有足够的增益，但提高增益与加宽通频带是相互矛盾的，有时不得不通过牺牲增益来满足通频带的要求，因此一般用增益带宽积(GB)全面衡量放大器的性能。

（3）输入阻抗。输入阻抗反映了宽带放大器接收前一级信号的能力，输入阻抗越高，接收信号的能力越强，对前一级的影响越小。

（4）输出阻抗。输出阻抗反映了宽带放大器带负载的能力，输出阻抗越小，带负载的能力越强。

（5）失真。失真包括非线性失真和线性失真，由于宽带放大器常用于放大视频信号，所以对失真提出了更严格的要求。为了减小非线性失真，宽带放大器和低频放大器一样，都应工作在器件特性曲线的直线段，而且应工作在甲类状态。线性失真包括幅频失真和相频失真，产生线性失真的原因是由于晶体管的电容效应，以及外电路存在电抗元件。例如，在电视接收机中，相频失真会使显示的图像出现色调失真、双重轮廓及画面亮度不均匀等故障。

2. 扩展宽带放大器通频带的方法

宽带放大器的通频带主要取决于放大器的上限频率，为了提高放大器的上限频率，除了选用 f_T 较高的晶体管外，还应在电路中采取一些改进措施，以达到展宽通频带的目的。扩展通频带的方法通常有负反馈法、组合电路法和补偿法。

1）负反馈法

在宽带放大器中广泛采用负反馈法来增宽放大器的通频带。引入负反馈不仅可以抑制外界因素引起的增益变化，还能抑制由信号频率变化引起的增益变化。图 3-4-2 所示是放大器引入负反馈前后的频率特性。由图可见，引入负反馈后中频段的电压增益降低了，但通频带展宽了，所以负反馈法是以降低增益为代价来展宽通频带的，而且反馈越深，通频带扩展得越宽。

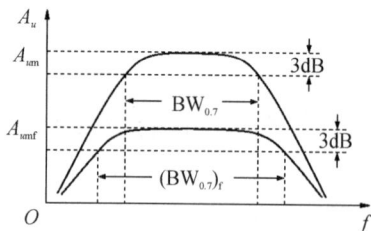

图 3-4-2 放大器引入负反馈前后的幅频特性

2）组合电路法

晶体管放大电路有三种不同的组态，其特点各不相同。共发射极电路(CE)的电压增益最高，但上限频率最低，输入、输出阻抗适中；共基极电路(CB)的电流增益最低，有一定的电压增益，但上限频率较高，输入阻抗低、输出阻抗高；共集电极电路(CC)的电压增益最低，有一定的电流增益，由于它是全电压负反馈，所以其上限频率最高，输入阻抗高、输出阻抗低。如果将不同组态的电路合理组合，就可以取长补短，从而提高放大器的上限频率，扩展通频带。图 3-4-3 所示为常用的几种组合电路的连接方式。

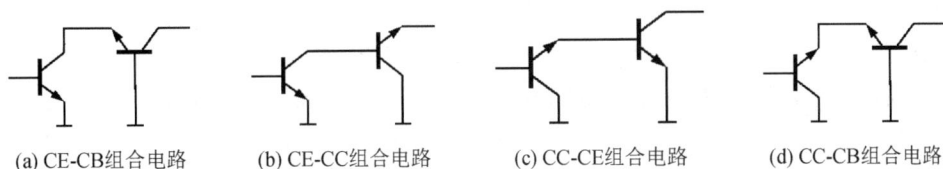

(a) CE-CB组合电路　　(b) CE-CC组合电路　　(c) CC-CE组合电路　　(d) CC-CB组合电路

图 3-4-3　常用的几种组合电路的连接方式

　　在共射-共基(CE-CB)组合电路中，由于共基电路的上限频率远高于共射电路，所以组合电路的上限频率取决于共射电路。又由于共基电路的输入阻抗很小，其作为共射电路的负载，则共射电路中晶体管的密勒等效电容(由 $C_{b'c}$ 引起)大大减小，从而提高了共射电路的上限频率，因此也提高了组合电路的上限频率。同时，由于负载减小会使共射电路的电压增益下降，但后级共基电路的电压增益会给予补偿，使组合电路的总电压增益与单独的共射电路的电压增益基本相同。由于共基电路的输出阻抗较大，负载(含负载电容)对组合电路的影响较大，所以共射-共基(CE-CB)组合电路适用于负载电容较小的场合。

　　在共射-共集(CE-CC)组合电路中，由于共集电路的输出阻抗很小，减小了负载电容对电路高频特性的影响，使组合电路的通频带得到展宽。共射-共集(CE-CC)组合电路适用于负载电容较大的场合。

　　在共集-共射(CC-CE)组合电路中，由于共集电路的输出阻抗很小，其作为共射电路的等效信号源内阻，不仅提高了共射电路的电压增益，也提高了其上限频率。

　　在共集-共基(CC-CB)组合电路中，由于共集电路和共基电路的上限频率都较高，故组合电路的通频带较宽。又由于共集电路的输出阻抗和共基电路的输入阻抗都很小，可以实现阻抗匹配，组合电路的电流增益由共集电路提供，电压增益由共基电路提供。

　　在实际电路中，通频带的展宽往往是几种方法综合运用的结果。如图 3-4-4 所示为集成宽带放大器μPC1658C 及其应用电路。

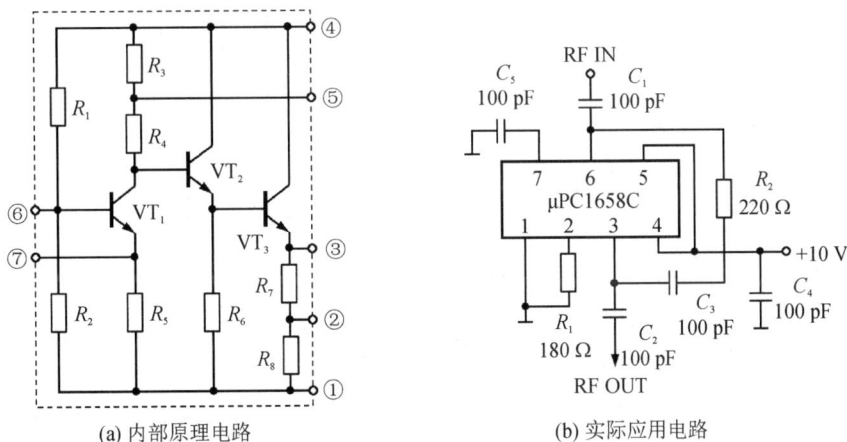

(a) 内部原理电路　　　　　　　　(b) 实际应用电路

图 3-4-4　μPC1658C 及其应用电路

　　图 3-4-4(a)所示为其内部原理电路，由 VT_1、VT_2 及 VT_3 组成直接耦合放大电路，信号从第⑥脚输入，经 VT_1 组成的共射电路放大后，再通过 VT_2、VT_3 组成的射极跟随器

后，从第③脚输出。整个放大电路的增益可通过第②、第⑤和第⑦脚来设定。由于电路中采用了负反馈法以及共射-共集(CE-CC)组合电路等展宽通频带的措施，μPC1658C 的工作通频带可达 $0\sim1$ GHz。图 3-4-4(b)所示是用 μPC1658C 作电视天线放大器的实际应用电路，放大器的第②脚与地之间接电阻 R_1，减小了 VT_3 发射极的负反馈作用；第⑦脚接旁路电容 C_5 到地，保证 VT_1 有较高的电压增益；输出与输入之间接 R_2 和 C_3，形成电压并联负反馈，使输出电压稳定。

3) 补偿法

在宽带放大器中利用电抗元件进行补偿以展宽通频带，是一种简便易行的方法。根据补偿元件接入的电路不同，补偿法有基极回路补偿、发射极回路补偿以及集电极回路补偿三种。

(1) 基极回路补偿。基极回路补偿电路如图 3-4-5 所示，图中 R_B 和 C_B 是补偿元件。在低、中频段，C_B 的容抗较大，R_B、C_B 对输入信号有分压作用，减小了放大电路的输出电压；在高频段，C_B 的容抗减小，R_B、C_B 对输入信号的分压作用减弱，即提高了晶体管的净输入电压，使高频段输出电压得到了补偿，展宽了通频带。基极回路补偿是用减小放大器中、低频段的电压增益为代价，换取高频段特性的改善，它要求信号源为电压源性质。

(2) 发射极回路补偿。发射极回路补偿电路如图 3-4-6 所示，图中 R_f 和 C_f 是补偿元件。为了不影响放大电路的增益，改善低频特性，C_E 的取值比较大，一般在 $50\sim200$ μF，此时称 C_E 为旁路电容。在补偿电路中，C_f 的取值比较小，一般只有几至几百皮法。在中、低频段，小电容 C_f 的容抗较大，可视为开路；在高频段，C_f 容抗减小，减弱了 R_f 对高频信号的负反馈作用，相当于增加了高频段的电压增益，提高了上限频率，即展宽了通频带。发射极回路补偿也是用减小放大器中、低频段的电压增益为代价，换取高频段特性的改善，它要求信号源为电压源性质。

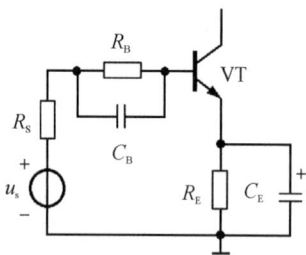

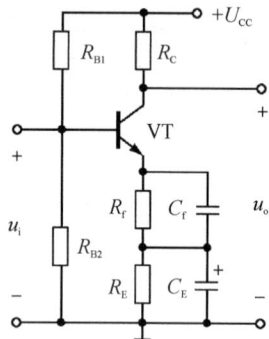

图 3-4-5 基极回路补偿的原理电路　　　图 3-4-6 发射极回路补偿电路

(3) 集电极回路补偿。为了提高放大电路的上限频率，必须减小密勒等效电容 C_{M1}，为减小 C_{M1}，又需要降低总负载 R'_L [参阅式(3-2-3)]，而减小 R'_L 又会降低放大器的增益，所以展宽通频带和提高增益是相互矛盾的。另外，由于输出电容和负载电容的影响，在高频时等效负载阻抗将下降，使放大器的增益下降。集电极回路补偿的思路是在集电极回路接入电抗元件，使电路在高频段产生 LC 谐振，以提升高频段的增益，从而展宽通频带。根据集电极回路 LC 元件的连接方式，集电极回路补偿可分为并联补偿、串联补偿和混合补偿三种。

集电极回路并联补偿电路如图 3 - 4 - 7(a)所示，L_C 为补偿元件。图 3 - 4 - 7(b)为其输出回路等效电路，其中 C_o 为输出电容(包括等效到输出端的密勒电容和分布电容)，C_L 为负载电容(包括下一级的输入电容)。当信号频率较低时，L_C 的感抗较小，C_o、C_L 的容抗较大，可以忽略；当信号频率升高时，C_o、C_L 的阻抗减小，使增益下降；若在增益开始下降的频率范围内，适当选取 L_C 的值，使之与 C_o、C_L 产生并联谐振，可以提高放大电路高频段的增益，从而展宽了电路的通频带。实验证明，当 $Q = 0.7$ 时，频率特性曲线在高频段比较平滑，如图 3 - 4 - 7(c)所示。

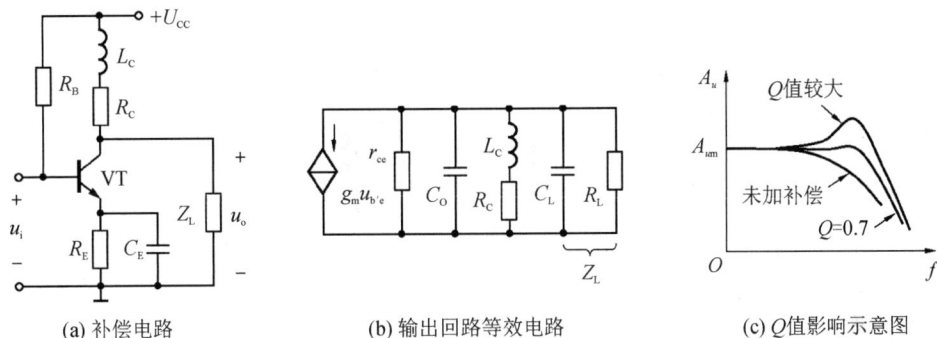

(a) 补偿电路　　　　　　(b) 输出回路等效电路　　　　　(c) Q 值影响示意图

图 3 - 4 - 7　集电极回路并联补偿电路

集电极回路串联补偿电路如图 3 - 4 - 8(a)所示，图 3 - 4 - 8(b)所示为其输出回路等效电路。串联补偿回路的工作原理是：在增益开始下降的频率范围内，使 L_C、C_L 发生串联谐振，则 C_L 上的电压(输出电压 u_o)增大，从而展宽通频带；另外，利用 L_C 把 C_o 和 C_L 分开，也减小了电容的分流作用。

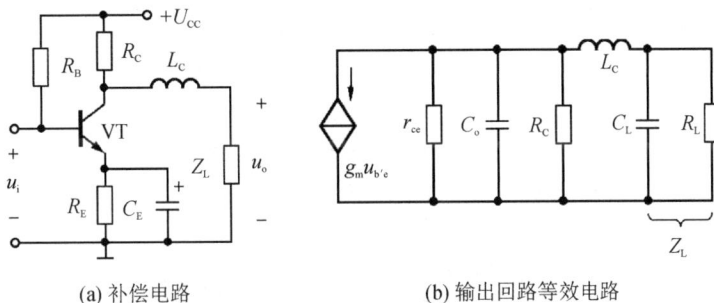

(a) 补偿电路　　　　　　　　　(b) 输出回路等效电路

图 3 - 4 - 8　集电极回路串联补偿电路

混合补偿是同时接入并联补偿和串联补偿，并使并联谐振和串联谐振频率处于高频段的两个不同频率点，进一步拓展通频带。

上述各种补偿法一般可通过实验法进行调试，以达到最佳补偿效果。需要指出的是，补偿法不能大幅度提高上限频率。

3.4.3　集中选频放大器的应用举例

1. 陶瓷滤波器应用电路

因陶瓷滤波器的频率稳定、选择性好、通频带宽合适，常作为固定的中频滤波器。

1）两端陶瓷滤波器应用电路

两端陶瓷滤波器在串联谐振时，其等效阻抗最小；在并联谐振时，其等效阻抗最大。图 3-4-9 所示为采用两端陶瓷滤波器的中频放大器电路，陶瓷滤波器 B 与发射极电阻 R_E 并联。若两端陶瓷滤波器的串联谐振频率为 465 kHz，则对于 465 kHz 的中频信号，滤波器的阻抗极小，此时引入的负反馈最小，放大器的增益最高；对于偏离 465 kHz 较远的信号，两端陶瓷滤波器呈现的阻抗增大，引入的负反馈较强，使放大器的增益减小，从而提高了中频放大器的选择性。

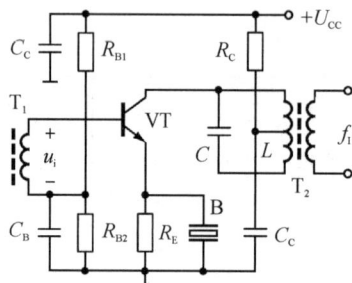

图 3-4-9 采用两端陶瓷滤波器的中放电路

2）三端陶瓷滤波器应用电路

三端陶瓷滤波器的等效电路相当于一个双调谐耦合回路，用它可以取代中频放大电路中的中频变压器。其优点是无须调整，故三端陶瓷滤波器在集成电路接收机中被广泛使用。图 3-4-10 所示为采用三端陶瓷滤波器的中频放大器电路，三端陶瓷滤波器 B 代替了中频变压器。

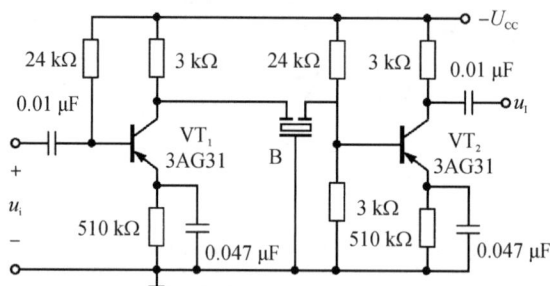

图 3-4-10 采用三端陶瓷滤波器的中放电路

2. 声表面波滤波器应用电路

图 3-4-11 所示为彩色电视机中的图像中频放大器的应用电路。它由 VT 组成预中放级；Z_1 为声表面波滤波器组成的集中选频滤波器；TA 7680AP 为图像中频放大集成电路，具有自动增益控制功能和高增益、宽频带特性。高频调谐器输出的图像中频信号 u_{IF} 经 C_1 加至预中放管 VT 的基极。R_2、R_3 为 VT 的偏置电路，R_6 为 VT 发射极负反馈电阻。L_2 为高频扼流圈，R_5 为阻尼电阻，它们与 VT 的输出电容和 Z_1 的输入分布电容共同组成中频宽带并联谐振回路。中频图像信号经预放大后，由 VT 的集电极输出，经 C_3 加至声表面

波滤滤波器 Z_1。R_4、C_2 为电源去耦电路。L_3 为声表面波滤波器 Z_1 的输出匹配电感，它与 Z_1 的输出分布电容组成中频谐振回路，可以减小插入损耗，提高图像的清晰度。声表面波滤波器 Z_1 输出的中频信号，经 C_4 加到 TA 7680AP 的输入端，经中频放大、视频检波、视频放大后，可输出彩色全电视图像信号。

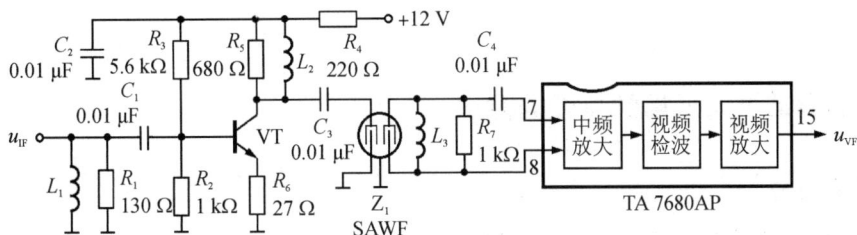

图 3 - 4 - 11　彩色电视机中的图像中频放大器的应用电路

▶ 练习与思考

3 - 4 - 1　集中选频放大电路有两种基本形式，一种是先_____、后选频，另一种是先_____、后放大。

3 - 4 - 2　用于集中选频放大电路的宽带放大器，应选用_____频率高的高频管；展宽通频带的基本方法有_____法、_____法和_____法。

3 - 4 - 3　某中频放大器如图 3 - 4 - 12 所示，已知三端陶瓷滤波器 B 的中心频率为 465 kHz，试分析电路的功能。输入信号 u_i 经 C_1 送入的 VT_1 的_____极，从 VT_1 的_____极输出，VT_1 构成共_____极放大器；VT_1 的输出信号经三端陶瓷滤波器 B 滤波后，选出中心频率为_____kHz 的中频信号，送入 VT_2 的_____极，从 VT_2 的_____极输出，VT_2 构成共_____极放大器；VT_2 的负载为 L_1、C_3 组成的_____谐振回路，其谐振频率应调在_____kHz，C_5 是_____电容，电位器 R_p 的作用一是_____通频带，二是给后级放大器提供合适的输入信号；VT_2 的输出信号经 R_p 衰减后，再通过 C_6 送入 VT_3 的_____极，从 VT_3 的_____极输出，VT_3 构成共_____极放大器；L_2、C_7、C_8 构成_____电路，作用是防止_____信号进入直流电源。

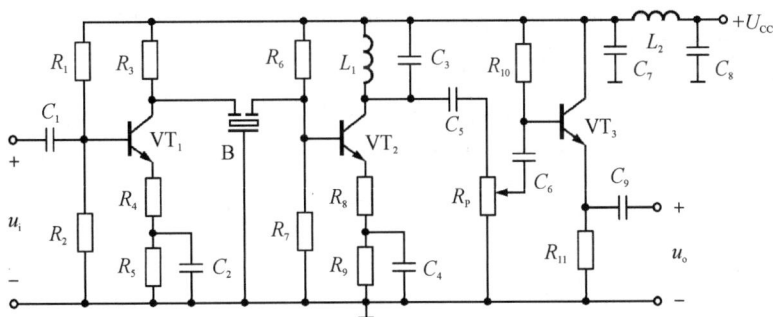

图 3 - 4 - 12

3.5 技能训练

3.5.1 单调谐放大器幅频特性的测试

1. 实验目的

(1) 加深对单调谐回路谐振放大器的基本工作原理的理解;

(2) 理解集电极负载对单调谐放大器幅频特性(包括电压增益、通频带、Q 值)的影响。

2. 实验内容

用点测法测量单调谐放大器的幅频特性。

3. 实验器材

双踪示波器,信号发生器,万用表,实验模块 2(高频小信号放大器板)。

4. 实验电路

实验电路如图 3-5-1 所示。其中,2W01、2R01、2R02、2R04 组成晶体管 2Q01 的分压式偏置电路,2C03 为发射极旁路电容,T03、2C02、2C04 组成谐振回路,2R05、2R06、2R07 为回路的负载电阻。当 2K03 断开时,由 2TP02 输出,为单调谐放大电路;当 2K03 接通时,由 2TP03 输出,为 T03、2C02、2C04、2C05、T04 组成的电容耦合双调谐放大电路。

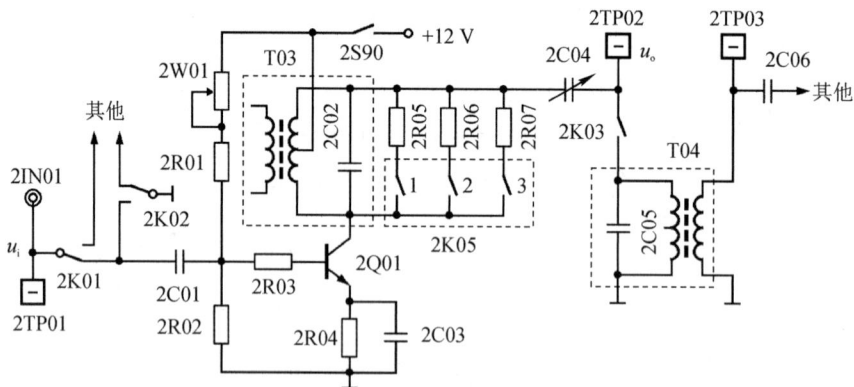

图 3-5-1   技能训练 3.5.1 电路

5. 注意事项

在变换频率时,信号发生器输出电压可能会有变化,所以在每次测试前,应用示波器监视电路的输入信号电压,使其电压峰峰值始终维持在指定值。

6. 实验步骤

(1) 实验准备。

① 2K01 接下端、2K02 接上端、2K05 不接、2K03 不接。

② 信号源接 2IN01(2TP01)，示波器接 2TP02。

③ 打开实验箱电源，按下实验板电源开关 2S90，点亮电源指示灯，上电成功。

(2) 调整静态工作点。

用万用表测量晶体管 2Q01 基极电压，调整 2W01 使基极直流电压为 3.3 V 左右。

(3) 查找谐振频率。

① 用信号发生器产生 $f=10.7\text{MHz}$、$U_{im}=100\text{ mV}$ 的正弦波信号。

② 正确调整示波器，观察输出信号波形。

③ 调节电容 2C04，使示波器显示的输出电压峰峰值 U_{opp} 最大。

④ 以 0.1 MHz 间隔微调频率，找到峰峰值最大的频率；再以 0.01 MHz 间隔微调频率，找到峰峰值最大的频率，记录对应的谐振频率 $f_0=$ _____ MHz。

(4) 测量幅频特性。

① 根据测量的谐振频率 f_0，按表 3-5-1 所列，计算各测量点的频率 f。

② 保持 $U_{im}=100\text{ mV}$，将不同频率点对应的输出电压峰峰值 U_{opp1} 填入表 3-5-1 中。

表 3-5-1 幅频特性测量数据

f/MHz	$f_0-1.2$	$f_0-1.0$	$f_0-0.8$	$f_0-0.6$	$f_0-0.5$	$f_0-0.4$	$f_0-0.3$	$f_0-0.2$	$f_0-0.1$	f_0
U_{opp1}/V										
U_{opp2}/V										
U_{opp3}/V										
f/MHz	$f_0+0.1$	$f_0+0.2$	$f_0+0.3$	$f_0+0.4$	$f_0+0.5$	$f_0+0.6$	$f_0+0.8$	$f_0+1.0$	$f_0+1.2$	$f_0+1.5$
U_{opp1}/V										
U_{opp2}/V										
U_{opp3}/V										

③ 根据测量数据，以 X 轴为频率、Y 轴为输出电压峰峰值，画出幅频特性曲线图。

(5) 计算性能指标。根据 $A_u=\dfrac{U_{opp}(f_0)}{2U_{im}}$ 计算中心频率处的电压放大倍数，填入表 3-5-2。

在上、下限频率处有 $U_{opp1}(f_H)=U_{opp1}(f_L)=0.7U_{opp1}(f_0)$，根据测量的幅频特性曲线，找出上限频率 f_H 和下限频率 f_L，填入表 3-5-2 中。

根据 $\text{BW}_{0.7}=f_H-f_L$ 计算通频带，填入表 3-5-2 中。

根据 $Q_L = \dfrac{f_0}{BW_{0.7}}$ 计算有载品质因数，填入表 3 - 5 - 2 中。

表 3 - 5 - 2 主要性能指标

	A_u	f_H/MHz	f_L/MHz	$BW_{0.7}/MHz$	Q_L
$U_B = 3.3\ V$，未接 2R05 时					
$U_B = 3.3\ V$，接入 2R05 时					
$U_B = 6V$，接入 2R05 时					

(6) 接入负载电阻后的幅频特性。

① 接通 2K05 的电阻 2R05。

② 按步骤(4)重新测量不同频率点对应的输出电压峰峰值 U_{opp2}，将测量结果填入表 3 - 5 - 1 中，并画出幅频特性曲线图。

③ 按步骤(5)计算主要性能指标，并填入表 3 - 5 - 2 中。

(7) 改变静态工作点后的频率特性。

① 用万用表测量晶体管 2Q01 的基极电压，调整 2W01 使基极直流电压为 6 V 左右。

② 按步骤(4)重新测量不同频率点对应的输出电压峰峰值 U_{opp3}，将测量结果填入表 3 - 5 - 1 中，并画出幅频特性曲线图。

③ 按步骤(5)计算主要性能指标，并填入表 3 - 5 - 2 中。

7. 总结与思考

(1) 整理实验数据，撰写实验报告。

(2) 对实验数据进行分析，说明静态工作点变化、集电极负载变化对单调谐放大器主要性能指标的影响。

(3) 总结由本实验所获得的体会。

3.5.2 采用三端陶瓷滤波器的中放电路幅频特性的测试

1. 实验目的

(1) 加深理解三端陶瓷滤波器的特性；

(2) 熟练掌握幅频特性的测试方法。

2. 实验内容

(1) 观察三端陶瓷滤波器的选频作用；

(2) 用点测法测量放大器的幅频特性。

3. 实验器材

双踪示波器，信号发生器，实验模块 4(中频放大器板)。

4. 实验电路

实验电路如图 3 - 5 - 2 所示。其中，晶体管 4Q01 组成共发射极放大电路，三端陶瓷滤波器 F05 的中心频率为 465 kHz。晶体管 4Q02 组成共发射极谐振放大电路，4L01、4C03、4C04 组成谐振回路；4W02 为回路的负载电阻，可调节输出电压的幅度。晶体管 4Q03 组成共集电极放大电路。

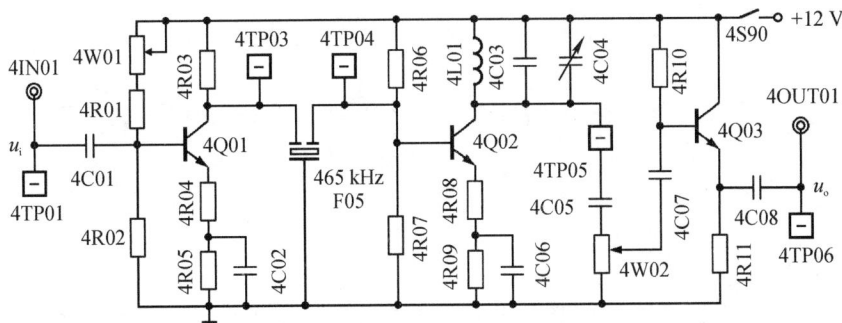

图 3-5-2 技能训练 3.5.2 电路

5. 注意事项

信号经陶瓷滤波器滤波后会衰减，在观察陶瓷滤波器的输出信号时，要仔细调节示波器。

6. 实验步骤

（1）实验准备。

① 信号源接 4IN01(4TP01)，示波器接 4TP06。

② 打开实验箱电源，按下实验板电源开关 4S90，点亮电源指示灯，上电成功。

③ 用信号发生器产生 $f=465$ kHz，$U_{im}=50$ mV 的正弦波信号，分别调节 4W01 和 4W02，使输出电压幅度最大且不失真。

（2）测量幅频特性。

① 按表 3-5-3 所列频率，测量各频率点对应的输出电压峰峰值 U_{opp}，并填入表 3-5-3 中。

表 3-5-3 幅频特性测量数据

f/kHz	450	452	454	456	458	459	460	461	462	463	465
U_{opp}/V											
f/kHz	467	468	469	470	471	472	473	474	476	478	480
U_{opp}/V											

② 根据测量数据，以 X 轴为频率、Y 轴为输出电压峰峰值，画出幅频特性曲线图。

（3）观察三端陶瓷滤波器的选频性能

① 用信号发生器产生 $f=465$ kHz，$U_{im}=50$ mV 的方波信号，观察输出电压波形，并记录在表 3-5-4 中。

② 将示波器分别接在 4TP03 和 4TP04，观察输出电压波形，并记录在表 3-5-4 中。

表 3-5-4 输入为方波时不同测量点输出的电压波形

测量点	4TP03	4TP04	4TP06
波形			

7. 总结与思考

（1）整理实验数据，撰写实验报告。

（2）对比 2.5.2 节实验结果，试比较 LC 并联谐振回路与三端陶瓷滤波器的选频性能。

小 结

1. 高频小信号放大器

高频小信号放大器通常分为谐振放大器和非谐振放大器，用于放大高频信号的电压，由于输入信号小，常工作在甲类状态。

高频小信号放大器主要关注中心频率、中心频率处的电压增益、通频带以及选择性等技术指标。

2. 选频性能

高频小信号放大器的选频性能可由通频带和选择性两个指标来衡量。矩形系数可以衡量实际幅频特性接近理想幅频特性的程度，矩形系数越接近1，选择性越好。

高频小信号放大器的通频带和选择性之间存在矛盾。

3. 晶体管的频率参数

影响放大电路在高频段工作的主要因素是晶体管结电容的分流作用。随着工作频率升高，β 值会下降，即 β 值是频率的函数。

共发射极截止频率 f_β：$\beta = \beta_0/\sqrt{2} = 0.7\beta_0$ 时对应的频率。

特征频率 f_T：$\beta = 1$ 时对应的频率，$f_T = \beta_0 f_\beta$。当 $f \gg f_\beta$ 时，有 $\beta(f)f = f_T$。

4. 谐振放大器

谐振放大器由放大器件和以 LC 并联谐振回路或耦合回路为负载的选频网络组成，具有选频放大的功能。放大器件通常组成共发射极或共基极组态。此时，晶体管的输出端更接近电流源，所以其负载用 LC 并联谐振回路。

为了提高回路的有载品质因数和电压增益，谐振回路与信号源和负载的连接大都采用部分接入的方式。为了改善选择性，常采用参差调谐和双调谐的形式。

5. 集中选频放大器

集中选频放大器由宽带放大器和固体滤波器组成。其性能优于多级谐振放大器，且调试简便。展宽放大器通频带的主要方法有负反馈法和组合电路法。

测 试 题

3-1 填空题

1. 高频小信号放大器的主要技术指标有_____、_____、_____、选择性、稳定性和噪声系数。

2. 高频小信号放大器常以 LC 并联谐振回路作负载，其主要作用是_____和_____。

3. 晶体管的主要频率参数有 f_β 和 f_T。f_β 是晶体管的 β 值下降到_____时对应的频率，f_T 是晶体管的 β 值下降到_____时对应的频率。

4. g_m 称为_____，表示晶体管输入电压 $u_{b'e}$ 对_____电流的控制作用，也反映了晶体管的放大作用，其单位为_____。

5. 已知某晶体管的 $\beta_0 = 100$，$f_T = 1\ \text{GHz}$，则 f_β 为_____ MHz，当工作频率为 f_β 时，$\beta = $_____。

6. 已知某谐振回路的 $f_0 = 10.7\ \text{MHz}$，有载品质因数 $Q_L = 53.5$，则该谐振回路的通频带 $BW_{0.7} = $_____ kHz。

7. 单调谐放大器的矩形系数为_____。

8. 若用相同的单谐振放大器组成多级放大器，其电压增益将_____，通频带将_____，矩形系数将_____。

3－2　单选题

1. 高频小信号放大器一般工作在（　　）类状态。

A. 甲　　　　　B. 乙　　　　　C. 甲乙　　　　　D. 丙

2. 随着工作频率的升高，晶体管的 β 值将会（　　）。

A. 增大　　　　B. 减小　　　　C. 不变　　　　D. 不确定

3. 在调谐放大器的 LC 回路两端并联一个电阻 R，可以（　　）。

A. 提高 Q 值　　B. 提高增益　　C. 降低 f_0　　D. 展宽 $BW_{0.7}$

4. 高频小信号放大器的矩形系数越（　　）越好。

A. 大　　　　　B. 小　　　　　C. 接近 1　　　　D. 接近 0

5. 提高晶体管的直流电流 I_E 可增大（　　）。

A. $C_{b'e}$　　　　B. $r_{bb'}$　　　　C. f_β　　　　D. g_m

6. 两级参差调谐放大器工作在临界偏调状态，已知 $A_{01} = A_{02} = 40$，则在中心频率 f_0 处的电压放大倍数为（　　）。

A. 1600　　　　B. 800　　　　C. 80　　　　D. 40

7. 双调谐放大器在（　　）时，其幅频特性会出现双峰。

A. 强耦合　　　B. 临界耦合　　C. 弱耦合　　　D. 直接耦合

3－3　判断题

1. 单级谐振放大器在谐振时电压增益最大。　　　　　　　　　　　　（　　）

2. 谐振放大器对信号有放大作用，对信号没有滤波作用。　　　　　　（　　）

3. 随着工作频率的升高，晶体管的 β 值将下降，但不影响 g_m 值。　（　　）

4. 晶体管的工作频率是有上限的。　　　　　　　　　　　　　　　　（　　）

5. 与单级单调谐放大器相比，双参差调谐放大器在临界调偏时，其通频带更宽、选择性更好。　　　　　　　　　　　　　　　　　　　　　　　　　　　（　　）

6. 双调谐放大器的性能总是优于单级单调谐放大器。　　　　　　　　（　　）

3－4　计算题

1. 已知某晶体管的 $\beta_0 = 100$，$f_T = 1\ \text{GHz}$，当工作频率分别在 2 MHz 和 50 MHz 时，

求该晶体管的 β 值。

2. 已知电视伴音的中频并联谐振回路的 $f_0 = 6.5$ MHz，$BW_{0.7} = 200$ kHz，回路的总电容 $C = 74$ pF。试求回路的有载品质因数 Q_L。若要求通频带为 250 kHz，回路需并接多大的电阻？

3. FM 收音机中频谐振回路的等效电路如图 T3-1 所示，已知 $f_0 = 10.7$ MHz，$Q_0 = 80$，$n = N_{23}/N_{13} = 0.4$，$C_1 = 10$ pF，$C_2 = 91$ pF，$r_s = 80$ kΩ，$R_L = 2$ kΩ。

（1）试求回路的电感 L、有载品质因数 Q_L 和通频带 $BW_{0.7}$。

（2）若 $g_m = 40$ mS，则中心频率处的电压放大倍数为多少？

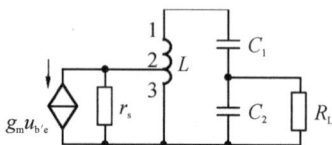 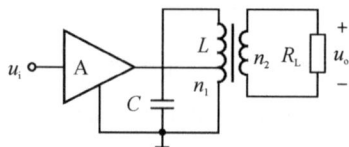

图 T3-1　　　　　　　　　　　　　图 T3-2

4. 某高频小信号放大器的交流通路如图 T3-2 所示。已知谐振频率 $f_0 = 10.7$ MHz，$Q_0 = 100$，初级线圈的电感 $L = 5$ μH，接入系数 $n_1 = n_2 = 0.2$，负载电导 $g_L = 0.5$ mS，放大器的参数为 $g_m = 100$ mS，$g_o = 0.01$ mS。试求放大电路的电压放大倍数 A_{u0} 和通频带 $BW_{0.7}$。

第 3 章参考答案

第 4 章　谐振功率放大器

高频功率放大器是各类发射机的重要组成部分，又称为射频功率放大器。以 LC 谐振回路为负载、用于放大高频窄带信号的高频功率放大器称为谐振功率放大器，它通常工作于丙类状态。本章首先介绍谐振功率放大器的工作原理及主要参数，然后在此基础上分析影响其工作状态的各种因素、实际的电路构成以及调试方法，最后介绍倍频器的基本工作原理。

4.1　高频功率放大器概述

高频功率放大器的主要作用就是输出大功率高频信号，即用小功率的高频输入信号控制高频功率放大器，将直流电源提供的能量转换为大功率的高频输出信号。在无线电通信系统中，高频功率放大器位于发射机中的末级，其作用是给待发送的高频信号提供足够大的功率，并馈送到天线辐射出去，以实现远距离通信的需要。

由于高频功率放大器要输出足够大的功率，所以其输出电压和输出电流都要足够大，即高频功率放大器工作在大信号状态。在大功率、大信号工作条件下，如何减少损耗、提高效率成为首要问题。为了降低损耗、提高效率，高频功率放大器通常工作在乙类、丙类或丁类(开关)状态，因此输出电流存在严重的非线性失真。工作在乙类的低频功率放大器利用互补管轮流推挽工作的方法，同时结合深度负反馈来解决非线性失真；高频功率放大器则常采用谐振方法来滤除非线性失真。

1. 高频功率放大器的分类

根据信号的相对带宽，高频功率放大器可分为窄带高频功率放大器和宽带高频功率放大器，其类型及特点如表 4 - 1 - 1 所示。窄带高频功率放大器用于放大相对带宽窄(<10％)的窄带信号，其负载为 LC 谐振回路，又称为谐振功率放大器；宽带高频功率放大器用于放大宽带信号，其负载为频率响应很宽的传输线，放大器可在很宽的范围内变换工作频率，而不必重新调谐。

表 4-1-1　高频功率放大器的类型及特点

类　　型	窄带高频功率放大器	宽带高频功率放大器
负载类型	LC 谐振回路	传输线
信号相对带宽	$<10\%$	$>10\%$
功放管工作状态	乙类、丙类、丁类	乙类、丙类、丁类
应用举例	调幅、调频发射机	雷达系统，功率合成

本书仅介绍以 LC 谐振回路为负载的窄带高频功率放大器，即谐振功率放大器。

2. 高频功率放大器的主要技术指标

对高频功率放大器的基本要求有三条：一是输出足够大的功率；二是具有高效的功率转换能力；三是非线性失真小。因此，与低频功率放大器相似，高频功率放大器的主要技术指标有输出功率、效率、非线性失真系数和功率增益等。

1）输出功率 P_o

若放大器输出电压和输出电流的幅度分别为 U_{om} 和 I_{om}，则输出功率为

$$P_o = \frac{1}{2} U_{om} I_{om} = U_o I_o \tag{4-1-1}$$

其中，$U_o = U_{om}/\sqrt{2}$，$I_o = I_{om}/\sqrt{2}$ 分别为输出电压和输出电流的有效值。

2）效率 η_C

若直流电源提供的功率为 P_D、放大器本身消耗的功率为 P_C，则输出功率和效率分别为

$$P_o = P_D - P_C \tag{4-1-2}$$

$$\eta_C = \frac{P_o}{P_D} \tag{4-1-3}$$

3）非线性失真系数 D

若放大器输出信号中基波的幅度为 U_{1m}，各次谐波的幅度分别为 U_{2m}，U_{3m}，…，则非线性失真系数为

$$D = \frac{\sqrt{U_2^2 + U_3^2 + \cdots}}{U_1} \tag{4-1-4}$$

即为谐波总功率与基波功率之比。

4）功率增益 A_p

若放大器输入信号的功率为 P_i，则功率放大倍数和功率增益分别为

$$A_p = \frac{P_o}{P_i} \tag{4-1-5a}$$

$$A_p(\text{dB}) = 10\lg \frac{P_o}{P_i}(\text{dB}) \tag{4-1-5b}$$

3. 谐振功率放大器的分析方法

由于高频功率放大器通常工作在丙类状态，属于非线性电路。因此，不能采用线性等效电路进行分析，通常采用折线近似分析法进行分析。

需要注意的是，低频功率放大器因工作频率低、信号的相对带宽很宽，故不能用谐振网络作负载，只能采用电阻、变压器等非谐振负载；为了提高效率和避免非线性失真，低频功率放大器通常工作在甲乙类状态。而谐振功率放大器因工作频率高、信号相对带宽窄，不仅可采用谐振网络作负载，且常工作于丙类（甚至丁类）状态。

另外，虽然谐振功率放大器与高频小信号放大器都以谐振网络为负载，但是由于它们放大信号的幅度不同，所以工作状态也不同。高频小信号放大器工作于甲类状态，谐振负载的主要作用是抑制干扰信号。而谐振功率放大器工作于丙类状态，谐振负载的主要作用是从失真的电流中选出基波和滤除谐波，从而得到不失真的输出电压。

三种放大器的主要区别如表 4-1-2 所示。

表 4-1-2　三种放大器的主要区别

类　型	高频功率放大器	高频小信号放大器	低频功率放大器
主要功能	放大功率	放大电压	放大功率
工作状态	乙类、丙类、丁类	甲类	甲乙类
负载类型	窄带：LC 谐振回路 宽带：传输线	窄带：LC 谐振回路 宽带：传输线	电阻、变压器
主要技术指标	P_o、η_C、A_p、D	A_u、f_0、$BW_{0.7}$、K_r	P_o、η_C、A_p、D
典型应用	通信发射机末级	通信接收机前置级	音频功率放大

▶ **练习与思考**

4-1-1　为什么低频功率放大器不能工作于丙类状态，而高频功率放大器可以工作于丙类状态？

4-1-2　谐振功率放大器有哪些主要特点？

4.2　谐振功率放大器的工作原理

观察与思考

如 4.1 节所述，谐振功率放大器通常工作在丙类状态，目的是为了提高效率。为什么工作在丙类的谐振功率放大器能够提高效率？效率能提高到多少？

4.2.1 基本工作原理

1. 基本电路

谐振功率放大器的原理电路如图 4-2-1 所示，该电路由功放管（用作功率放大器的晶体管）VT、LC 并联谐振回路和直流供电电路组成。功放管 VT 的作用是在输入电压 u_i 的控制下，将直流电源提供的能量转换为交流输出能量。LC 并联谐振回路为集电极负载，它调谐在激励信号的频率上，r 是 L 的内阻。U_{CC} 为集电极直流电源，U_{BB} 为基极偏置电源；为使功放管工作在丙类状态，U_{BB} 应小于功放管的导通电压 U_{on}。在实际应用中，为确保谐振功率放大器工作在丙类状态，U_{BB} 常为负值或不加基极电源。

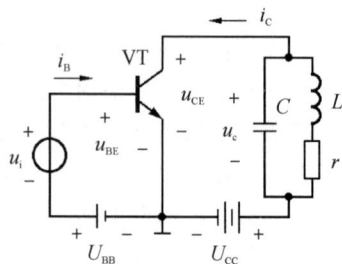

图 4-2-1 谐振功率放大器的
原理电路

2. 工作过程

（1）静态：输入信号 $u_i=0$，$u_{BE}=U_{BB}<U_{on}$，VT 处于截止状态，$i_B=0$，$i_C=0$，$u_{CE}=U_{CC}$。

（2）动态：若输入信号 u_i 为一高频余弦电压，即 $u_i=U_{im}\cos\omega t$，则输入电压为

$$u_{BE}=U_{BB}+u_i=U_{BB}+U_{im}\cos\omega t \qquad (4-2-1)$$

当 $u_{BE}<U_{on}$ 时，VT 处于截止状态，$i_C=0$。

当 $u_{BE}>U_{on}$ 时，VT 导通，在如图 4-2-2 所示的转移特性曲线（$i_C\sim u_{BE}$）上可画出集电极电流 i_C 的波形，为一串周期重复的余弦脉冲电流，脉冲电流的最大值为 i_{Cmax}，半导通角为 θ，导通时间小于半个周期，即 $\theta<90°$。

由图 4-2-2 可知，当 $\omega t=\theta$，即 $u_{BE}=U_{on}$ 时，$i_C=0$，由式（4-2-1）可得

$$U_{im}\cos\theta=U_{on}-U_{BB}$$

故

$$\cos\theta=\frac{U_{on}-U_{BB}}{U_{im}} \qquad (4-2-2)$$

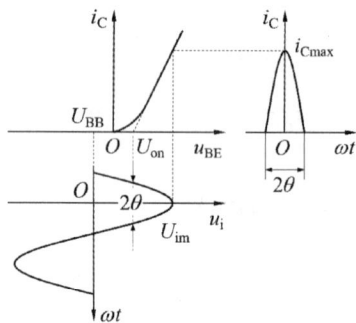

图 4-2-2 谐振功率放大器的
转移特性

3. 余弦脉冲电流的分解

用傅里叶级数将 i_C 展开，可分解为平均值、基波和各高次谐波分量之和，即

$$i_C=I_{C0}+i_{c1}+i_{c2}+\cdots \qquad (4-2-3)$$

式中，I_{C0} 为直流电流分量（平均值）；$i_{c1}=I_{c1m}\cos\omega t$ 为基波分量；$i_{c2}=I_{c2m}\cos2\omega t$ 为二次谐波分量。

由于 I_{C0}、I_{c1m}、I_{c2m}、$\cdots$ 均与集电极脉冲电流 i_C 的最大值 i_{Cmax} 及半导通角 θ 有关，故 i_C 中各次谐波分量的幅值分别为

$$I_{C0}=i_{Cmax}\cdot\alpha_0(\theta)$$
$$I_{c1m}=i_{Cmax}\cdot\alpha_1(\theta)$$

$$I_{c2m} = i_{Cmax} \cdot \alpha_2(\theta)$$

$$\cdots$$

$$I_{cnm} = i_{Cmax} \cdot \alpha_n(\theta)$$

式中，$\alpha_n(\theta)$ 称为余弦脉冲分解系数，其中，$\alpha_0(\theta)$ 为直流分量分解系数，$\alpha_1(\theta)$ 为基波分量分解系数，$\alpha_2(\theta)$ 为 2 次谐波分解系数，$\cdots$。

不同半导通角对应的各次谐波分量的分解系数可参见图 4-2-3 所示的曲线或表 4-2-1。

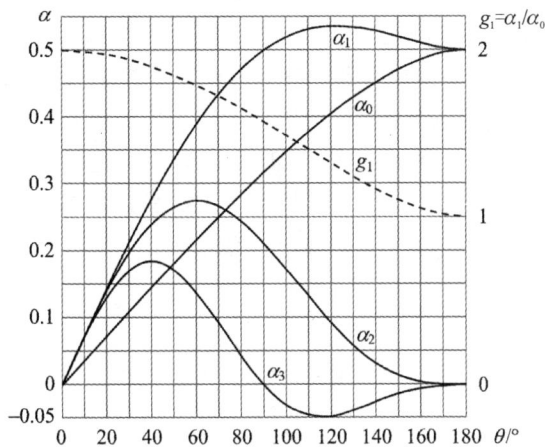

图 4-2-3　余弦脉冲分解系数

表 4-2-1　余弦脉冲分解系数

$\theta/°$	α_0	α_1	α_2	α_3	g_1	$\theta/°$	α_0	α_1	α_2	α_3	g_1
0	0.000	0.000	0.000	0.000	2.000	100	0.349	0.520	0.173	−0.030	1.488
10	0.037	0.074	0.073	0.072	1.994	110	0.379	0.532	0.131	−0.045	1.404
20	0.074	0.146	0.141	0.132	1.976	120	0.406	0.536	0.092	−0.046	1.321
30	0.111	0.215	0.198	0.171	1.946	130	0.431	0.535	0.058	−0.037	1.241
40	0.147	0.280	0.241	0.185	1.905	140	0.453	0.529	0.032	−0.024	1.168
50	0.183	0.339	0.267	0.172	1.854	150	0.472	0.520	0.014	−0.012	1.103
60	0.218	0.391	0.276	0.138	1.794	160	0.487	0.511	0.004	−0.004	1.050
70	0.252	0.436	0.268	0.092	1.725	170	0.496	0.503	0.001	−0.001	1.014
80	0.286	0.472	0.245	0.043	1.651	180	0.500	0.500	0.000	0.000	1.000
90	0.318	0.500	0.212	0.000	1.571						

由图 4-2-3 和表 4-2-1 可以清楚地看到各次谐波分量的变化趋势，谐波次数越高，振幅就越小。当 $\theta = 120°$ 时，$\alpha_1(120°)$ 有最大值；当 $\theta = 60°$ 时，$\alpha_2(60°)$ 有最大值；当 $\theta = 40°$ 时，$\alpha_3(40°)$ 有最大值。

4. 输出电压和电流的波形

由于集电极的 LC 谐振回路调谐在输入信号频率上，因而它对 i_C 中的基波分量呈现的阻抗最大，且为纯电阻；对直流和各次谐波呈现的阻抗都很小。因此，可以近似认为回路上仅有基波分量产生的电压 u_c，而直流和各次谐波分量产生的电压均可忽略，因而在负载上得到了所需要的不失真信号。

若回路的谐振电阻为 R_{e0}，则 u_c 为

$$u_c = -i_{c1}R_{e0} = -I_{c1m}R_{e0}\cos\omega t = -U_{cm}\cos\omega t \qquad (4-2-4)$$

式中，$U_{cm} = I_{c1m}R_{e0}$ 为在基波作用下 LC 谐振回路两端电压的振幅。

由此可得功放管 VT 的输出电压为

$$u_{CE} = U_{CC} + u_c = U_{CC} - i_{c1}R_{e0} = U_{CC} - U_{cm}\cos\omega t \qquad (4-2-5)$$

根据上述分析，可定性画出 u_{BE}、i_C、i_{c1}、u_{CE} 的波形，如图 4-2-4 所示。可见，在余弦信号 u_i 激励下，虽然谐振功率放大器的导通时间小于半个周期，其输出电流为余弦脉冲电流，但由于 LC 谐振回路的选频作用，集电极的输出电压仍是不失真的余弦波。集电极输出电压 u_{CE} 与基极激励电压 u_i 相位相反，即当 u_i 为最大值时，集电极电流 i_C 为最大值 i_{Cmax}、集电极电压 u_{CE} 为最小值 u_{CEmin}。正是因为 VT 导通的时间短，且当 i_C 为最大值时 u_{CE} 为最小值，所以集电极功耗较小，效率比较高。

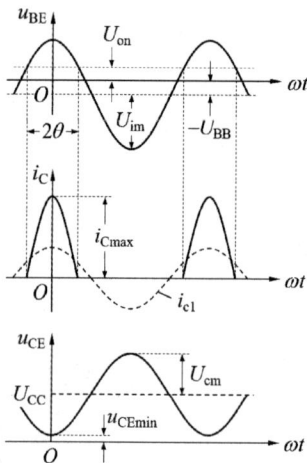

图 4-2-4 谐振功率放大器输出电压和电流的波形

4.2.2 功率关系

谐振功率放大器的输出功率 P_o 为集电极电流的基波分量 i_{c1} 在负载 R_{e0} 上产生的平均功率，即

$$P_o = \frac{1}{2}U_{cm}I_{c1m} \qquad (4-2-6)$$

直流电源提供的功率 P_D 为电源电压 U_{CC} 与集电极电流的直流分量 I_{C0} 的乘积，即

$$P_D = U_{CC}I_{C0} \qquad (4-2-7)$$

效率 η_C 为输出功率 P_o 与直流电源提供的功率 P_D 之比，即

$$\eta_C = \frac{P_o}{P_D} = \frac{1}{2}\cdot\frac{U_{cm}I_{c1m}}{U_{CC}I_{C0}} = \frac{1}{2}\cdot\frac{U_{cm}\cdot\alpha_1(\theta)}{U_{CC}\cdot\alpha_0(\theta)} = \frac{1}{2}\xi g_1(\theta) \qquad (4-2-8)$$

式中，$\xi = U_{cm}/U_{CC}$ 为集电极电压利用系数；$g_1(\theta) = \alpha_1(\theta)/\alpha_0(\theta)$ 为集电极电流利用系数，

是半导通角 θ 的函数(见图 $4-2-3$ 和表 $4-2-1$)。

当 $U_{cm}=U_{CC}$ 时，由式($4-2-8$)可求得不同工作状态下谐振功率放大器的效率分别为：

甲类工作状态：$\theta=180°$，$g_1(180°)=1$，$\eta_C=50\%$；

乙类工作状态：$\theta=90°$，$g_1(90°)=1.57$，$\eta_C=78.5\%$；

丙类工作状态：$\theta=60°$，$g_1(60°)=1.79$，$\eta_C=89.7\%$。

可见，丙类工作状态的效率最高。随着 θ 的减小，效率还会进一步提高，但输出功率也将减小。所以，为了兼顾输出功率和效率，谐振功率放大器的半导通角一般为 $60°\sim70°$。

例 4.2.1　在图 $4-2-1$ 所示谐振功率放大电路中，集电极电源电压 $U_{CC}=18$ V，输入信号电压 $u_i=2\cos\omega_c t$(V)，谐振回路调谐在输入信号频率上，谐振电阻 $R_{e0}=400$ Ω，功放管的理想化转移特性曲线如图 $4-2-5$ 所示。试求：

(1) 画出 $U_{BB}=-0.5$ V 时的集电极电流 i_C 的波形，并求半导通角 θ；

(2) 写出集电极电流中基波分量表达式和回路两端电压的表达式；

(3) 计算该谐振功率放大器的 P_o、P_D、P_C 和 η_C。

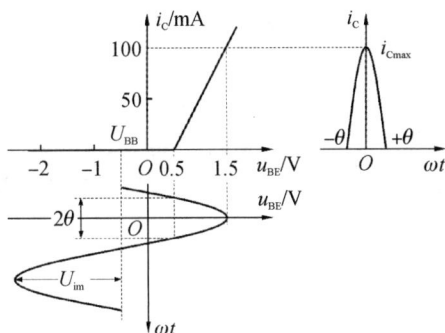

图 $4-2-5$　功放管的理想化转移特性

解　(1) 由功放管的转移特性曲线可得 $U_{on}=0.5$ V。在图中可作出输入电压 u_{BE} 的波形。再由 u_{BE} 的波形和转移特性曲线可画出 i_C 的波形，如图 $4-2-5$ 所示，由图可得 $i_{Cmax}=100$ mA。

根据余弦函数的定义可以求得

$$\cos\theta=\frac{U_{on}-U_{BB}}{U_{im}}=\frac{0.5\text{V}-(-0.5\text{V})}{2\text{V}}=0.5$$

所以 $\theta=60°$。可见，半导通角主要取决于 U_{BB} 和 U_{im} 的大小。

(2) 由图 $4-2-3$ 可知，$\alpha_1(60°)\approx0.39$，则

$$I_{c1m}=i_{Cmax}\cdot\alpha_1(60°)=100\text{ mA}\times0.39=39\text{ mA}$$

$$U_{cm}=I_{c1m}R_{e0}=39\text{ mA}\times400\text{ Ω}=15.6\text{ V}$$

所以

$$i_{c1}=39\cos\omega_c t\text{ (mA)}$$

$$u_c=-15.6\cos\omega_c t\text{ (V)}$$

(3) 图 $4-2-3$ 可知，$\alpha_0(60°)\approx0.22$，则

$$I_{C0} = i_{Cmax} \cdot \alpha_0(60°) = 100 \text{ mA} \times 0.22 = 22 \text{ mA}$$

所以

$$P_o = \frac{1}{2}U_{cm}I_{c1m} = \frac{1}{2} \times 15.6\text{V} \times 39 \text{ mA} = 304.2 \text{ mW}$$

$$P_D = U_{CC}I_{C0} = 18 \text{ V} \times 22 \text{ mA} = 396 \text{ mW}$$

$$P_C = P_D - P_o = 396 \text{ mW} - 304.2 \text{ mW} = 91.8 \text{ mW}$$

$$\eta_C = \frac{P_o}{P_D} = \frac{304.2 \text{ mW}}{396 \text{ mW}} = 76.8\%$$

▶ **练习与思考**

4-2-1 为什么谐振功率放大器可以获得较高的效率？

4-2-2 某谐振功率放大器的输出功率 $P_o = 4.5\text{W}$，$U_{CC} = 15\text{V}$，试求：

(1)当集电极效率 $\eta_C = 60\%$ 时，集电极功耗 $P_C = $ _____ W，集电极电流中的直流分量 $I_{C0} = $ _____ A。

(2)若保持 P_o 不变，将效率提高到 75%，此时 $P_C = $ _____ W。

4.3 谐振功率放大器的性能分析

┌─────────────┐
│ 观察与思考 │
└─────────────┘

谐振功率放大器的效率一定就高吗？影响输出功率和效率的因素有哪些？在什么条件下谐振功率放大器才能达到输出功率大、效率高的目的？

对谐振功率放大器的主要性能指标进行分析和计算，关键在于求出集电极电流的直流分量 I_{C0} 和基波分量 I_{c1m}。在实际应用中，通常采用近似估算和实验调整相结合的方法对谐振功率放大器进行分析和计算。

4.3.1 近似分析方法

由于丙类谐振功率放大器的输出电流 i_C 是脉冲电流，即放大器工作在非线性状态，所以不能采用等效电路法进行分析，而要借助图解法进行分析。为简化分析过程、突出主要矛盾，做以下两点假设：

(1)谐振回路具有理想的滤波特性，即在谐振回路上只产生基波电压，其他谐波分量的电压均可忽略。由假设(1)可知，尽管集电极电流 i_C 为脉冲电流，但集电极电压 u_{CE} 仍是余弦波。同理，放大器的输入端也接有谐振回路，尽管基极电流 i_B 为脉冲电流，但是加到

基极上的电压 u_{BE} 也是余弦波。将式(4-2-1)和式(4-2-5)重列为

$$\begin{cases} u_{BE}=U_{BB}+u_i=U_{BB}+U_{im}\cos\omega t \\ u_{CE}=U_{CC}+u_c=U_{CC}-i_{c1}R_{e0}=U_{CC}-I_{c1m}R_{e0}\cos\omega t=U_{CC}-U_{cm}\cos\omega t \end{cases} \quad (4-3-1)$$

(2) 功放管的特性用输入和输出静态特性曲线表示，忽略其高频效应。为了便于分析，在输出特性曲线中，用 u_{BE} 作参变量，而不是通常的 i_B(根据输入特性曲线 i_B 与 u_{BE} 的对应关系，可将 i_B 转换为 u_{BE})。

1. 谐振动率放大器的三种工作状态

若谐振功率放大器的输入信号为一高频余弦电压，即 $u_i=U_{im}\cos\omega t$，则放大器的输入电压为 $u_{BE}=U_{BB}+U_{im}\cos\omega t$，其最大值为 $u_{BEmax}=U_{BB}+U_{im}$。

功放管的输出特性主要分为三个区域，分别是截止区、放大区、饱和区。当 $u_{BE}>U_{on}$ 时，功放管导通，此时根据瞬时工作点的最大值 u_{BEmax} 在输出特性曲线所处的区域，可将谐振功率放大器的工作状态分为以下三种：

(1) 欠压状态：若 U_{im} 较小，则 u_{BEmax} 始终位于放大区，称放大器工作在欠压状态。

(2) 临界状态：随着 U_{im} 增大，u_{BEmax} 到达放大区与饱和区的交界处，称放大器工作在临界状态。

(3) 过压状态：U_{im} 继续增大，u_{BEmax} 进入饱和区，称放大器工作在过压状态。

工作状态不同，谐振功率放大器的输出功率和效率也不同。实际上，丙类谐振功率放大器的工作状态不仅与 U_{im} 有关，还与 U_{BB}、U_{CC} 以及回路的谐振电阻 R_{e0} 有关。

由于瞬时工作点是沿交流负载线——动态线移动的，为分析三种工作状态的特点，以及 U_{im}、U_{BB}、U_{CC} 和 R_{e0} 的变化对工作状态的影响，就要在输出特性曲线上画出动态线。

2. 动态线的画法

在低频放大电路中，负载为纯电阻，晶体管的输出电压 u_{CE} 与流过它的电流 i_C 成正比。因此，可根据交流负载 R'_L，在输出特性曲线($i_C \sim u_{CE}$)上作出其动态线——交流负载线。

在谐振功率放大器中，负载为 LC 谐振回路，由于谐振回路的选频作用，功放管的输出电压 u_{CE} 与输出电流 i_C 不成正比，由式(4-3-1)可知，u_{CE} 与 i_C 中的基波分量 i_{c1} 成正比。而 i_{c1} 的大小又与脉冲电流的最大值 i_{Cmax}、半导通角 θ 等因素有关，所以其交流负载线也不再是直线，仅根据谐振电阻 R_{e0} 不能作出动态线。在实际分析中，可采用近似的准静态分析法进行分析，即动态线可根据式(4-3-1)逐点描出。

绘制动态线的步骤如下：

(1) 当 U_{BB}、U_{CC}、U_{im}、U_{on} 和 R_{e0} 确定时，可得到 U_{cm} 和 θ 的值；

(2) 将 ωt 按等间隔设定不同的数值，如 ωt 为 $0°$、$15°$、$30°$、$45°$、…，可根据 u_{BE} 得到 u_{CE} 的值，如图 4-3-1(a)所示；

(3) 当 $\omega t<\theta$ 时，功放管导通，根据 u_{BE} 和 u_{CE} 的值可在以 u_{BE} 为参变量的输出特性曲线上找出对应的动态点，并以此确定 i_C 的值；

(4) 当 $\omega t>\theta$ 时，功放管截止，$i_C=0$，工作点在横轴上，可根据 u_{CE} 确定工作点；

(5) 连接这些动态点便可得到谐振功率放大器的动态线，并由此画出 i_C 的波形，如图 4-3-1(b)所示。

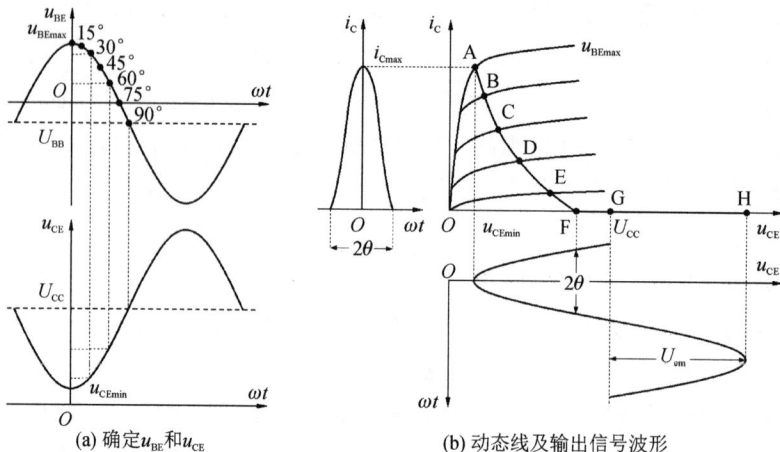

(a) 确定 u_{BE} 和 u_{CE} (b) 动态线及输出信号波形

图 4 - 3 - 1   谐振功率放大器的近似分析方法

由图 4 - 3 - 1 可知各点状态如下：

A 点：$\omega t = 0°$，功放管导通；$u_{BE} = U_{BB} + U_{im} = u_{BEmax}$，为最大值；$u_{CE} = U_{CC} - U_{cm} = u_{CEmin}$，为最小值；$i_C = i_{Cmax}$，为最大值。

F 点：$\omega t = \theta$，功放管处于临界状态，$i_C = 0$，$u_{CE} = U_{CC} - U_{cm}\cos\theta$。

G 点：$\omega t = 90°$，功放管截止，$i_C = 0$，$u_{CE} = U_{CC}$。

H 点：$\omega t = 180°$，功放管截止，$i_C = 0$，$u_{CE} = U_{CC} + U_{cm}$，为最大值。

4.3.2   特性分析

由 4.2 节可知，谐振功率放大器的性能受到 LC 回路的谐振电阻 R_{e0}、集电极直流电源电压 U_{CC}、基极偏置电源电压 U_{BB} 和输入信号电压幅度 U_{im} 的影响。下面分别分析某一物理量的变化对谐振功率放大器工作状态和输出信号的影响。

1. 负载特性

负载特性是指当 U_{CC}、U_{BB}、U_{im} 为固定值时，放大器的性能随 R_{e0} 变化的特性。

因 U_{CC}、U_{BB}、U_{im} 不变，u_{BEmax} 也为固定值，即随着 R_{e0} 的变化，u_{BE} 最大时的工作点将沿 u_{BEmax} 对应的特性曲线移动，如图 4 - 3 - 2 所示。

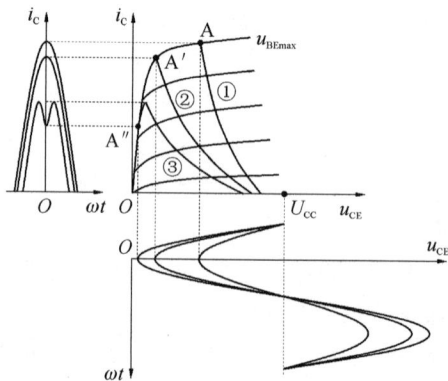

图 4 - 3 - 2   谐振功率放大器的负载特性

1) 工作状态随 R_{e0} 的变化

在欠压区，随着 u_{CE} 由高到低变化，u_{BE} 最大时的工作点由 A 移动到 A′，即由欠压状态转变到临界状态，动态线由①过渡到②。在此过程中，i_{Cmax} 略有减小，其基波分量的幅度 I_{c1m} 也略有减小；同时，U_{cm} 迅速增大。由式(4-3-1)可知，$U_{cm}=I_{c1m}R_{e0}$，所以 R_{e0} 的变化规律是由小到大。

R_{e0} 继续增大，u_{BE} 最大时的工作点由 A′ 移动到 A″，即由临界状态转变为过压状态，动态线由②过渡到③。在 u_{BE} 由小到最大值 u_{BEmax} 的转变过程中，当工作点进入饱和区后，集电极电流 i_C 会沿 u_{BEmax} 对应的特性曲线下降，所以动态线出现了下弯。在此情况下，i_{Cmax} 明显减小，顶部出现凹陷；同时，U_{cm} 略有增大。

综上所述，当 R_{e0} 由小到大变化时，动态线将向左倾斜，工作状态将由欠压到临界到过压；集电极电流 i_C 将由略有减小到明显减小，并出现凹陷，且凹陷逐渐加深。i_C 随 R_{e0} 变化的特性如图 4-3-3 所示。

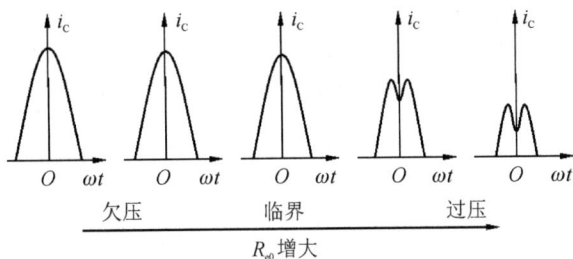

图 4-3-3　i_C 随 R_{e0} 变化的特性

2) I_{c1m}、I_{C0}、U_{cm} 随 R_{e0} 变化的特性

根据图 4-3-3 中 i_C 的波形可知，在欠压区内，当 R_{e0} 增大时，i_{Cmax} 略有下降，故 I_{C0} 和 I_{c1m} 随 R_{e0} 的增大而略有下降；进入过压区后，R_{e0} 增大时 i_{Cmax} 明显下降、且 i_C 出现凹陷，故 I_{C0} 和 I_{c1m} 随 R_{e0} 的增大而迅速下降。

根据图 4-3-2 中 u_{CE} 的波形可知，在欠压区内，当 R_{e0} 增大时，U_{cm} 迅速增大；进入过压区后，U_{cm} 随 R_{e0} 的增大而略有增大。I_{C0}、I_{c1m}、U_{cm} 随 R_{e0} 变化的特性如图 4-3-4 所示。

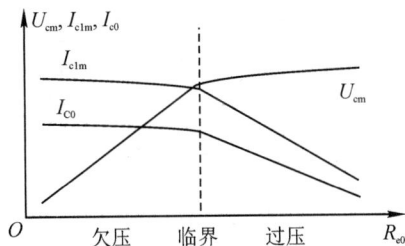

图 4-3-4　I_{C0}、I_{c1m}、U_{cm} 随 R_{e0} 变化的特性

3) P_o、P_D、P_C、η_C 随 R_{e0} 变化的特性

根据图 4-3-4 可得到 P_o、P_D、P_C、η_C 随 R_{e0} 变化的特性，如图 4-3-5 所示。

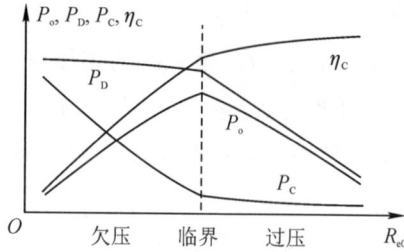

图 4-3-5 P_o、P_D、P_C、η_C 随 R_{e0} 变化的特性

输出功率 $P_o = U_{cm}I_{clm}/2$，在欠压区内，当 R_{e0} 增大时，U_{cm} 迅速增大，I_{clm} 略有下降，故 P_o 随着 R_{e0} 增大而增大；在过压区内，当 R_{e0} 增大时，U_{cm} 略有增大，I_{clm} 迅速下降，故 P_o 随着 R_{e0} 增大而减小；在临界状态，U_{cm} 和 I_{clm} 均接近最大，故 P_o 最大。

电源供给功率 $P_D = U_{CC}I_{C0}$，因 U_{CC} 为固定值，故 P_D 随 R_{e0} 变化的特性与 I_{C0} 的变化特性相同。

集电极功耗 $P_C = P_D - P_o$，P_C 随 R_{e0} 变化的特性是 P_D 与 P_o 相减的结果。

效率 $\eta_C = P_o/P_D$，在欠压区内，当 R_{e0} 增大时，P_o 迅速增大，P_D 略有下降，故 η_C 随 R_{e0} 增大而升高；在过压区内，当 R_{e0} 增大时，P_o、P_D 均下降，故 η_C 随 R_{e0} 增大而略有增大。

根据上述分析可知，当谐振功率放大器工作在临界状态时，输出功率最大，效率比较高，是谐振功率放大器的最佳工作状态，相应的负载称为最佳负载或匹配负载，用 R_{opt} 表示，这种工作状态主要用于发射机末级；当谐振功率放大器工作在过压状态时，效率更高，且输出电压受负载电阻 R_{e0} 的影响小，但输出功率会下降；当谐振功率放大器工作在弱过压状态时，虽然输出功率有所下降，但效率可进一步升高，这种工作状态常用于需要维持输出电压比较平稳的场合，如发射机的中间放大级；当谐振功率放大器工作在欠压状态时，其输出功率和效率都比较低，且输出电压不够稳定，除特殊场合外，一般不采用这种工作状态。

2. 集电极调制特性

集电极调制特性是指当 U_{BB}、U_{im}、R_{e0} 为固定值时，谐振功率放大器的性能随 U_{CC} 变化的特性。

因 U_{BB}、U_{im} 不变，u_{BEmax} 也为固定值；又因为 R_{e0} 不变，动态线的形状也不变。随着 U_{CC} 的变化，u_{BE} 最大时的工作点将沿 u_{BEmax} 对应的特性曲线移动，如图 4-3-6 所示。

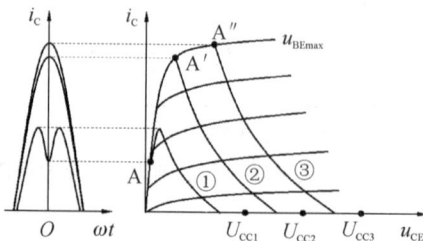

图 4-3-6 谐振功率放大器的集电极调制特性

1）工作状态随 U_{CC} 的变化

在 U_{CC} 较低时，u_{BE} 最大时的工作点 A 在饱和区，放大器工作在过压状态，动态线①出现下弯。随着 U_{CC} 增大，工作点由 A 移动到 A'，即由过压状态转变到临界状态，动态线由①过渡到②。在此过程中，i_{Cmax} 明显增大，凹陷也由深到浅到消失，i_C 的宽度略有加宽。

U_{CC} 继续增大，u_{BE} 最大时的工作点由 A' 移动到 A''，即由临界状态转变到欠压状态，动态线由②过渡到③。在此过程中，i_{Cmax} 略有增大，i_C 的宽度基本不变。

综上所述，当 U_{CC} 由小到大变化时，动态线向右移动，工作状态由过压到临界到欠压；集电极电流 i_C 将由小到大、且凹陷由深到浅到消失，再到略有增大。i_C 随 U_{CC} 变化的特性如图 4-3-7 所示。

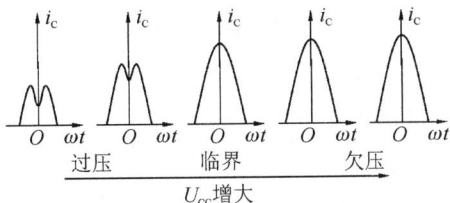

图 4-3-7　i_C 随 U_{CC} 变化的特性

2）I_{c1m}、I_{C0}、U_{cm} 随 U_{CC} 变化的特性

根据图 4-3-7 中 i_C 的波形可知，在过压区内，当 U_{CC} 增大时，i_{Cmax} 明显增大，且 i_C 的凹陷由深到浅，故 I_{C0} 和 I_{c1m} 随 U_{CC} 的增大而明显增大；进入欠压区后，i_{Cmax} 略有增大，故 I_{C0} 和 I_{c1m} 随 U_{CC} 的增大而略有增大。

因 R_{e0} 不变，由式（4-3-1）可知，$U_{cm} = I_{c1m}R_{e0}$，故 U_{cm} 的变化特性与 I_{c1m} 的变化特性相同。I_{C0}、I_{c1m}、U_{cm} 随 U_{CC} 变化的特性如图 4-3-8 所示。

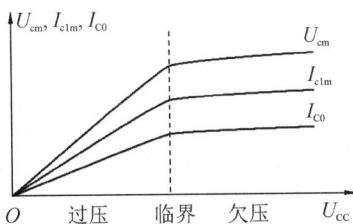

图 4-3-8　I_{C0}、I_{c1m}、U_{cm} 随 U_{CC} 变化的特性

由上述分析可知，对于工作在过压状态的谐振功率放大器，U_{CC} 的变化可以有效地控制集电极回路电压振幅的变化，这就是集电极调幅的原理。集电极调幅详见 6.3 节内容。

3. 基极调制特性

基极调制特性是指当 U_{CC}、U_{im}、R_{e0} 为固定值时，谐振功率放大器的性能随 U_{BB} 变化的特性。

因 U_{CC}、R_{e0} 不变，动态线的位置和形状也不变。由于 U_{im} 不变，随着 U_{BB} 的变化，u_{BE} 最大时的工作点 u_{BEmax} 将沿动态线移动，如图 4-3-9 所示。

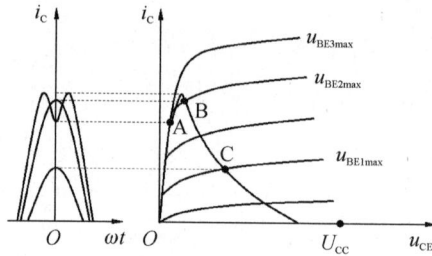

图 4 - 3 - 9　谐振功率放大器的基极调制特性

1）工作状态随 U_{BB} 的变化

在 U_{BB} 较低时，u_{BE} 最大时的工作点 C 在放大区，放大器工作在欠压状态。随着 U_{BB} 增大，工作点由 C 移动到 B，即由欠压状态转变到临界状态。在此过程中，i_{Cmax} 明显增大，i_C 的宽度也明显加宽。

U_{BB} 继续增大，u_{BE} 最大时的工作点由 B 移动到 A，即由临界状态转变到过压状态，动态线出现下弯。在此过程中，i_{Cmax} 略有增大，i_C 的宽度略有加宽、顶部出现凹陷。

综上所述，当 U_{BB} 由小到大变化时，工作状态由欠压到临界到过压；集电极电流 i_C 将由小到大，再到略有增大且顶部出现凹陷。i_C 随 U_{BB} 变化的特性如图 4 - 3 - 10 所示。

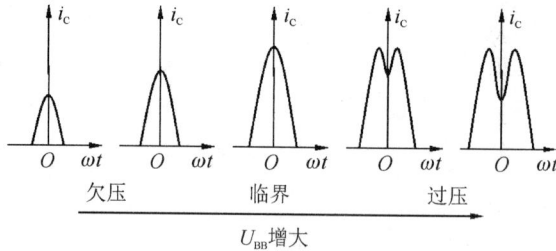

图 4 - 3 - 10　i_C 随 U_{BB} 变化的特性

2）I_{c1m}、I_{C0}、U_{cm} 随 U_{BB} 变化的特性

根据图 4 - 3 - 10 中 i_C 的波形可知，在欠压区内，当 U_{BB} 增大时，i_{Cmax} 明显增大，故 I_{C0} 和 I_{c1m} 随 U_{BB} 的增大而明显增大；进入过压区后，i_{Cmax} 略有增大、且 i_C 的凹陷由浅到深，故 I_{C0} 和 I_{c1m} 随 U_{BB} 的增大而略有增大。

因 R_{e0} 为固定值，由式（4 - 3 - 1）可知，$U_{cm} = I_{c1m}R_{e0}$，故 U_{cm} 的变化特性与 I_{c1m} 的变化特性相同。I_{C0}、I_{c1m}、U_{cm} 随 U_{BB} 变化的特性如图 4 - 3 - 11 所示。

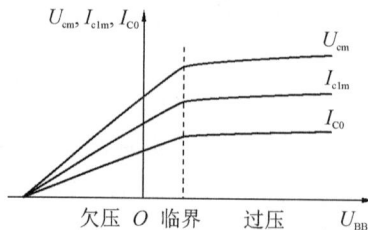

图 4 - 3 - 11　I_{C0}、I_{c1m}、U_{cm} 随 U_{BB} 变化的特性

由上述分析可知，对于工作在欠压状态的谐振功率放大器，U_{BB} 的变化可以有效地控制集电极回路电压振幅的变化，这就是基极调幅的原理。基极调幅详见 6.3 节。

通常情况下，集电极调制的线性度比基极调制好。另外，集电极调制过程中的功率、效率关系与基极调制不同。在基极调制中，由于 U_{CC} 为固定值，电压利用系数 $\xi = U_{cm}/U_{CC}$ 是变化的，故平均效率较低；在集电极调制中，由于 U_{cm} 随 U_{CC} 增大而增大，电压利用系数 ξ 基本不变，且可有较大的值，故平均效率较高。线性好和效率高是集电极调制的重要特点，但要求调制信号源(与 U_{CC} 串联)提供较大的信号功率。

4. 放大特性

放大特性是指当 U_{CC}、U_{BB}、R_{e0} 为固定值时，谐振功率放大器的性能随 U_{im} 变化的特性。

放大特性与基极调制特性的情况相类似，即随 U_{im} 的增大，u_{BE} 最大时的工作点 u_{BEmax} 将沿动态线移动，工作状态由欠压到临界到过压；集电极电流 i_C 将由小到大，再到略有增大、且顶部出现凹陷；i_C 随 U_{im} 变化的特性，以及 I_{C0}、I_{c1m}、U_{cm} 随 U_{im} 变化的特性，均与基极调制特性相似，如图 4-3-12 和图 4-3-13 所示。

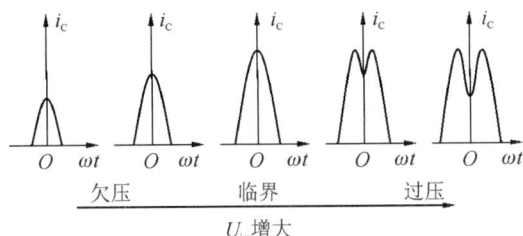

图 4-3-12　i_C 随 U_{im} 变化的特性　　　图 4-3-13　I_{C0}、I_{c1m}、U_{cm} 随 U_{im} 变化的特性

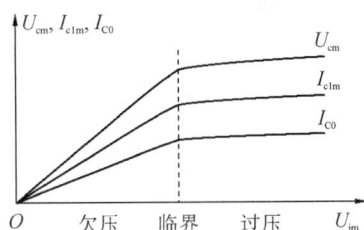

掌握谐振功率放大器的上述四个特性，对指导工程设计和实验调试都十分有用。例如，一个工作在丙类状态的谐振功率放大器，若其输出功率 P_o 和集电极效率 η_C 均不能达到设计要求，可以按如下方式进行调整：

(1) 如果增大 R_{e0} 能使放大器的输出功率增大，则可判断该放大器原来工作在欠压区。在这种情况下，分别或同时增大 R_{e0}、U_{im} 或 U_{BB}，都可以使放大器的工作状态由欠压转变到临界，从而使 P_o 和 η_C 同时增大。

(2) 如果增大 R_{e0} 反而使放大器的输出功率减小，则可判断该放大器原来工作在过压区。这时，增大 U_{CC}，即可达到增大 P_o 和 η_C 的目的。但必须注意，增大 U_{CC} 时应确保功放管的安全工作。

例 4.3.1　已知某高频功率放大器 $U_{CC} = 12\text{ V}$，$R_{e0} = 110\ \Omega$，$\eta_C = 68.5\%$，$P_o = 500\text{ mW}$。为进一步提高效率，在保持 U_{CC}、R_{e0}、P_o 不变的条件下，将 θ 减小到 $60°$，使放大器工作在临界状态。试求：

(1) 该放大器原来工作在什么状态？

(2) 效率 η_C 提高到了多少？

(3) 如何调整放大器才能使 θ 减小到 $60°$？

解　(1) 虽然减小了 θ，但因为保持 U_{CC}、R_{e0}、P_o 不变，所以由 $P_o = \dfrac{U_{cm}I_{c1m}}{2} = \dfrac{I_{c1m}^2 R_{e0}}{2}$

可知，U_{cm} 和 I_{c1m} 均不变。又由 $\xi = U_{cm}/U_{CC}$ 知，ξ 也不变。

因为 θ 减小且要保持 I_{c1m} 不变，由 4.2.1 节可知，应该增大集电极脉冲电流的高度 i_{Cmax}，即应该增大激励信号瞬时电压的最大值 $u_{BE\,max}$。

因减小半导通角 θ 后工作于临界状态，故放大器原来工作于欠压状态。

（2）由 $P_o = \dfrac{U_{cm}I_{c1m}}{2} = \dfrac{U_{cm}^2}{2R_{e0}}$ 得

$$U_{cm} = \sqrt{2P_o R_{e0}} = \sqrt{2 \times 0.5\ \text{W} \times 110\ \Omega} = 10.5\ \text{V}$$

所以

$$\xi = \frac{U_{cm}}{U_{CC}} = \frac{10.5\ \text{V}}{12\ \text{V}} = 0.875$$

当 $\theta = 60°$ 时，由表 4-2-1 查得 $g_1(60°) = 1.794$，所以

$$\eta_C(60°) = \frac{1}{2}\xi g_1(60°) = \frac{1}{2} \times 0.875 \times 1.794 = 78.5\%$$

（3）调整前 $g_1(\theta) = \dfrac{2\eta_C(\theta)}{\xi} = \dfrac{2 \times 0.685}{0.875} = 1.57$，由表 4-2-1 查得 $\theta = 90°$。

根据 $\cos\theta = \dfrac{U_{on} - U_{BB}}{U_{im}}$ 可知，当 $\theta = 90°$ 时有 $U_{on} = U_{BB}$。

所以，当 θ 减小、又要求 i_{Cmax} 增大时，需要减小 U_{BB}，同时增大激励信号的幅度 U_{im}。

▶ 练习与思考

4-3-1　谐振功率放大器的动态线为何是曲线？

4-3-2　谐振功率放大器工作于临界状态，如果集电极回路失谐，输出功率 P_o、损耗功率 P_C 和效率 η_C 将如何变化？

4-3-3　由于某种原因，谐振功率放大器的工作状态由临界转变到欠压状态，试问有几种方法能使放大器的工作状态重新回到临界状态？

4-3-4　某谐振功率放大器工作于临界状态，已知 $R_{e0} = 200\ \Omega$、$U_{CC} = 30\ \text{V}$、$I_{C0} = 90$ mA、$\theta = 90°$。试求输出功率 P_o 和效率 η_C。

4-3-5　通过实测某高频功率放大器发现，其输出功率 P_o 仅为设计值的 20%，而 I_{C0} 却略大于设计值。试问该放大器工作在什么状态？如何调整放大器才能使 P_o 和 I_{C0} 接近设计值？可能是电源电压过低或是输入信号太小造成的吗？

4.4　谐振功率放大器的实际应用电路

> 观察与思考

在 4.2 节和 4.3 节介绍谐振功率放大器原理时，所使用的电路均为原理电路，在实际

应用时还要考虑以下问题：一是电路中应该尽量减少直流电源的数量；二是直流电源如何才能有效加入；三是实际负载通常与功率放大器不匹配，此时该如何利用谐振回路进行阻抗变换，在保证有效选频的前提下，使各级放大器获得所需要的"最佳负载"。

为了保证谐振功率放大器处于合适的工作状态，并达到预定的性能指标，功放管外电路的形式以及功放管与外电路的连接就尤为重要。谐振功率放大器功极管的外电路包括直流馈电电路和匹配网络。

4.4.1　直流馈电电路

馈电电路就是供电电路。直流馈电电路是指把直流电源馈送到功放管各电极的电路，包括基极馈电电路和集电极馈电电路两部分。对直流馈电电路的基本要求，一是保证直流电源畅通无阻地全部加到功放管的集电极或基极上，尽可能地避免管外电路消耗直流电源的功率；二是直流馈电电路要尽可能地不消耗高频信号的功率。

1. 基极馈电电路

基极馈电电路的作用是为功放管的基极提供合适的偏置电压，可分为串联馈电电路（简称串馈电路）和并联馈电电路（简称并馈电路）两种。在图 4-4-1(a)所示的电路中，基极直流电源 U_{BB}、输入信号 u_i 和功放管的输入端依次相接，称为基极串馈电路，常用于工作频率较低或信号带宽较宽的功率放大器。在图 4-4-1(b)所示的电路中，U_{BB}、u_i 和功放管的输入端接在同一个点上，称为基极并馈电路，常用于工作频率较高的功率放大器。其中，C_B 为电源滤波电容，L_B 为高频扼流圈，C_1 为隔直电容。

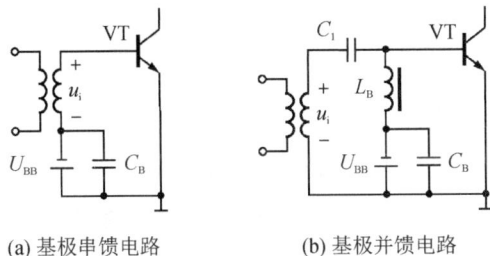

(a) 基极串馈电路　　　　　　(b) 基极并馈电路

图 4-4-1　基极馈电电路

在输出功率大于 1 W 时，基极偏置电路常采用自给偏压电路，图 4-4-2 所示为几种常见的自给偏压电路。图 4-4-2(a)所示电路是利用基极脉冲电流 i_B 的直流成分 I_{B0} 流经 R_B 来产生反向直流偏压的，为有效短路基波及各次谐波电流，C_B 的容量要大。图 4-4-2(b)所示电路是利用发射极脉冲电流 i_E 的直流成分 I_{E0} 流经 R_E 来产生反向直流偏压的，其优点是能够自动维持放大器的工作稳定；同理，C_E 的容量要大。图 4-4-2(c)所示电路是利用 I_{B0} 流经晶体管基区体电阻 $r_{bb'}$ 来产生反向直流偏压的，由于 $r_{bb'}$ 很小，所得到的 U_{BB} 也很小，且不够稳定，一般只在需要小的 U_{BB}（接近乙类工作状态）时才采用这种电路。应该注意的是，由自给偏压电路产生的自给直流偏压与静态偏置电压是不同的，图 4-4-2 中的 3 个电路的静态偏置电压均为零，但自给直流偏压为不同的负电压。自给直流偏压是随信号幅度的大小而变化的，这样有利于稳定输出电压。

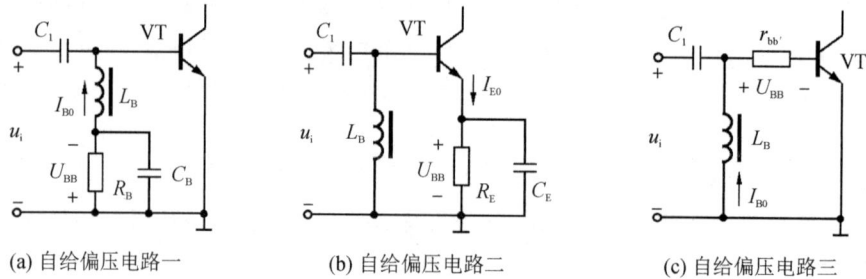

| (a) 自给偏压电路一 | (b) 自给偏压电路二 | (c) 自给偏压电路三 |

图 4 - 4 - 2　基极自给偏压电路

2. 集电极馈电电路

集电极馈电电路也分为串联馈电电路(简称串馈电路)和并联馈电电路(简称并馈电路)两种。在图 4 - 4 - 3(a)所示的电路中,直流电源 U_{CC}、谐振回路、功放管的输出端依次相接,称为集电极串馈电路。图 4 - 4 - 3(b)所示的电路中,U_{CC}、谐振回路、功放管的输出端接在同一个点上,称为集电极并馈电路。其中,C_{C1} 为电源滤波电容,C_{C2} 为隔直电容,L_C 为高频扼流圈。

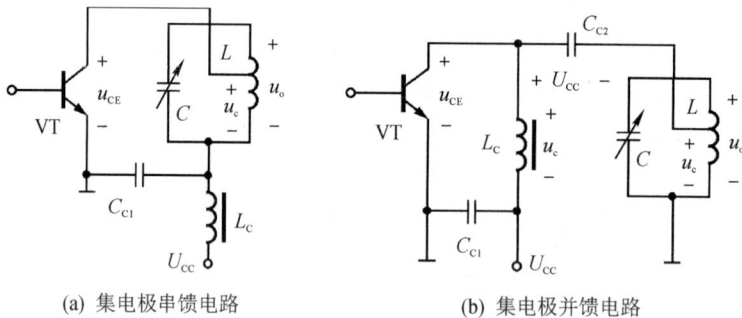

| (a) 集电极串馈电路 | (b) 集电极并馈电路 |

图 4 - 4 - 3　集电极馈电电路

由图 4 - 4 - 3 可知,无论是串馈电路还是并馈电路,其直流通路完全相同,即 U_{CC} 都直接加到集电极上;直流电源的负极都接地,以克服电源对地分布电容的影响;输出电压都是交直流的叠加,即都满足 $u_{CE} = U_{CC} + u_c = U_{CC} - i_{c1} R_{e0} = U_{CC} - U_{cm} \cos \omega t$ 的关系。

在集电极并馈电路中,谐振回路处于直流低电位,且谐振回路的一端直接接地,所以对谐振回路进行维护和调试比较安全方便;但集电极并馈电路中的 L_C 处于高频高电位,其对地的分布电容会直接影响谐振频率的稳定性。集电极串馈电路的特性与集电极并馈电路相反,此处不再赘述。

4.4.2　匹配网络

匹配网络是指激励级输出端与功率放大器的输入端、末级功率放大器的输出端与实际负载之间所接的耦合电路,分别称为输入和输出匹配网络,如图 4 - 4 - 4 所示,匹配网络的作用有两个,一是阻抗变换,使各级放大器获得所需要的"最佳负载";二是选频(又称为滤波)。

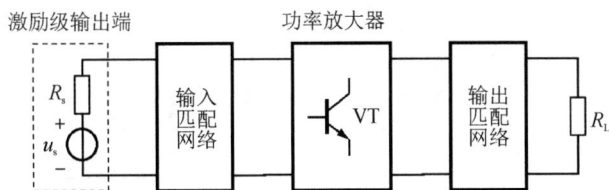

图 4 - 4 - 4　输入和输出匹配网络

输入匹配网络(又称为级间耦合网络)的负载是功率放大器的输入阻抗,所以其主要作用是将功率放大器的输入阻抗变换为激励级输出端所需要的谐振电阻。

输出匹配网络的负载(发射天线或其他负载)在正常情况下是不变的,所以其主要作用是将负载变换为功率放大器输出端所需要的谐振电阻,使末级功率放大器工作于临界状态,以获得最大的功率输出。输出匹配网络的传输效率越高越好。

对于激励级(或其他中间级)而言,最主要的是有稳定的输出电压,即给后级功率放大器提供稳定的激励电压,所以激励级通常工作在弱过压状态。此时,激励级的输出电压不仅比较稳定,而且效率更高。

各种匹配网络均可分解为 L 型、π 型或 T 型三种基本类型。

1. L 型匹配网络

1) 低阻抗变换为高阻抗的 L 型匹配网络

图 4 - 4 - 5(a)所示为低阻抗变换为高阻抗的 L 型匹配网络。R_L 为外接负载,且较小;C 为高频损耗很小的电容;L 为 Q 值很高的电感线圈。将 L、R_L 串联电路用并联电路来等效,则可得如图 4 - 4 - 5(b)所示的等效电路。

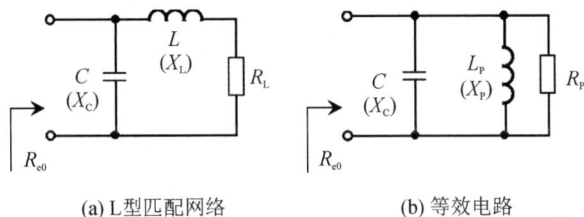

(a) L型匹配网络　　　　　(b) 等效电路

图 4 - 4 - 5　低阻抗变换为高阻抗的 L 型匹配网络

当等效并联回路发生谐振时,L 型匹配网络可把实际负载 R_L 变换为使功率放大器处于临界状态时所需要的较大的谐振电阻 R_{e0},根据 2.3.1 节的理论分析可以求得等效品质因数 Q、X_C、X_L 分别为

$$Q = \sqrt{\frac{R_{e0}}{R_L} - 1}$$

$$|X_C| = R_{e0}\sqrt{\frac{R_L}{R_{e0} - R_L}}$$

$$|X_L| = \sqrt{R_L(R_{e0} - R_L)}$$

2) 高阻抗变换为低阻抗的 L 型匹配网络

图 4 - 4 - 6(a)所示为高阻抗变换为低阻抗的 L 型匹配网络,且 R_L 较大,将 C、R_L 并

联电路用串联电路来等效,可得如图 4 - 4 - 6(b)所示的等效电路。

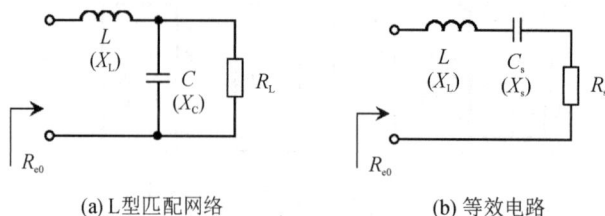

(a) L 型匹配网络　　　　　　　　(b) 等效电路

图 4 - 4 - 6　高阻抗变换为低阻抗的 L 型匹配网络

当等效串联回路发生谐振时,L 型匹配网络可把实际负载 R_L 变换为使功率放大器处于临界状态时所需要的较小的谐振电阻 R_{e0},等效品质因数 Q、X_C、X_L 分别为

$$Q = \sqrt{\frac{R_L}{R_{e0}} - 1}$$

$$|X_C| = R_L \sqrt{\frac{R_{e0}}{R_L - R_{e0}}}$$

$$|X_L| = \sqrt{R_{e0}(R_L - R_{e0})}$$

2. π 型匹配网络

图 4 - 4 - 7(a)所示为 π 型匹配网络的一种形式,它可以分解为两个串接的 L 型匹配网络,且应满足 $L = L_1 + L_2$,其等效电路如图 4 - 4 - 7(b)所示,再按 L 型匹配网络求解相关参数。

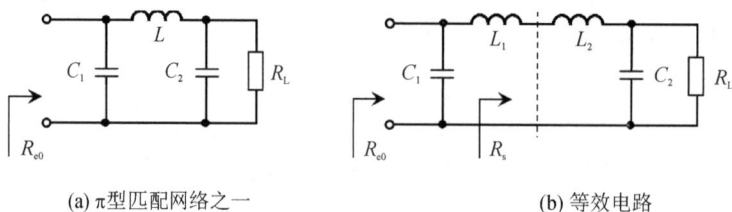

(a) π 型匹配网络之一　　　　　　　　(b) 等效电路

图 4 - 4 - 7　π 型匹配网络

3. T 型匹配网络

图 4 - 4 - 8(a)所示为 T 型匹配网络的一种形式,它可以分解为两个串接的 L 型匹配网络,且应满足 $X_{C2} = X'_{L2} + X'_{C2}$,其等效电路如图 4 - 4 - 8(b)所示,再按 L 型匹配网络求解相关参数。

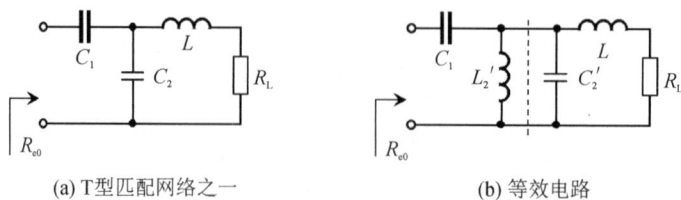

(a) T 型匹配网络之一　　　　　　　　(b) 等效电路

图 4 - 4 - 8　T 型匹配网络

4.4.3　应用实例

图 4-4-9 所示是工作频率为 50 MHz 的谐振功率放大电路，它向 50 Ω 的外接负载提供 70 W 的功率，功率增益为 11 dB。电路中，基极采用自给偏压电路，由高频扼流圈 L_B 中的直流电阻和功放管基区体电阻产生很小的负偏压。C_1、C_2、C_3 和 L_1 组成 T 型和 L 型两级输入匹配网络，调节 C_1 和 C_2 使功放管的输出阻抗变换为能与前级 50 Ω 同轴线相匹配的谐振电阻。集电极电路采用并馈电路，L_C 为高频扼流圈，C_{C1} 和 C_{C2} 为电源滤波电容，C_4、C_5、C_6、L_2 和 L_3 组成 L 型和 T 型两级输出匹配网络，调节 C_4、C_5 和 C_6，将 50 Ω 外接负载变换为输出端所要求的谐振电阻。

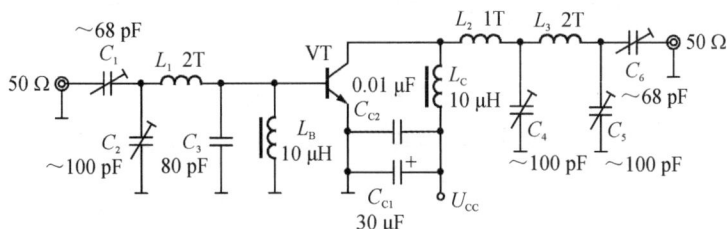

图 4-4-9　50 MHz 谐振功率放大电路

图 4-4-10 所示是工作频率为 150 MHz 的谐振功率放大电路，它向 50 Ω 的外接负载提供 3 W 的功率，功率增益为 10 dB。电路中，基极采用由 R_B 产生负偏压的自给偏压电路，L_B 为高频扼流圈，C_B 为滤波电容。C_1、C_2、C_3 和 L_1 组成 T 型输入匹配网络。集电极电路采用串馈电路，L_C 和 R_C、C_{C1}、C_{C2} 和 C_{C3} 组成电源滤波网络。输出端 C_4、C_5、C_6、C_7、C_8 和 L_2、L_3、L_4、L_5 组成 L 型、T 型和 π 型三级输出匹配网络。

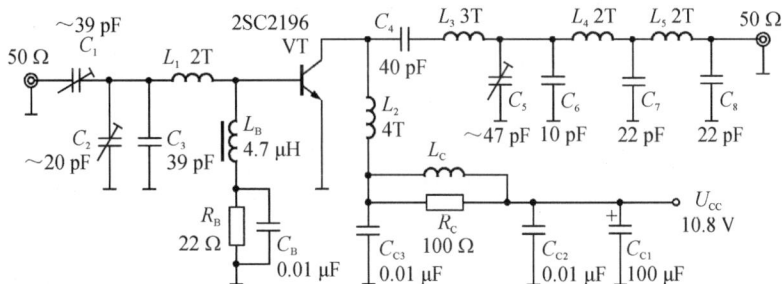

图 4-4-10　150 MHz 谐振功率放大电路

4.4.4　谐振功率放大器的调试

高频功率放大器在设计、安装之后，还必须进行调试，即调谐和调整。调谐是把负载回路调到谐振状态；调整则是把已调谐的放大器负载阻抗调到预期的数值，使放大器工作在要求的状态，以获得所需要的输出功率和效率。因此，首先是对放大器进行调谐，然后在调谐的基础上再对放大器的工作状态进行调整。

本节以图 4-4-11 所示电路为例说明谐振功率放大器的调谐、调整的原理及步骤。图中的输出匹配网络采用的是双调谐耦合回路，它的初级回路（又称中介回路）由 L_3、C_3 组成，次级回路（又称天线回路）由 L_4、C_4 及天线组成。初、次级回路通过互感 M_2 耦合。I_{C0} 是用来测量集电极平均电流的直流电流表，I_A 是用来测量天线回路电流的高频电流表。测量电表的接入必须注意接在高频"地"电位，以避免电表的分布电容影响放大器的正常工作。另外，为了尽量避免高频电流通过直流电表，应在直流电表上并联一个旁路电容。

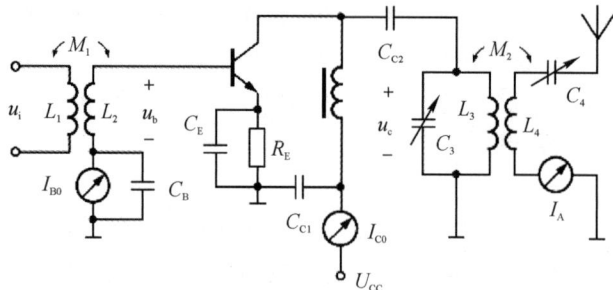

图 4-4-11　谐振功率放大器的调谐和调整的原理电路

1. 调谐

当输出回路发生谐振时，阻抗最大，且呈纯阻性。此时输出电压 u_c 与激励电压 u_i 反相，即输入电压最大值 u_{BEmax} 与集电极电流脉冲的最大值 i_{Cmax}、集电极电压最小值 u_{CEmin} 同时出现，如图 4-2-4 所示。谐振时，功放管的损耗最小，输出功率和效率达到最大。

当输出回路失谐时，阻抗将减小，并且有电抗分量出现。由 4.3.2 节负载特性可知，由于负载阻抗减小，放大器工作状态的变化趋势是由过压到临界到欠压；且回路失谐后出现的电抗分量会引起输出电压的相移，使 u_{CEmin} 和 u_{BEmax} 不在同一时刻出现；由于集电极电流 i_C 主要受输入电压的控制，因此 i_C 脉冲的位置仍决定于 u_{BEmax} 的位置，谐振功率放大器失谐时电压和电流的波形如图 4-4-12 所示。当输出回路失谐时，集电极耗散功率将增大；相应地，输出功率和效率也降低；在严重失谐情况下，耗散功率过大，甚至有烧坏功放管的危险。

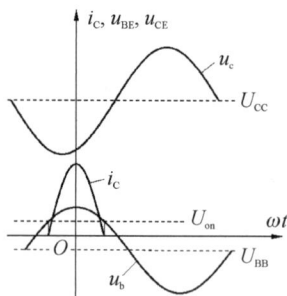

图 4-4-12　谐振功率放大器失谐时电压和电流的波形

调谐的具体方法和步骤如下：

（1）调谐准备。适当减弱与前级的耦合，即降低 M_1，使激励信号电压 u_b 小一些，以免在失谐严重时因 P_C 过大而烧毁功放管。减弱负载（天线）回路与中介回路的耦合，最好是先断开负载回路，目的是使中介回路的 Q 值尽可能高，以取得尖锐的谐振曲线，从而得到准确的调谐。

（2）接入电源 U_{CC}。为了避免在负载回路未调到谐振状态时，因 I_{C0} 过大而使功放管受损，初调时可只加 U_{CC} 额定值的 $1/3\sim1/2$。

（3）调谐中介回路。U_{CC} 接通后会立刻出现 I_{C0}，此时应迅速调节 C_3，同时观察 I_{C0}，当 I_{C0} 达到最小值，说明回路已调到谐振状态。因回路并联谐振时电阻最大，放大器可能进入过压状态，集电极电流 i_C 的脉冲凹陷加深，所以 I_{C0} 最小。由于功放管工作在深饱和的过压状态，基极电流 i_B 达到最大，基极直流分量 I_{B0} 也最大。中介回路的调谐特性如图 $4-4-13$ 所示。之后将 U_{CC} 逐步升高到额定值。每提高一次 U_{CC}，都应微调 C_3，使 I_{C0} 始终保持在最小值。

（4）调谐负载回路（天线回路）。使 M_2 处于弱耦合，调谐天线回路电容 C_4。当天线回路发生串联谐振时，串联谐振回路的电阻最小，I_A 达到最大值。此时，天线回路阻抗反射到中介回路，使中介回路的等效阻抗下降，因而使 I_{C0} 上升。天线回路的调谐特性如图 $4-4-14$ 所示。

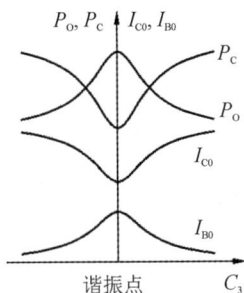

图 $4-4-13$　中介回路的调谐特性　　　图 $4-4-14$　天线回路的调谐特性

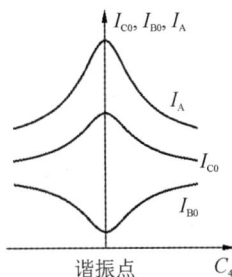

注意：在调谐中介回路时，应使 I_{C0} 最小；在调谐天线回路时，应使 I_{C0} 达到最大。

2. 调整

逐步改变两个回路之间的互感 M_2，M_2 越大，反射到中介回路的电阻越大，中介回路的等效谐振阻抗 R_{e0} 就越小。当 M_2 很小时，由于 R_{e0} 很大，放大器工作在过压状态；随着 M_2 的增大，R_{e0} 逐渐下降，放大器的工作状态逐渐由过压向欠压方向过渡，相应的 I_A 和 I_{C0} 也逐渐上升。当 I_A 达到最大时，输出功率最大，标志放大器工作于临界状态。

最后，再调节 M_1，以保证放大器输出规定的功率。

▶ **练习与思考**

$4-4-1$　在如图 $4-4-9$ 和图 $4-4-10$ 所示的电路中，C_{C1} 和 C_{C2} 均为电源滤波电容，但 C_{C2} 远小于 C_{C1}，所以有人认为 C_{C2} 没有意义。这种说法对不对？为什么？

$4-4-2$　谐振功率放大器的原理电路如图 $4-4-15$ 所示，试将其改为实际电路。要求：基极采用自给偏压，集电极采用并联馈电。

$4-4-3$　某谐振功率放大电路如图 $4-4-16$ 所示，其基极馈电电路为＿＿＿＿馈电路；输入匹配网络由＿＿＿＿组成；L_B 是＿＿＿＿，为基极提供＿＿＿＿偏置电压。其集电极馈电电路为＿＿＿＿馈电路；L_C、C_C 组成＿＿＿＿电路，作用是防止＿＿＿＿信号进入直流电源；输出匹配网络由＿＿＿＿组成。

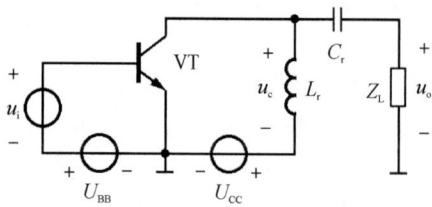
图 4 - 4 - 15

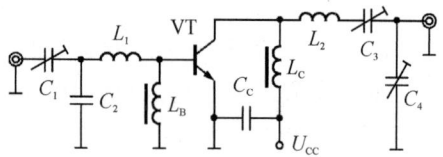
图 4 - 4 - 16

4.5 倍 频 器

观察与思考

某系统的发射信号频率为 81 MHz，该频率由 20.25 MHz 的晶体振荡器经两次二倍频而来，如图 4 - 5 - 1 所示。由图可知，"二倍频器"的作用是将输入信号的频率变换为原来的两倍。倍频器是如何使信号频率翻倍的？为什么不用振荡器直接产生所需要频率的信号，而要用倍频器？

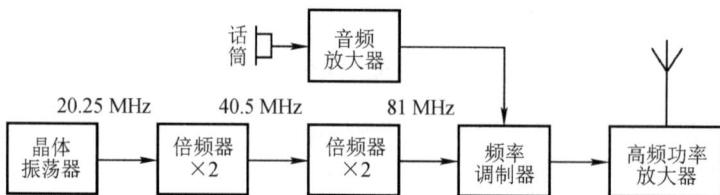
图 4 - 5 - 1 发射机中的倍频器

输出信号的频率为输入信号频率的 n（n 为正整数）倍的电路称为倍频器。

1. 采用倍频器的主要原因

（1）采用倍频器后，可以降低主振荡器的频率，有利于稳定频率。

（2）为了提高发射信号频率的稳定程度，主振荡器常采用石英晶体滤波器，但由于工艺的限制，石英晶体滤波器的工作频率一般在 50 MHz 以下，为了获得更高频率的信号，在主振荡器后需要增加倍频器。

（3）对于调频或调相电路，采用倍频器可以扩大信号的频偏，以增大调制度。

（4）倍频器的输入信号与输出信号的频率不同，可减弱前后级的寄生耦合，有利于稳定发射机的工作状态。

2. 倍频器的分类

按工作原理，倍频器有如下三种形式。

（1）丙类倍频器：实质是工作于丙类状态的谐振功率放大器，主要用于工作频率低于 100 MHz 的场合。

（2）参量倍频器：利用 PN 结电容的非线性变化来实现倍频作用，倍频次数可高达 40 以上，主要用于工作频率高于 100 MHz 的场合。

（3）乘法器倍频器：由乘法器组成的倍频器如图 4-5-2 所示。若 $u_i = U_{im} \cos\omega t$，则乘法器的输出 u_{o1} 为

$$u_{o1} = u_i^2 = \frac{1}{2} U_{im}^2 (1 + \cos 2\omega t)$$

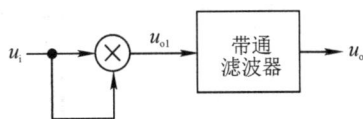

u_{o1} 经带通滤波器滤波后，可获得频率为 2ω 的信号。

图 4-5-2　乘法器倍频器

无论哪种倍频器，它们都是利用器件的非线性对输入信号进行非线性变换，再由谐振系统从输出信号中取出 n 次谐波分量而实现倍频作用的。本节仅介绍丙类倍频器的工作原理。

3. 丙类倍频器

丙类倍频器的原理电路如图 4-5-3 所示，电路采用发射极自给偏压，L_B 是高频扼流圈，为自给偏压提供直流通路，C_E 是旁路电容；L_C、C_{C1} 组成电源滤波电路；L、C 是输出端的谐振回路，调谐在输入信号的 n 次谐波频率上。

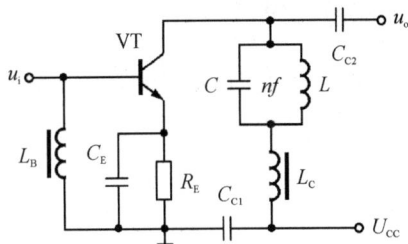

丙类倍频器工作于丙类状态，其集电极电流 i_C 是脉冲电流，其中包含有基波和高次谐波分量，利用谐

图 4-5-3　丙类倍频器的原理电路

振系统的选频作用，将输出回路的谐振频率调谐在 n 次谐波频率上，即可选出该谐波分量，从而实现倍频。由图 4-2-3 或表 4-2-1 可知，在半导通角 $\theta = 60°$ 时，二次谐波系数 $\alpha_2 (60°) = 0.276$，为最大值；在半导通角 $\theta = 40°$ 时，三次谐波系数 $\alpha_3 (40°) = 0.185$，为最大值。所以，二倍频器和三倍频器的半导通角应该分别为 $60°$ 和 $40°$。

随着谐波次数的增高，谐波系数的最大值会降低，其对应的半导通角也会减小，用输出谐振回路滤除高次谐波分量比较容易，但要彻底滤除幅度更大的基波和低次谐波分量，会有不少困难。显然，当倍频次数过高时，因高次谐波的幅度减小而难以选出，也因低次谐波幅度更大而难以滤除，所以一般单级丙类倍频器取 $n = 2 \sim 3$。若要提高倍频次数，可将倍频器级联起来使用。

丙类倍频器通常工作在临界状态或欠压状态，而很少工作在过压状态。这主要是因为在过压状态下，输出信号的幅度没有明显增大，但所需的激励信号幅度反而较大。此外，在过压状态下，功放管会进入饱和区，使其输出阻抗降低，会严重影响输出回路的滤波能力。

4. 输出回路的滤波作用

提高输出回路的滤波作用的措施如下：

（1）提高回路的品质因数 Q_0 值。当倍频次数为 n 时，输出回路的品质因数应满足

$$Q_0 > 10n\pi$$

若 $n = 3$，则要求 $Q_0 > 95$。这个值已经比较高了，再提高就难以实现。

（2）采用陷波电路。图 4-5-4 所示为采用陷波电路的 3 倍频器，其输出回路 $L_3 C_3$ 为

并联谐振回路，且调谐在 3 次谐波频率上，用以获得 3 倍频输出电压。而串联谐振回路 L_1C_1、L_2C_2 与并联谐振回路 L_3C_3 相并联，它们分别调谐在基波和二次谐波频率上，从而可以有效地短路基波和二次谐波，故 L_1C_1 和 L_2C_2 回路称为陷波电路。

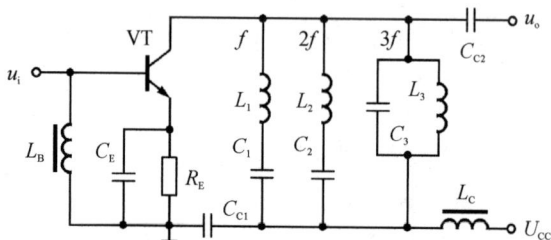

图 4-5-4 采用陷波电路的三倍频器

▶ **练习与思考**

4-5-1 丙类倍频器的实质是什么电路？为什么其倍频次数不宜超过 3？

4-5-2 若要用丙类倍频器实现 12 倍频，应采用什么方案实现？

4.6 技能训练

4.6.1 谐振功率放大器的测试

1. 实验目的

(1) 加深对谐振功率放大器基本工作原理的理解，掌握其调谐特性；

(2) 熟悉负载和输入信号幅度变化对谐振功率放大器工作状态的影响。

2. 实验内容

测试负载和输入信号幅度变化时三种工作状态（欠压、临界、过压）的输出电压大小及余弦电流波形。

3. 实验器材

双踪示波器，信号发生器，万用表，实验模块 11（高频功率放大器板）。

4. 实验电路

实验电路如图 4-6-1 所示，电路由两级放大器组成。其中，11Q01 组成高频小信号前置放大器，工作在甲类状态；11R01、11R02、11R03、11R04 组成 11Q01 的分压偏置电路，11C04 为发射极旁路电容；集电极负载为 11T01、11C02 组成的并联谐振回路。11Q02 组成谐振功率放大器，工作在丙类状态；其偏置电压由 11Q02 的发射极电流直流分量在 11R06 上产生，经 11T01 的次级、11R05 加到 11Q02 的基极；集电极负载为 11T02、11C07 组成的并联谐振回路，11R07、11R08、11R09 为负载电阻，或经跳线开关 11K03 由天线输出。
12 V 直流电源经 11C91、11L91、11C90、11E90 组成的电源滤波电路为两级放大器提供直
流电压，11R90、11D90 为电源指示电路；11C05、11L01、11C03 为前级集电极电源滤波电
路；后级为直流稳压电源提供的 3～10 V 的直流电压，11W01 为电压调节电位器；11C06、
11T03、11C08 为后级集电极电源滤波电路。

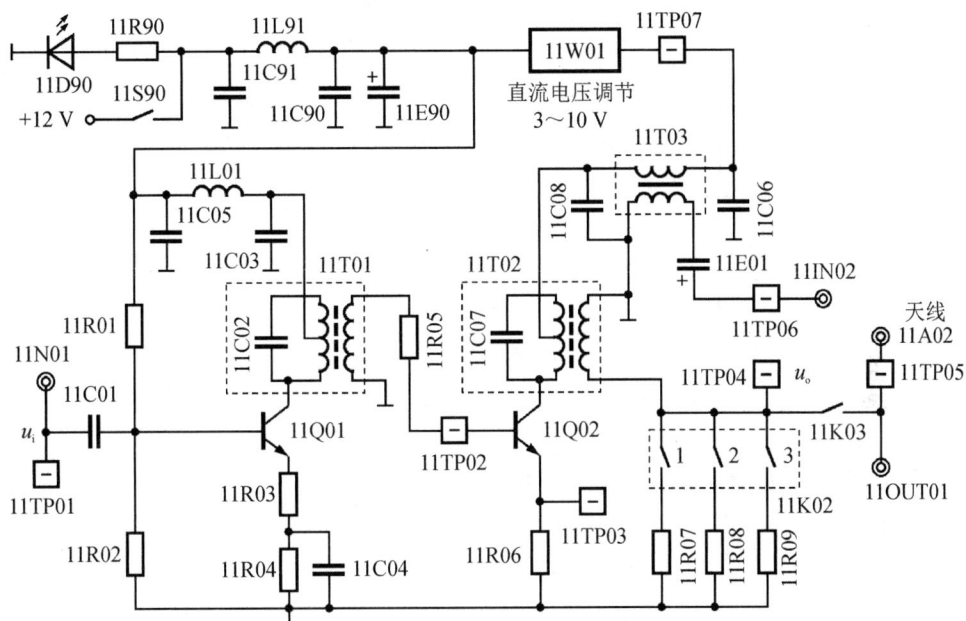

图 4-6-1　技能训练 4.6.1 电路

5. 注意事项

接通电源后，应尽快调节 11W01，将 11TP07 处的电压调至 6 V。

6. 实验步骤

(1) 实验准备。

① 断开 11K03，跳线开关 11K02 接 2（临界）。

② 示波器 CH1 路接 11TP04，测量输出电压 u_o；CH2 路接 11TP03，测量发射极电压
u_e（反映实际输出电流 i_C）。

③ 打开实验箱电源，按下实验板电源开关 11S90，点亮电源指示灯，上电成功。

④ 调节 11W01，使 11TP07 的电压为 6 V。

⑤ 用信号发生器产生 $f=10.245$ MHz，$U_{im}=100$ mV 的正弦波，由 11TP01 加入。

⑥ 调节 11T01 和 11T02 的磁芯，使 u_o 的幅度最大。

⑦ 调节 U_{im} 大小，并观察 i_C 的波形，使 u_e 最大且无双峰出现。

(2) 观察负载变化对放大器工作状态的影响。

① 观察并测量此时的 u_o 和 u_e 的波形，记入表 4-6-1 中。

② 断开 11K02-2 跳线（临界），接通 11K02-1 跳线（欠压），观察并测量 u_o 和 u_e 的波
形，记入表 4-6-1 中。

③ 断开 11K02－1 跳线（欠压），接通 11K02－3 跳线（过压），观察并测量 u_o 和 u_e 的波形，记入表 4－6－1 中。

表 4－6－1　负载变化对放大器工作状态的影响

11K02 位置	接通 11K02-1 （欠压状态）	接通 11K02-2 （临界状态）	接通 11K02-3 （过压状态）
u_e 波形 （11TP03 波形）			
$U_{e\max}/mV$ （11TP03 最大值）			
u_o 波形 （11TP04 波形）			
U_{opp}/mV （11TP04 峰峰值）			

（3）观察输入信号幅度变化对放大器工作状态的影响。

① 恢复跳线开关 11K02 接 2（临界）的状态。

② 调节 U_{im} 大小，并观察 u_e 的波形，使 u_e 最大且无双峰出现，将此时的 U_{im} 大小 U_{im0}、u_o 和 u_e 的波形记入表 4－6－2 中。

③ 改变 U_{im} 大小，观察并测量 u_o 和 u_e 的波形，记入表 4－6－2 中。

表 4－6－2　输入信号幅度变化对放大器工作状态的影响

U_{im}/mV	欠压状态		临界状态	过压状态	
	$U_{im0}-400=$	$U_{im0}-200=$	$U_{im0}=$	$U_{im0}+200=$	$U_{im0}+400=$
u_e 波形					
$U_{e\max}/mV$					
u_o 波形					
U_{opp}/mV					

7. 总结与思考

（1）整理实验数据，撰写实验报告。

（2）如何判断电路进入临界状态？

（3）对实验数据进行分析，说明负载变化、输入信号幅度变化对谐振功率放大器工作状态的影响。

4.6.2　集电极调制特性的测试

1. 实验目的

(1) 熟悉集电极电压变化对谐振功率放大器工作状态的影响；

(2) 了解集电极调幅的原理与实现方法。

2. 实验内容

(1) 测试当集电极电压变化时三种工作状态的输出电压大小及余弦电流波形。

(2) 观察集电极调幅的波形。

3. 实验器材

双踪示波器，信号发生器，万用表，实验模块 11(高频功率放大器板)。

4. 实验电路

实验电路如图 4-6-1 所示。当进行集电极调幅时，低频调制信号 u_Ω 由 11TP06 注入，经 11T03 变压器耦合，u_Ω 与直流稳压电源提供的 3～10 V 直流电压叠加后，加在 11Q02 的集电极；高频载波信号仍由 11TP01 加入。由于本电路的振幅调制是在电平较高的末级功率放大器实现的，故称为高电平调幅。

5. 注意事项

接通电源后，应尽快调节 11W01，将 11TP07 处的电压调至 6 V。

6. 实验步骤

(1) 实验准备。

与 4.6.1 节实验准备相同，使 11Q02 工作在临界状态。

(2) 观察集电极电压变化对放大器工作状态的影响。

① 观察并测量此时的 u_o 和 u_e 的波形，记入表 4-6-3 中。

表 4-6-3　集电极电压变化对放大器工作状态的影响

11TP07 电压	8 V (欠压状态)	6 V (临界状态)	4 V (过压状态)
u_e 波形 (11TP03 波形)			
U_{emax}/mV (11TP03 最大值)			
u_o 波形 (11TP04 波形)			
U_{opp}/mV (11TP04 峰峰值)			

② 调节 11W01，使直流稳压电源的输出电压在 $3\sim9$ V(11TP07)，观察并测量 $u_。$ 和 u_e 的波形，记入表 $4-6-3$ 中。

(3) 观察集电极调幅波形。

① 断开 11K02－2 跳线(临界)，接通 11K02－3 跳线(过压)。

② 示波器 CH2 路接 11TP06，测量调制信号波形。

③ 用信号源 CH2 路产生 $f=1$ kHz、$U_{im}=500$ mV 的正弦波，由 11TP06 加入。

④ 观察并测量此时的 $u_。$ 和 u_Ω 的波形，记入表 $4-6-4$ 中。

表 $4-6-4$　集电极调幅波形

u_Ω 波形 (11TP06 波形)	
$u_。$ 波形 (11TP04 波形)	

7. 总结与思考

(1) 整理实验数据，撰写实验报告。

(2) 对实验数据进行分析，说明集电极电压变化对谐振功率放大器工作状态的影响。

(3) 调幅波的波形有什么特点？

小　结

1. 谐振功率放大器的基本特点

谐振功率放大器以 LC 谐振回路作负载，LC 谐振回路具有选频和阻抗变换的作用；主要用于放大高频窄带大信号，目的是输出大功率、高效率的高频信号。

谐振功率放大器通常工作在丙类状态，在余弦信号激励下，集电极电流为余弦脉冲电流，由于 LC 谐振回路的选频作用，其输出电压仍为不失真的余弦波。

由于功放管导通时间小于半个周期，且当集电极电流最大时，集电极电压最小，所以集电极功耗较小，效率比较高。

2. 三种工作状态

输入信号在最大值时，根据功放管是否进入饱和区，可分为欠压、临界和过压三种工作状态。

临界工作状态的输出功率最大、效率也较高；过压工作状态主要用于集电极调幅，也用于中间级放大；欠压工作状态主要用于基极调幅。

3. 四个特性

负载特性：当负载回路的谐振电阻 R_{e0} 由小到大变化时，谐振功率放大器将由欠压到临界到过压变化。

集电极调制特性：当集电极电源电压 U_{CC} 由小到大变化时，谐振功率放大器将由过压到临界到欠压变化。

基极调制特性：当基极偏置电源电压 U_{BB} 由小到大变化时，谐振功率放大器将由欠压到临界到过压变化。

放大特性：当输入信号电压幅度 U_{im} 由小到大变化时，谐振功率放大器将由欠压到临界到过压变化。

4. 实际谐振功率放大器电路

完整的谐振功率放大器由功放管、直流馈电电路和匹配网络等电路组成。

直流馈电电路分为串馈和并馈两种形式，对其基本要求为：一是直流电源能够直接加到功放管上，二是尽量不消耗高频信号的功率。

匹配网络就是 LC 谐振回路的变形电路，其作用有两个：一是阻抗变换，二是选频（又称为滤波）。

5. 调谐与调整

调谐是把负载回路调到谐振状态；调整是使放大器工作在要求的状态，以获得所需要的输出功率和效率。实际应用时应先调谐、后调整。

6. 丙类倍频器

倍频器的作用是将信号的频率翻倍。

丙类倍频器是工作在丙类的谐振功率放大器，其输出端的谐振回路调谐在输入信号的 n 次谐波频率上。一般单级丙类倍频器的倍频次数不超过 4。

测 试 题

4-1　填空题

1. 高频功率放大器的最佳工作状态是_____状态，这种工作状态的特点是输出功率_____、效率_____。当该电路中的并联谐振回路发生谐振时，等效阻抗呈_____性质，其作用为_____和_____。

2. 谐振功率放大器通常工作在_____类，当输入信号为余弦波时，其集电极电流为_____波，由于集电极 LC 谐振回路的_____作用，输出电压为_____的余弦波。

3. 谐振功率放大器的三种工作状态为_____、_____、_____。

4. 谐振功率放大器的集电极调制特性是指保持_____、_____、_____一定，放大器的性能随_____变化的特性。在进行集电极调幅时，通常工作在_____状态。

5. 某谐振功率放大器，若升高电源电压 U_{CC}，其输出功率 P_o 明显增大，说明该功率放大器原来工作在_____状态。

6. 某功率放大器工作于过压状态，在电源电压 U_{CC} 和负载电阻 R_L 不变的条件下，欲将其调整到临界状态，可以采取的措施有_____，_____。

7. 在利用高频功率放大器进行基极调幅时，放大器应工作在_____状态。

8. 对高频功率放大器馈电电路的要求是馈电电路不能损耗_____信号的能量，直流

_____要无损耗地加在功放管的电极上。

4-2 单选题

1. 丙类谐振功率放大器的输出功率是指(　　)。

A. 输出信号的总功率　　　　　　　　B. 直流信号的输出功率

C. 基波的输出功率　　　　　　　　　D. 二次谐波的输出功率

2. 丙类谐振功率放大器的输出功率为 6 W,当集电极效率为 60%时,晶体管的集电极损耗为(　　)W。

A. 3.6　　　　　　B. 4　　　　　　C. 6　　　　　　D. 10

3. 丁类谐振功率放大器的功放管工作在(　　)状态。

A. 开关　　　　　B. 全周期导通　　　C. 半周期导通　　D. 小于半周期导通

4. 根据功放管在信号一个周期导通时间的长短,可将其工作状态分为(　　)。

A. 放大、饱和和截止　　　　　　　　B. 甲类、乙类和丙类

C. 欠压、临界和过压　　　　　　　　D. 线性、非线性和线性时变

5. 丙类高频功率放大器与甲乙类低频功率放大器相比,在输出功率相同的条件下,效率可能会(　　)。

A. 不同　　　　　B. 相同　　　　　C. 提高　　　　　D. 降低

6. 丙类谐振功率放大器效率高是因为(　　)。

A. 谐振回路作负载　　　　　　　　　B. 功放管导通时间短

C. 解决了失真问题　　　　　　　　　D. 高频工作

7. 已知某高频功率放大器工作在过压状态,欲将其调整到临界状态,可以采取的措施有(　　)。

A. 增大负载电阻 R_L　　　　　　　　B. 增大基极偏置电压 U_{BB}

C. 增大集电极偏置电压 U_{CC}　　　　D. 增大激励信号的振幅 U_{im}

8. 根据谐振功率放大器的负载特性,当 R_{e0} 减小时谐振功率放大器从临界状态向欠压状态变化,则(　　)。

A. P_o、η_C 均增大　　　　　　　　B. P_o 增大,η_C 减小

C. P_o 减小,η_C 增大　　　　　　　D. P_o、η_C 均减小

9. 在二倍频器中,应使输出谐振回路调谐在输入信号频率的(　　)倍频上。

A. 1　　　　　　B. 2　　　　　　C. 3　　　　　　D. 4

10. 谐振功率放大器工作于欠压区,若基极电源 U_{BB} 中混入 50 Hz 市电干扰,当输入为等幅正弦波时,其输出电压将成为(　　)。

A. 调频波　　　　B. 等幅正弦波　　　C. 50 Hz 正弦波　　D. 调幅波

4-3 判断题

1. 高频功率放大器主要关心的技术指标是功率增益,对效率没有特殊要求。　(　　)

2. 工作在丙类的高频功率放大器因导通时间小于半个周期,所以效率一定很高。(　　)

3. 在丙类高频功率放大器中,当电源电压和输入信号电压固定时,随着谐振回路等效电阻 R_{e0} 由小到大,工作状态将由欠压过渡到过压。　　　　　　　　　　(　　)

4. 经实测发现:某谐振功率放大器工作于欠压状态,有可能是因为输入电压幅度 U_{im} 太大造成的。　　　　　　　　　　　　　　　　　　　　　　　　　　　(　　)

5. 某倍频器输入信号的频率为 1.07 MHz,为获得 10.7 MHz 的信号,可将倍频器输

出谐振回路调谐在输入信号频率的 10 倍频上。 （　）

6. 因自给偏压随信号幅度的大小而变化，所以谐振功率放大器很少采用自给偏压电路。 （　）

7. 高频功率放大器的调整是指把负载回路调到最佳负载状态。 （　）

8. 在对高频功率放大器进行调试时，应该先调谐、后调整。 （　）

4－4　分析计算题

1. 高频功率放大器如图 T4－1 所示。已知 $U_{CC}=30$ V，$P_o=9$ W。

(1) 当 $\eta_C=60\%$ 时，试计算 P_C 和 I_{C0}。

(2) 说明基极馈电电路和集电极馈电电路的类型。

(3) 说明 L_B 和 $L_2 C_3 C_4$ 的作用。

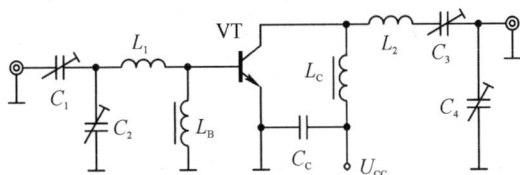

图 T4－1

2. 已知某谐振功率放大器的集电极电流脉冲高度 $i_{Cmax}=100$ mA，当半导通角 θ 分别为 70°和 120°时，试求集电极电流的直流分量 I_{C0} 和基波分量 I_{c1m}；若集电极电压利用系数 $\xi=0.95$，则效率分别为多少？

3. 已知某谐振功率放大器的 $U_{CC}=24$ V，$I_{C0}=250$ mA，$P_o=5$ W，$\xi=0.9$。试求该放大器的 P_D、P_C、η_C、I_{c1m}、i_{Cmax} 和 θ。

4. 已知某谐振功率放大器的 $U_{CC}=30$ V，测得 $I_{C0}=100$ mA，$U_{cm}=28$ V，$\theta=70°$。试求该放大器的谐振电阻 R_{e0}、输出功率 P_o 和效率 η_C。

5. 谐振功率放大器设计工作在临界状态，经测试输出功率 P_o 仅为设计值的 60%，而 I_{C0} 却略大于设计值。

(1) 试指出谐振功率放大器的工作状态。

(2) 分析产生这种现象的原因。

第 4 章参考答案

第5章 正弦波振荡器

正弦波振荡器常作为信号源被广泛应用于广播、电视、无线电通信以及自动测量和自动控制等系统中。本章从反馈型振荡器入手，介绍正弦波振荡器的基本组成、工作原理和工作条件，然后介绍几种典型的 LC 振荡器、石英晶体振荡器(简称晶体振荡器)、RC 振荡器。

5.1 概 述

振荡器是一种能自动将直流能量转换为具有一定波形的交流信号的电路。它与放大器一样是能量转换电路，二者的区别在于振荡器无须外加激励信号，就能产生具有一定频率、一定波形和一定振幅的交流信号，故又称为自激式振荡器。

根据所产生的波形不同，振荡器可分为正弦波振荡器(能产生正弦波)和非正弦波振荡器(能产生矩形波、三角波、锯齿波等)两大类。正弦波振荡器又可为两大类：一类是利用正反馈原理构成的反馈型振荡器，主要工作在微波频段以下的频率范围；另一类是负阻型振荡器，它将负阻器件直接接到谐振回路中，利用负阻器件的负阻效应抵消回路的损耗，从而产生等幅振荡，主要工作在微波频段。

正弦波振荡器在电子设备中有着广泛的应用，如在无线电通信、广播、电视设备中用于产生载波和本地振荡信号，在电子测量和自动控制系统中用于产生基准信号等，在这些用途中，都要求振荡器产生一定幅度和预定频率的正弦波信号。因此，正弦波振荡器的技术指标包括振荡频率(或振荡频率范围)、振荡频率的准确度和频率稳定度、振荡幅度的大小及振幅稳定度、振荡波形的频谱纯度等，其中，最主要的是振荡频率的准确度和频率稳定度。随着电子技术的迅速发展，特别是在电子对抗、雷达、制导、卫星跟踪定位、宇宙通信、时间及频率计量等领域，对振荡器的频率稳定度提出了越来越高的要求。例如，在 $3\sim 30$ MHz 短波通信的频段内，全世界有几十万部电台，若频率稳定度为 10^{-5}，在 30 MHz 时允许的频率偏差仅为 300 Hz；若要求电子手表年误差不超过 1 min，则要求振荡器的频率稳定度不低于 1.5×10^{-5}；中波广播发射机的频率稳定度要不低于 2×10^{-5}；电视发射机的频率稳定度要不低于 5×10^{-7}；标准信号发生器的频率稳定度要不低于 10^{-7}；原子钟的频率稳定度要不低于 10^{-11}。据计算，要实现与火星的通信，要求频率稳定度不低于 10^{-11}；若要为金星定位，则要求频率稳定度不低于 10^{-12}。

┌─ ┄ ┄ ┄ ┄ ┄ ┐
╎ **提示** ╎
└─ ┄ ┄ ┄ ┄ ┄ ┘

频率准确度与频率稳定度

1. 频率准确度

频率准确度又称频率精度，表示振荡器的实际频率 f 偏离标称频率 f_0 的程度。

(1) 绝对频率准确度：

$$\Delta f = |f - f_0|$$

(2) 相对频率准确度：

$$\frac{\Delta f}{f_0} = \frac{|f - f_0|}{f_0}$$

2. 频率稳定度

频率稳定度指振荡频率保持不变的能力。频率稳定度以在某观察时间内频率变化的最大值与标称频率之比来表示，即

$$\delta = \frac{|f - f_0|_{\max}}{f_0} / \Delta t$$

年、月的频率稳定度称为长期频率稳定度，它主要决定于基准频率源的稳定度。日、小时的频率稳定度称短期频率稳定度，它决定于电源、负载及环境的变化。

　　本章仅介绍产生正弦波的自激式反馈振荡器，以下简称振荡器，它由放大器、反馈网络和选频网络组成，放大器用于维持振荡，反馈网络形成正反馈，选频网络决定振荡频率。根据选频网络所采用的元件不同，可分为 LC 振荡器、RC 振荡器和晶体振荡器等类型，LC 振荡器和晶体振荡器用于产生高频正弦波，RC 振荡器用于产生低频正弦波。在这几种振荡器中，晶体振荡器的频率稳定度最高，LC 振荡器次之，RC 振荡器较差。

▶ **练习与思考**

　　5-1-1　振荡器与放大器的主要区别是什么？

　　5-1-2　自激式反馈振荡器由哪几部分组成？各自的主要功能是什么？

5.2　反馈型振荡器的工作原理

┌─ ┄ ┄ ┄ ┄ ┄ ┄ ┐
╎ *观察与思考* ╎
└─ ┄ ┄ ┄ ┄ ┄ ┄ ┘

　　什么是自激现象？在教室里，当话筒靠近扬声器时，会引起刺耳的啸叫声，其产生过程可用图 5-2-1 来描述。

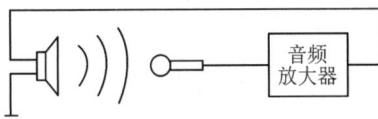

图 5-2-1　扩音系统中啸叫声的产生示意图

  显然，当话筒靠近扬声器时，来自扬声器的声波（如噪声）激励了话筒，使话筒产生了感应电压，经音频放大器放大后再次由扬声器发出声音，为话筒提供新的、更强的激励。该过程是一个正反馈的过程，如此反复循环，就形成了"声/电"和"电/声"的自激振荡啸叫现象。

  在扩音系统中，自激会"淹没"有用的声音信号，是不希望产生的现象。此时，只要将话筒移开，使之偏离扬声器声波的来向，或降低音频放大器的增益，就可降低扬声器对话筒的激励，从而抑制啸叫声。

  自激式振荡器就是利用正反馈来产生自激振荡的。

5.2.1 基本工作原理

  反馈型正弦波振荡器是利用正反馈来产生振荡的。反馈放大器的组成框图如图 5-2-2 所示，图中 A 为基本放大器的增益，F 为反馈网络的反馈系数，x_i、x_{id}、x_o 和 x_f 分别为输入信号、基本放大器的净输入信号、输出信号和反馈信号，"⊕"为比较环节。根据反馈放大器的概念，有 $A = x_o / x_{id}$，$F = x_f / x_o$。

  当 $x_{id} = x_i - x_f < x_i$ 时，为负反馈。

  当 $x_{id} = x_i + x_f > x_i$ 时，为正反馈。

  当放大器引入正反馈时，输出信号为

$$x_o = A x_{id} = A(x_i + x_f) = A x_i + A F x_o$$

  若 $A F x_o \geqslant x_o$，即使 $x_i = 0$，即在无输入信号时，仍有 $x_{id} = x_f$，电路中的反馈信号 x_f 取代了输入信号 x_i，并有效维持电路有稳定的输出信号 x_o，即电路产生了自激振荡，由放大器变为自激振荡器。

  利用正反馈来获得等幅的正弦振荡，就是反馈型振荡器的基本原理。反馈型振荡器是由基本放大器和反馈网络组成的一个闭合环路，如图 5-2-3 所示。其中，反馈网络一般由无源器件组成。

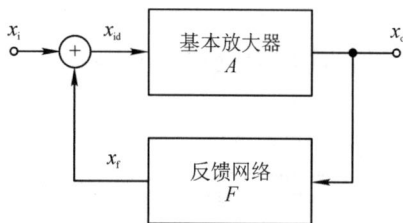

图 5-2-2 反馈放大器的组成框图   图 5-2-3 反馈型振荡器的组成框图

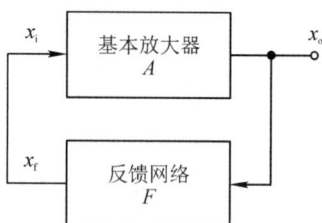

  综上所述，振荡器能产生自激振荡，是由于电路引入了正反馈，并用反馈信号代替输入信号，产生和维持自激振荡持续发生。

5.2.2 振荡条件

  由 5.2.1 节的分析可知，反馈型振荡器正常工作时应满足三点要求：一是保证振荡器接通电源后能够从无到有建立起具有某一固定频率的正弦波输出；二是振荡器在进入稳态后能维持一个等幅的连续振荡；三是当外界因素发生变化时，电路的稳定状态不受到破坏。也就是说，要求振荡器必须同时满足起振条件、平衡条件及稳定条件。

1. 起振条件

在实际应用中，振荡器上电后即产生输出，那么初始的激励是从哪里来的呢？

在刚接通电源的瞬间，振荡器电路中没有振荡信号。但是在通电后，电路中存在各种电扰动，如接通电源瞬间引起的电流突变、电路中的热噪声、感应到电路中的干扰等，都是起振的原始信号源。这些扰动一般很微弱，需要放大器对扰动中相应频率的信号放大，再由正反馈电路反馈到放大器的输入端，作为新的输入信号。如此不断地经过放大、反馈、再放大的循环，输出信号的振幅将由小逐渐地增大起来。只要每次反馈后得到的反馈信号都比原来的大，即满足 $x_f > x_i$，则有 $AFx_o > x_o$，即环路增益 $AF > 1$，振荡器就会因输出信号的幅度逐渐增大而起振。

由此可见，要使振荡能从小到大建立起来，必须满足的起振条件是：

$$\begin{cases} AF > 1 & (5-2-1a) \\ \varphi_A + \varphi_F = 2n\pi \quad (n=0,1,2,\cdots) & (5-2-1b) \end{cases}$$

其中，φ_A 和 φ_F 分别是主网络和反馈网络产生的相移，$\varphi_A + \varphi_F = 2n\pi$ 表明振荡器的反馈网络接成了正反馈。式(5-2-1a)称为振幅起振条件，式(5-2-1b)称为相位起振条件。

2. 平衡条件

平衡条件是指在振荡建立后，维持等幅振荡所必须满足的条件。

振荡幅值的增长过程不可能无止境地延续下去，因为放大器的线性范围是有限的。随着振幅的增大，放大器逐渐由放大区进入饱和区或截止区，工作于非线性状态，增益会逐渐下降。当由于放大器增益下降而导致环路增益 $AF = 1$ 时，如图 5-2-4 所示，有 $x_f = x_i$，振幅的增长过程停止，振荡器达到平衡，进入等幅振荡状态，如图 5-2-5 所示。

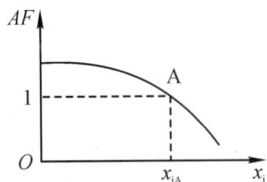

图 5-2-4　满足起振条件和平衡条件的 AF 特性　　　图 5-2-5　振荡幅度的建立和平衡过程

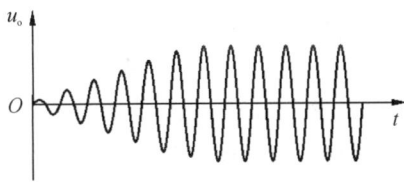

所以，反馈振荡器的平衡条件为

$$\begin{cases} AF = 1 & (5-2-2a) \\ \varphi_A + \varphi_F = 2n\pi \quad (n=0,1,2,\cdots) & (5-2-2b) \end{cases}$$

式(5-2-2a)称为振幅平衡条件，式(5-2-2b)称为相位平衡条件。

此外，由于电扰动信号具有很宽的频谱，而正弦波振荡器的输出信号应该是频率单一且稳定的正弦波，所以在振荡器电路中包含有选频网络，以选择出特定频率的信号进行放大和反馈。选频网络既可包含于基本放大器中(如以谐振回路作负载)，也可包含于反馈网络中。

3. 稳定条件

当振荡器满足了平衡条件建立起等幅振荡后，因多种因素的干扰会使电路偏离原平衡状态。振荡器的稳定条件是指电路能自动恢复到原来平衡状态的能力。稳定条件包括振幅稳定条件和相位稳定条件。

1）振幅稳定条件

假设振荡器已满足平衡条件，如图 5-2-6 所示，若 A 点（即振荡频率 ω_0 处）为平衡点，此时有 $AF=1$，基本放大器的输入信号为 x_{iA}。

若由于外界干扰使输入信号由 x_{iA} 减小到 x_{iB}，工作点由 A 点移动到 B 点，此时有 $AF>1$，为增幅振荡，每经过一次反馈循环，振幅会增大一些，使工作点向 A 点靠近，当幅度增大到 A 点以后重新达到平衡。同理，若由于外界干扰使输入信号由 x_{iA} 增大到 x_{iC}，工作点由 A 点移动到 C 点，此时有 $AF<1$，为减幅振荡，每经过一次反馈循环，振幅会减小一些，使工作点向 A 点靠近，当幅度减小到 A 点以后又重新达到平衡。

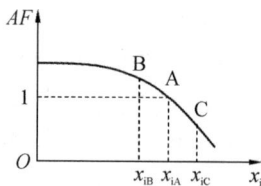
图 5-2-6 振幅稳定条件

由上述过程可知，若 AF 在振荡频率 ω_0 附近具有负斜率，则 A 点是稳定的平衡点。理论分析可以证明：通常情况下，由于反馈网络为无源线性网络，即反馈系数 F 为常数，而基本放大器的增益 A 会随输入信号的增大而减小，所以大部分放大器均满足振幅稳定条件。

2）相位稳定条件

外界因素的变化同样会破坏相位平衡条件，使环路相移 $\varphi_A+\varphi_F$ 偏离 $2n\pi$。由于相位 φ 与频率 ω 之间的关系是 $\omega=\mathrm{d}\varphi/\mathrm{d}t$，即相位的变化会引起频率的改变，而频率的改变也会引起相位的变化，所以相位稳定条件和频率稳定条件的本质是相同的。

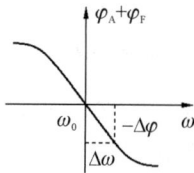
图 5-2-7 相位稳定条件

假设振荡器的环路相移 $\varphi_A+\varphi_F$ 在振荡频率 ω_0 处附近具有负斜率，如图 5-2-7 所示，若由于外界干扰产生的相位增量为 $-\Delta\varphi$，此时振荡频率的增量为 $\Delta\omega$；每经过一次反馈循环，由相位增量引起的频率增量为 $\Delta'\omega=\mathrm{d}(-\Delta\varphi)/\mathrm{d}t<0$，该频率增量使振荡频率向 ω_0 靠近，当振荡频率回到 ω_0 后重新达到平衡。同理，若由于外界干扰产生的相位增量为 $\Delta\varphi$，此时振荡频率的增量为 $-\Delta\omega$；每经过一次反馈循环，由相位增量引起的频率增量为 $\Delta'\omega=\mathrm{d}(\Delta\varphi)/\mathrm{d}t>0$，该频率增量使振荡频率向 ω_0 靠近，当振荡频率回到 ω_0 后又重新达到平衡。

由上述过程可知，若环路相移 $\varphi_A+\varphi_F$ 在振荡频率 ω_0 附近具有负斜率，则 ω_0 处是一个稳定的平衡点。理论分析可以证明：通常情况下，由于反馈网络为无源线性网络，即 φ_F 与频率近似无关；基本放大器的相移 φ_A 主要取决于并联谐振回路的相频特性，而并联谐振回路的相频特性在谐振频率处具有负斜率，故以并联谐振回路为负载的放大器均满足相位稳定条件。

例 5.2.1 某变压器耦合振荡器如图 5-2-8 所示，试从相位条件出发，判断该电路能否振荡。

解 根据反馈的判断方法，设输入端基极的瞬时极性为"＋"，当该信号从集电极输出时，因反相放大，集电极的瞬时极性为"－"，即变压器初级和次级同名端的瞬时极性为"＋"；由于变压器次级的同名端与基极相接，所以该电路引入的是正反馈，

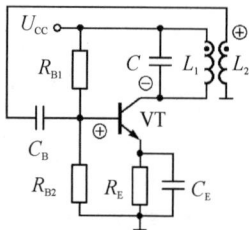
图 5-2-8 例 5.2.1 电路

电路有可能振荡。

▶ **练习与思考**

　　5-2-1　简述正弦波振荡器的起振条件、平衡条件和稳定条件，通过振荡的物理过程说明这些条件的含义。

　　5-2-2　振荡器输出信号的频率主要由什么条件决定？

5.3　*LC* 振荡器

┌╌╌╌╌╌╌╌╌╌┐
╎ *观察与思考* ╎
└╌╌╌╌╌╌╌╌╌┘

　　正弦波振荡器由放大器、反馈网络和选频网络组成。对正弦波振荡器的基本要求是输出单一频率的正弦波信号。

　　在 5.2 节的观察与思考中，当话筒靠近扬声器时，扩音系统会自激而引起啸叫。因话筒没有选频作用，所以啸叫声包含了扬声器输出的所有频率成分。

　　LC 谐振回路具有较好的选频作用。在实际应用中，高频正弦波振荡器几乎都采用 *LC* 谐振回路进行选频。这是高频振荡器最常见的电路形式。

　　采用 *LC* 谐振回路作为选频网络的反馈型振荡器统称为 *LC* 正弦波振荡器，简称 *LC* 振荡器，主要用来产生 100 kHz 以上的高频正弦信号。*LC* 振荡器可分为两类，即互感耦合振荡器（见图 5-2-8）和三点式振荡器。其中，应用最广泛的是三点式振荡器。

5.3.1　三点式振荡器的组成原则

　　三点式振荡器是指 *LC* 谐振回路中的三个端点与晶体管的三个电极分别连接组成的反馈型振荡器。图 5-3-1 为三点式振荡器的交流通路，三个电抗元件 X_{be}、X_{ce}、X_{bc} 构成了决定振荡频率的并联谐振回路。

　　当电路发生振荡时，谐振回路的总电抗 $X_{be} + X_{ce} + X_{bc} = 0$，回路呈现纯阻性。

　　输出电压 u_o 取自晶体管的 c、e 之间，反馈电压 u_f 作为输入电压 u_i 加在晶体管的 b、e 之间，故放大器为共 e 极组态，即输出电压 u_o 与输入电压 $u_i(u_f)$ 反相。由于 u_f 是 u_o 在 X_{bc}、X_{be} 支路中分配在 X_{be} 上的分压，要满足正反馈条件，必须有

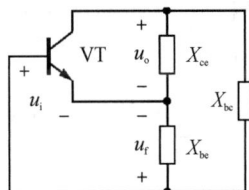

图 5-3-1　三点式振荡器的
　　　　　交流通路

$$u_f = \frac{X_{be}}{X_{be} + X_{bc}} u_o = -\frac{X_{be}}{X_{ce}} u_o \qquad (5-3-1)$$

　　因 u_o 与 u_f 反相，只当 $X_{be}/X_{ce} > 0$ 时，才能满足相位条件，即 X_{be} 与 X_{ce} 必须是同

性质的电抗元件；由 $X_{be}+X_{ce}=-X_{bc}$ 知，X_{bc} 必须是与 X_{be}、X_{ce} 性质相反的电抗元件。

综上所述，三点式振荡器的组成原则是：与晶体管发射极相连的两个电抗元件必须有相同的性质，而不与发射极相连的电抗元件的性质与前两者相反，即"射同余异"。同样，在场效应管电路中也有类似的情况，即"源同余异"。

按照三点式振荡器的组成原则，三点式振荡器有两种基本类型，如图 5-3-2 所示。在图 5-3-2(a)中，与发射极相连的两个电抗元件是 C_1 和 C_2，基极与集电极之间相连的电抗元件是 L，称为电容三点式振荡器，又称为考毕兹(Colpitts)振荡器。在图 5-3-2(b)中，与发射极相连的两个电抗元件是 L_1 和 L_2，不与发射极相连的电抗元件是 C，称为电感三点式振荡器，又称为哈特莱(Hartley)振荡器。

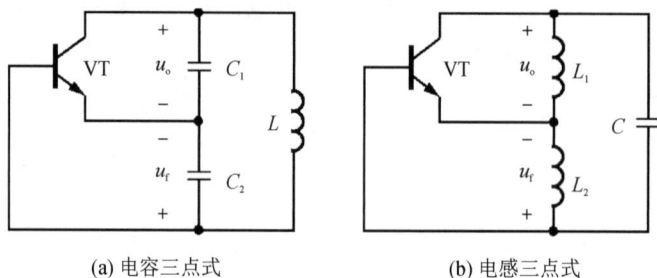

(a) 电容三点式 　　　　(b) 电感三点式

图 5-3-2　两种三点式振荡器的交流通路

例 5.3.1　几种常见振荡器的交流通路如图 5-3-3 所示，试判断它们是由哪种基本电路演变而来的。

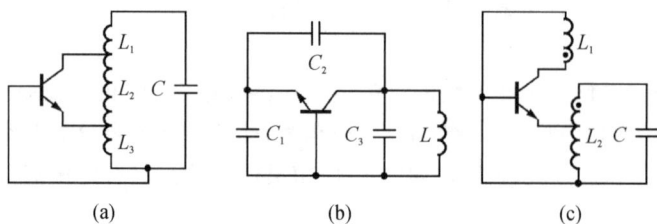

(a)　　　　(b)　　　　(c)

图 5-3-3　例 5.3.1 电路

解　图 5-3-3(a)由电感三点式振荡器演变而来，即 L_1C 支路应呈容性。

图 5-3-3(b)由电容三点式振荡器演变而来，即 LC_3 组成的并联谐振回路应呈感性。

图 5-3-3(c)由互感耦合振荡器演变而来，为共基极组态，由同名端的接法可判断出电路引入了正反馈。

5.3.2　电容三点式振荡器

1. 电路结构

图 5-3-4(a)所示是电容三点式振荡器电路的一种实际电路，图中，C_1、C_2、L 组成并联谐振回路，作为集电极交流负载。R_{B1}、R_{B2}、R_E 组成分压式偏置电路，晶体管 VT 组成共发射极放大器，C_E 为旁路电容；在振荡器起振时，VT 工作于甲类，有较高的放大倍数，以满足振幅起振条件；在振荡器起振后，由于 R_E 有自偏压作用，可使 VT 工作于丙

类，以满足振幅平衡条件，从而限制和稳定了振荡的幅度。C_B 和 C_{C2} 为隔直耦合电容。L_C 为高频扼流圈，其作用是提供直流通路，同时阻止交流信号进入直流电源；L_C 与 C_{C1} 组成电源去耦电路。C_B、C_{C1}、C_{C2}、C_E 的电容量通常要比回路电容大一个数量级以上。

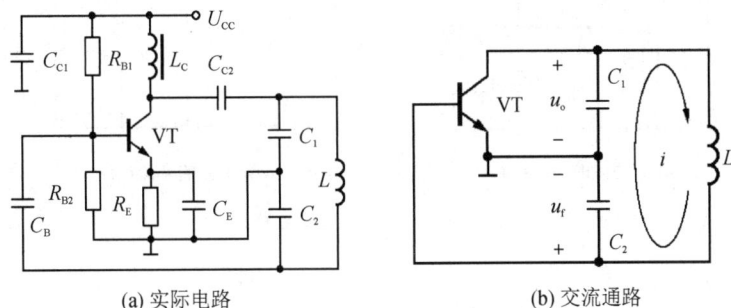

(a) 实际电路   (b) 交流通路

图 5-3-4 电容三点式振荡器电路

2. 起振条件

图 5-3-4(a)所示电路的交流通路如图 5-3-4(b)所示，由图可见，与发射极相连的是 C_1 和 C_2，基极与集电极之间相连的是 L，符合三点式振荡器的组成原则，为电容三点式振荡器，满足相位条件。

当谐振回路的 Q 值较高时，回路电流远大于基极、集电极和发射极电流，其反馈系数为

$$F=\frac{u_f}{u_o}=\frac{i/\omega C_2}{i/\omega C_1}=\frac{C_1}{C_2} \qquad (5-3-2)$$

经验证明，反馈系数 $F=\dfrac{C_1}{C_2}$ 取 $\dfrac{1}{2}\sim\dfrac{1}{8}$ 较为适宜。调节 F，使之满足 $AF>1$，电容三点式振荡器就可以起振。

3. 振荡频率

当不考虑分布参数的影响时，回路的总电容，即 L 两端的等效电容为

$$C=\frac{C_1 C_2}{C_1+C_2} \qquad (5-3-3)$$

当谐振回路的 Q 值较高时，振荡频率近似等于谐振回路的谐振频率，即

$$f_0=\frac{1}{2\pi\sqrt{LC}} \qquad (5-3-4)$$

由上述分析可知，频率为 f_0 的信号形成了正反馈，经不断放大，电容三点式振荡器输出频率为 f_0 的信号；以 f_0 为中心频率的通频带以外的其他频率分量，会因回路失谐而衰减。

例 5.3.2 某振荡器的实际电路如图 5-3-5(a)所示，已知 $L=2\ \mu H$，$C_1=1000\ pF$，$C_2=4000\ pF$。

(1) 画出振荡器的交流通路，并说明振荡器的类型；

(2) 估算振荡频率；

(3) 说明 L_E 的作用。

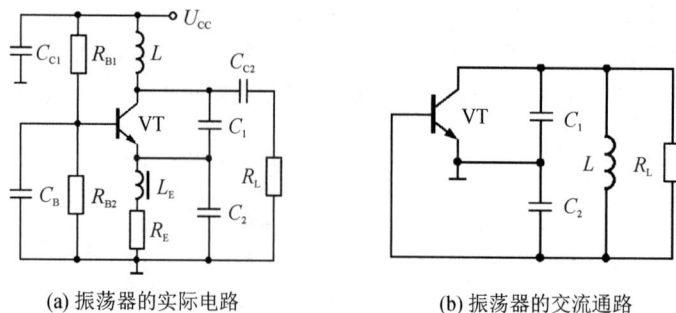

(a) 振荡器的实际电路   (b) 振荡器的交流通路

图 5-3-5 例 5.3.2 电路

解 （1）振荡器的交流通路如图 5-3-5(b)所示。由图可见，与发射极相连的是 C_1 和 C_2，基极与集电极之间相连的是 L，为电容三点式振荡器。

（2）谐振回路总电容为

$$C = \frac{C_1 C_2}{C_1 + C_2} = \frac{1000 \text{ pF} \times 4000 \text{ pF}}{1000 \text{ pF} + 4000 \text{ pF}} = 800 \text{ pF}$$

振荡频率为

$$f_0 = \frac{1}{2\pi\sqrt{LC}} = \frac{1}{2\pi\sqrt{2\ \mu\text{H} \times 800 \text{ pF}}} = 3.979 \text{ MHz}$$

（3）L_E 为高频扼流圈。

4. 电容三点式振荡器的特点

（1）输出波形好。由于反馈信号取自电容两端，而电容对高次谐波的阻抗小，相应的反馈量也小，所以输出信号中的高次谐波分量较小，波形较好。

（2）频率稳定度较高。由于晶体管不稳定的输入电容 C_{be} 和输出电容 C_{ce} 分别与谐振回路的电容 C_2、C_1 并联，所以适当增大 C_1、C_2 的电容量，可减小 C_{be} 和 C_{ce} 对振荡频率的影响。

（3）振荡频率较高。电容三点式振荡器利用晶体管的输入、输出电容作为回路电容，因此可获得很高的振荡频率，一般可达几百兆赫兹，甚至上千兆赫兹。

（4）调节频率不方便。当通过调节 C_1 或 C_2 来改变振荡频率时，反馈系数 F 将发生变化，可能破坏起振条件，造成停振。

在实际应用时，一般采用如图 5-3-6 所示的电路来解决频率调节问题。在 L 两端并联可调电容 C_T，通过调节 C_T 来实现频率调节。为了减小对反馈系数的影响，一般要求 $C_T \ll C_1$，$C_T \ll C_2$。

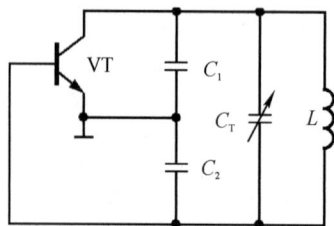

图 5-3-6 增加调节电容

技术与应用

调频电路中的调谐振荡器

图 5-3-7(a)所示是 AN7213 单片机调频电路中的调谐振荡器电路，虚框内为集成芯片内部的局部电路；图 5-3-7(b)所示是其交流通路，由图可知，该电路是电容三点式振荡器。VT_1 是振荡管，VT_2 是恒流源的局部电路，为 VT_1 提供稳定的静态工作电流。VT_1 为共基极组态，它与芯片外的 8.2 pF、10 pF 及 LC 并联谐振回路组成电容三点式振荡器，振荡频率为 90～120 MHz，该振荡频率由回路可变电容 C' 调节。

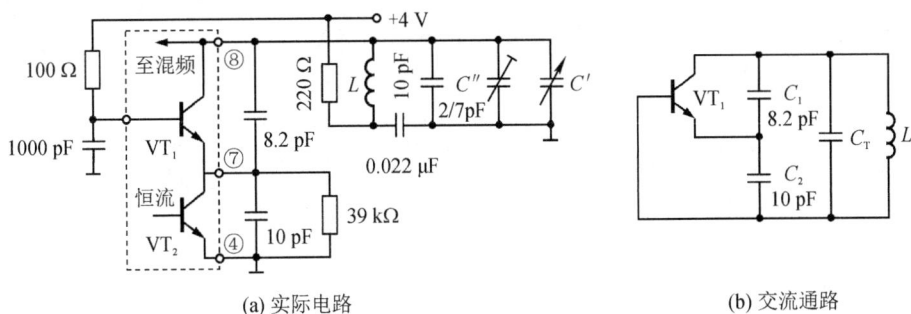

(a) 实际电路　　　　　　　　　　(b) 交流通路

图 5-3-7　调频电路中的调谐振荡器电路

电路的总电容为

$$C = \frac{C_1 C_2}{C_1 + C_2} + C_T$$

式中，

$$C_T = 10 \text{ pF} + C'' + C'$$

5.3.3　电感三点式振荡器

1. 电路结构

图 5-3-8(a)所示是电感三点式振荡器的一种实际电路，图中，L_1、L_2、C 组成并联谐振回路，作为集电极交流负载。R_{B1}、R_{B2}、R_E 组成分压式偏置电路，C_E 为旁路电容；C_B 为隔直耦合电容；C_C 为电源去耦电容。

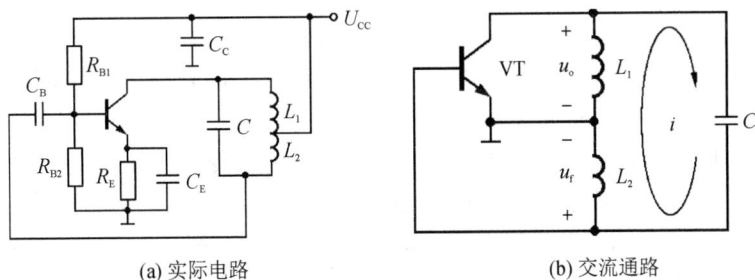

(a) 实际电路　　　　　　　　　　(b) 交流通路

图 5-3-8　电感三点式振荡器电路

2. 起振条件

图 5-3-8(a)所示电路的交流通路如图 5-3-8(b)所示,由图可见,与发射极相连的是 L_1 和 L_2,基极与集电极之间相连的是 C,符合三点式振荡器的组成原则,为电感三点式振荡器,满足相位条件。

当谐振回路的 Q 值较高时,回路电流远大于基极、集电极和发射极电流,其反馈系数为

$$F = \frac{L_2 + M}{L_1 + M} \tag{5-3-5}$$

式中,M 为 L_1 与 L_2 之间的互感。

当不考虑互感时,$M=0$,谐振回路的反馈系数为

$$F = \frac{L_2}{L_1} \tag{5-3-6}$$

经验证明,反馈系数 F 取 $\frac{1}{2} \sim \frac{1}{8}$ 较为适宜。调节 F,使之满足 $AF > 1$,电感三点式振荡器就可以起振。

3. 振荡频率

当不考虑分布参数的影响时,谐振回路的总电感,即 C 两端的等效电感为

$$L = L_1 + L_2 + 2M \tag{5-3-7}$$

当不考虑互感时,谐振回路的总电感为

$$L = L_1 + L_2 \tag{5-3-8}$$

当谐振回路的 Q 值较高时,电感三点式振荡器的振荡频率近似等于谐振回路的谐振频率,即

$$f_0 = \frac{1}{2\pi\sqrt{LC}} \tag{5-3-9}$$

由上述分析可知,频率为 f_0 的信号形成了正反馈,经不断放大,电感三点式振荡器输出频率为 f_0 的信号;以 f_0 为中心频率的通频带以外的其他频率分量,会因回路失谐而衰减。

4. 电感三点式振荡器的特点

(1)输出波形较差。由于反馈信号取自电感两端,而电感对高次谐波的阻抗大,相应的反馈量也大,所以输出信号中的高次谐波分量较大,波形失真较大。

(2)振荡频率较低。晶体管的输入电容 C_{be} 和输出电容 C_{ce} 分别与谐振回路的电感 L_2、L_1 并联,频率越高,回路 L、C 的取值就越小,C_{be} 和 C_{ce} 的影响就越大,使振荡频率的稳定度大大降低。因此,电感三点式振荡器的振荡频率最高只能达到几十兆赫兹。

(3)容易起振。由于 L_1、L_2 之间有互感,反馈较强,所以容易起振。

(4)调节频率方便。调节 C 即可改变振荡频率,而 C 的改变基本不影响反馈系数。

例 5.3.3 在图 5-3-9 所示的振荡器交流通路中,当 f_{01}、f_{02}、f_{03} 满足什么条件时,该振荡器才满足自激振荡器的相位条件?

解 L_1、C_1 组成串联谐振回路,L_2、C_2 和 L_3、C_3 组成并联谐振回路,电路若能满足

三点式振荡器的组成原则即可正常工作。根据 2.2 节谐振回路的基本特性，LC 串、并联谐振回路的电抗频率特性如图 5-3-10 所示。由图可见，当 $X>0$ 时，回路呈现感性；当 $X<0$ 时，回路呈现容性。

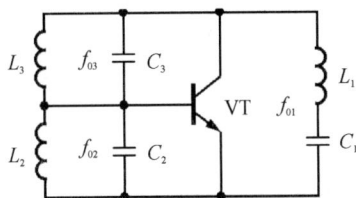

图 5-3-9 例 5.3.3 电路

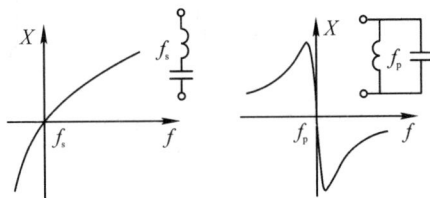

图 5-3-10 LC 串、并联谐振回路的电抗频率特性

若组成电容三点式振荡器，则在振荡频率 f_0 处，L_1C_1 和 L_2C_2 呈容性，L_3C_3 呈感性。由图 5-3-10 知，当 $f_0<f_{01}$ 时，L_1C_1 呈容性；当 $f_0>f_{02}$ 时，L_2C_2 呈容性；当 $f_0<f_{03}$ 时，L_3C_3 呈感性。故当 f_{01}、f_{02}、f_{03} 满足

$$f_{02}<f_0<f_{01}，f_{02}<f_0<f_{03}$$

时，电路为电容三点式振荡器。

若组成电感三点式振荡器，则在振荡频率 f_0 处，L_1C_1 和 L_2C_2 呈感性，L_3C_3 呈容性。由图 5-3-10 知，当 $f_0>f_{01}$ 时，L_1C_1 呈感性；当 $f_0<f_{02}$ 时，L_2C_2 呈感性；当 $f_0>f_{03}$ 时，L_3C_3 呈容性。故当 f_{01}、f_{02}、f_{03} 满足

$$f_{01}<f_0<f_{02}，f_{03}<f_0<f_{02}$$

时，电路为电感三点式振荡器。

5.3.4 改进型电容三点式振荡器

由 5.3.2 节电容三点式振荡器的分析可知，其振荡频率不仅与谐振回路的 L、C 元件数值有关，还与晶体管的输入电容 C_{be} 和输出电容 C_{ce} 有关。当工作环境改变或更换晶体管时，振荡频率及其稳定性就要受到影响。

如何减小 C_{be} 和 C_{ce} 的影响，以提高频率稳定度呢？表面看来，加大回路电容 C_1 和 C_2 的电容量，可以减弱由于 C_{be} 和 C_{ce} 的变化对振荡频率的影响。但是这只适合于频率不太高的情况。当频率较高时，过分增大 C_1 和 C_2，必然要减小 L 的值（维持振荡频率不变）。电感 L 过小，就会导致回路的 Q 值下降，振荡幅度下降，甚至会使振荡器停振。为了减小晶体管的不稳定极间电容对振荡频率的影响，可以采用电容三点式振荡器的改进电路，即克拉泼（Clapp）振荡器和西勒（Siler）振荡器。

1. 克拉泼振荡器

1）电路结构

图 5-3-11(a)所示是克拉泼振荡器的一种实际电路，图 5-3-11(b)所示是其交流通路。与电容三点式振荡器电路相比较，克拉泼振荡器电路的特点是在回路中增加了一个与 L 串联的电容 C_3。各电容取值应满足：$C_3 \ll C_1$，$C_3 \ll C_2$，这样可使电路的振荡频率近似只与 C_3、L 有关。

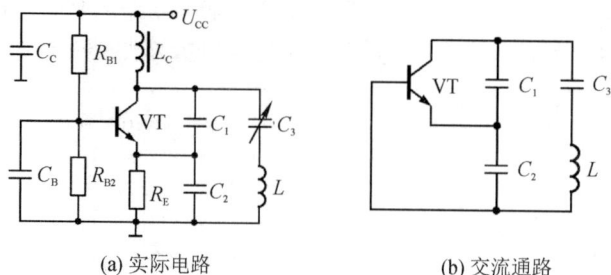

(a) 实际电路　　　　　　　　(b) 交流通路

图 5 - 3 - 11　克拉泼振荡器电路

2）振荡频率

当不考虑分布参数的影响时，由于 $C_3 \ll C_1$，$C_3 \ll C_2$，回路的总电容，即 L 两端的等效电容为

$$C = \left(\frac{1}{C_1} + \frac{1}{C_2} + \frac{1}{C_3} \right)^{-1} \approx C_3 \qquad (5-3-10)$$

当谐振回路的 Q 值较高时，克拉泼振荡器的振荡频率近似等于谐振回路的谐振频率，即

$$f_0 = \frac{1}{2\pi\sqrt{LC}} \approx \frac{1}{2\pi\sqrt{LC_3}} \qquad (5-3-11)$$

由式(5-3-11)可见，克拉泼振荡器的振荡频率几乎与 C_1、C_2 无关。

3）克拉泼振荡器的特点

（1）调节频率方便。调节 C_3 即可改变振荡频率，且几乎不影响反馈系数。

（2）频率稳定度高。由于晶体管不稳定的输入电容 C_{be} 和输出电容 C_{ce} 分别与谐振回路的电容 C_2、C_1 并联，而振荡频率与 C_1、C_2 无关，所以其频率稳定度高于电容三点式振荡器。

（3）对晶体管的 β 值要求较高。在实际应用中，先根据振荡频率决定 L、C_3 的值，然后取 C_1、C_2 远大于 C_3 即可。但当 C_1、C_2 取值过大时，放大器的等效负载电阻会明显减小，电压增益降低，振荡器会因不满足振幅起振条件而停振。

（4）振荡频率不够高。当通过减小 C_3 来提高振荡频率时，因电压增益下降，会使振荡幅度显著下降；当 C_3 减到一定程度时，振荡器可能停振。因此限制了振荡频率的提高。

（5）频率调节范围不大。克拉泼振荡器的波段覆盖系数一般为 1.2～1.3。所谓波段覆盖系数是指可以在一定波段范围内连续正常工作的振荡器的最高工作频率与最低工作频率之比。

2. 西勒振荡器

1）电路结构

为了克服克拉泼振荡器的缺点，在克拉泼振荡器电路的 L 两端并联一个电容 C_4，即构成西勒振荡器电路。图 5-3-12(a)所示是西勒振荡器的一种实际电路，图 5-3-12(b)所示是其交流通路。西勒振荡器电路中各电容取值应满足：$C_3 \ll C_1$，$C_3 \ll C_2$，$C_4 \ll C_1$，$C_4 \ll C_2$，这样可使电路的振荡频率近似只与 C_3、C_4、L 有关，C_4 用来改变振荡器的工作波段，C_3 起频率微调作用。

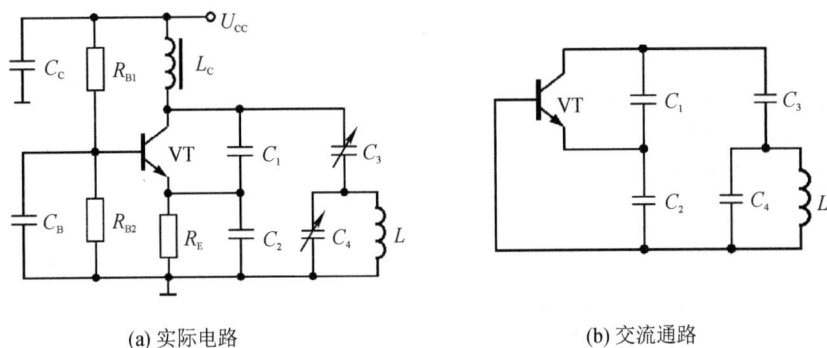

(a) 实际电路　　　　　　　　　　　　　(b) 交流通路

图 5-3-12　西勒振荡器电路

2）振荡频率

当不考虑分布参数的影响时，由于 C_3、C_4 均远小于 C_1、C_2，回路的总电容，即 L 两端的等效电容为

$$C=\cfrac{1}{\cfrac{1}{C_1}+\cfrac{1}{C_2}+\cfrac{1}{C_3}}+C_4\approx C_3+C_4 \qquad (5-3-12)$$

当谐振回路的 Q 值较高时，西勒振荡器的振荡频率近似等于谐振回路的谐振频率，即

$$f_0=\frac{1}{2\pi\sqrt{LC}}\approx\frac{1}{2\pi\sqrt{L(C_3+C_4)}} \qquad (5-3-13)$$

在西勒振荡器电路中，由于 C_4 与 L 并联，所以 C_4 的大小不影响回路的接入系数，从而使输出电压的幅度保持稳定。

3）西勒振荡器的特点

与克拉泼振荡器相比，西勒振荡器不仅频率稳定性高、输出幅度稳定、频率调节方便，而且振荡频率高、降低了对晶体管的 β 值的要求、频率调节范围增宽（振荡频率的最高值与最低值之比可达到 1.6～1.8）。因此，西勒振荡器是目前应用较广泛的一种改进型电容三点式振荡器。

▶ **练习与思考**

5-3-1　简述三点式振荡器的组成原则。

5-3-2　振荡器的交流通路分别如图 5-3-13 所示，试判断是否满足自激振荡器的相位条件。

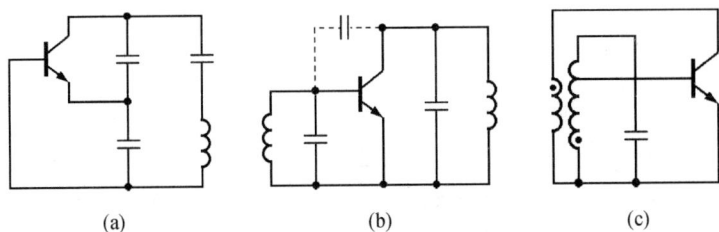

(a)　　　　　　　　　　(b)　　　　　　　　　　(c)

图 5-3-13

5-3-3 某振荡器电路如图 5-3-14 所示。已知 $C=50$ pF，$L_1=40$ μH，$L_2=10$ μH，且 L_1 与 L_2 之间的互感可忽略。

(1) 画出其交流通路，并说明振荡器的类型；

(2) 估算振荡频率；

(3) 说明 C_E、L_E 的作用。

5-3-4 某振荡器电路如图 5-3-15 所示。已知 $L=10$ μH，$C_1=2000$ pF，$C_2=4000$ pF，$C_3=100$ pF，$C_4=60/150$ pF。

(1) 画出其交流通路，并说明振荡器的类型；

(2) 估算振荡频率的范围。

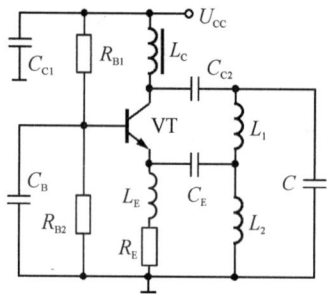
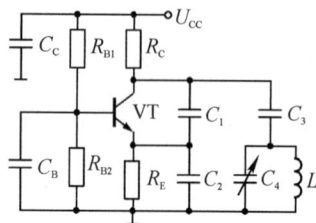

图 5-3-14   图 5-3-15

5-3-5 在图 5-3-16 所示的振荡器交流通路中，当 f_{01}、f_{02}、f_{03} 满足什么条件时，该振荡器才满足自激振荡器的相位条件？

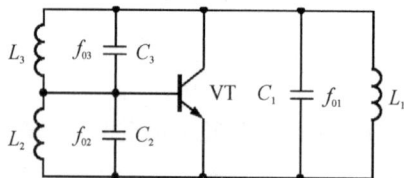

图 5-3-16

5.4 晶体振荡器

观察与思考

在 LC 振荡器中，尽管采用了各种稳频措施，但理论分析和实践都表明，其频率稳定度很难突破 10^{-5} 数量级。其根本原因在于 LC 谐振回路的性能不理想，如 Q 值不够高。

由 2.4.1 节知，石英晶体滤波器的 Q_0 可达数万以上，利用石英晶体滤波器代替一般的 LC 谐振回路，构成的"晶体振荡器"可把振荡频率稳定度提高好几个数量级。在采取一些措施后，其频率稳定度还可提高到 $10^{-9}\sim10^{-11}$ 数量级，所以得到了极为广泛的应用。

　　将石英晶体滤波器作为高 Q 值选频元件取代 LC 振荡器中由 L、C 元件组成的选频网络，就组成了石英晶体振荡器(简称晶体振荡器)。晶体振荡器的主要优点是振荡频率的稳定度很高，广泛应用于要求频率稳定度高的电子设备中。根据石英晶体滤波器在振荡器中的作用原理，晶体振荡器可分成两类：一类是将其作为等效电感元件用在三点式电路中，工作在感性区，称为并联型晶体振荡器；另一类是将其作为一个短路元件串接于正反馈支路上，工作在石英晶体滤波器的串联谐振频率上，称为串联型晶体振荡器。

5.4.1　并联型晶体振荡器

　　并联型晶体振荡器由石英晶体滤波器与外接电容器或电感线圈构成并联谐振回路，按三点式振荡器的组成原则组成振荡器，石英晶体滤波器等效为电感。并联型晶体振荡器的振荡频率只能在 $f_s < f_0 < f_p$ 范围内。目前应用最广的是类似电容三点式振荡器的皮尔斯振荡器和类似电感三点式振荡器的密勒振荡器。

1. 皮尔斯振荡器

1) 电路结构

　　图 5-4-1(a)所示为皮尔斯(Pierce)振荡器的一种实际电路，图 5-4-1(b)所示是其交流通路，其中虚线框内是石英晶体滤波器的等效电路。该电路的实质为电容三点式振荡器，其特点是将石英晶体滤波器接在晶体管集电极与基极之间，可见，石英晶体滤波器在电路中的作用是电感元件。

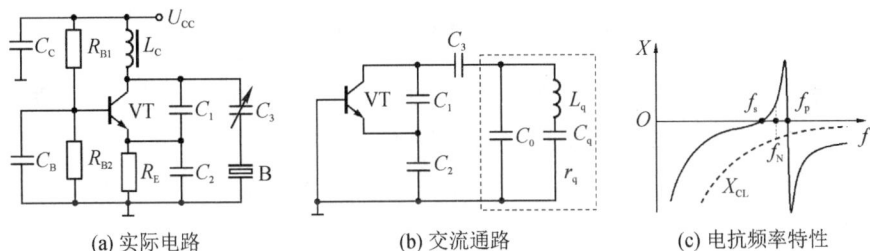

(a) 实际电路　　　　(b) 交流通路　　　　(c) 电抗频率特性

图 5-4-1　皮尔斯振荡器电路

2) 振荡频率

石英晶体滤波器的负载电容，即与石英晶体滤波器两端并联的外电路的总电容为

$$C_L = \left(\frac{1}{C_1} + \frac{1}{C_2} + \frac{1}{C_3} \right)^{-1} \tag{5-4-1}$$

回路的总电容为

$$C = \frac{C_q(C_L + C_0)}{C_q + C_L + C_0} \tag{5-4-2}$$

则振荡频率为

$$f_0 = \frac{1}{2\pi\sqrt{L_q C}} \tag{5-4-3}$$

　　在实际应用时，由于石英晶体滤波器上标出了在规定的负载电容值 C_s 时的标称频率，

则当外部电容 $C_L = C_S$ 时，振荡频率就是标称频率。例如，已知 JA5 型石英晶体滤波器的 C_S 为 30 pF、标称频率 f_N 为 1 MHz；若将 JA5 用于图 5 - 4 - 1(a)所示的电路中，由式 (5 - 4 - 1)可知，调节 C_3，使 $C_L = 30$ pF，则振荡器的振荡频率为 1 MHz。

3) 皮尔斯振荡器的特点

(1) 频率稳定度很高。由于石英晶体滤波器工作在感性区，如图 5 - 4 - 1(c)所示，其电抗频率特性很陡峭，所以其频率稳定度很高。

(2) 频率调节范围很小。由图 5 - 4 - 1(c)还可知，石英晶体滤波器的串、并联谐振频率很接近，所以频率调节范围很小。

例 5.4.1 某数字频率计晶体振荡器的实际电路如图 5 - 4 - 2(a)所示，试分析其工作情况。

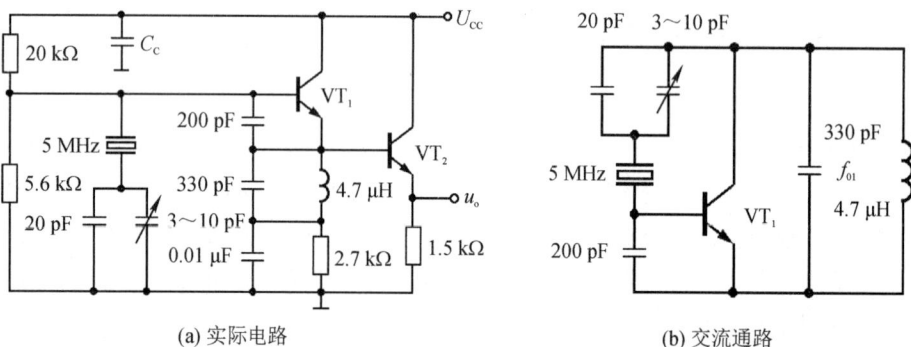

(a) 实际电路   (b) 交流通路

图 5 - 4 - 2 数字频率计晶体振荡器电路

解 晶体管 VT_1 组成电路的交流通路如图 5 - 4 - 2(b)所示，因 0.01 μF 的电容远大于 100 pF 级的电容，为高频旁路电容；VT_2 组成射极输出器。

由交流通路可见，VT_1 的 b 极与 e 极之间为 200 pF 的电容；c 极与 e 极之间为 330 pF 的电容和 4.7 μH 的电感组成的并联谐振回路，其谐振频率为

$$f_{01} = \frac{1}{2\pi\sqrt{330 \text{ pF} \times 4.7\mu\text{H}}} \approx 4 \text{ MHz}$$

而石英晶体滤波器的标称频率为 5 MHz，即电路的振荡频率为 5 MHz，故此并联谐振回路呈容性(参见图 5 - 3 - 10)；c 极与 b 极之间为 20 pF 的电容与 3~10 pF 可调电容的并联，再串联石英晶体滤波器。所以，该电路是皮尔斯振荡器电路，石英晶体滤波器等效为电感，3~10 pF 的可调电容起微调频率的作用，可使振荡器工作在石英晶体滤波器的标称频率 5 MHz 上。

2. 密勒振荡器

图 5 - 4 - 3(a)所示为由场效应管组成的密勒(Miller)振荡器的实际电路，图 5 - 4 - 3(b)所示为其交流通路。该电路的实质为电感三点式振荡器，其特点是将石英晶体滤波器接在场效应管的栅极与源极之间，石英晶体滤波器在电路中的作用为电感元件，所以由 L、C_1 组成的并联谐振回路应呈感性。

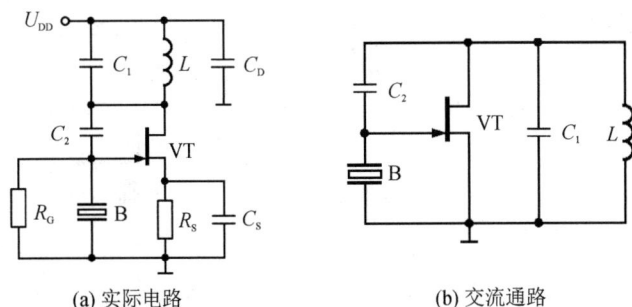

(a) 实际电路　　　　　　　　(b) 交流通路

图 5 - 4 - 3　密勒振荡器电路

密勒振荡器电路通常不采用晶体管,是因为石英晶体滤波器与电路的输入阻抗相并联,而晶体管的输入阻抗太小,会降低回路的 Q 值,从而降低了振荡器的频率稳定性,所以采用输入阻抗高的场效应管。

5.4.2　串联型晶体振荡器

串联型晶体振荡器的特点是石英晶体滤波器工作在串联谐振频率 f_s 上,并作为交流短路元件串联在反馈支路中。

串联型晶体振荡器的实际电路如图 5 - 4 - 4(a)所示,图 5 - 4 - 4(b)所示为其交流通路。该电路的实质为电容三点式振荡器,C_1、C_2、L 组成的并联谐振回路既为负载,也为选频网络。与一般的电容三点式振荡器电路相比,串联型晶体振荡器电路在选频网络和晶体管发射极之间多了一个石英晶体滤波器 B。

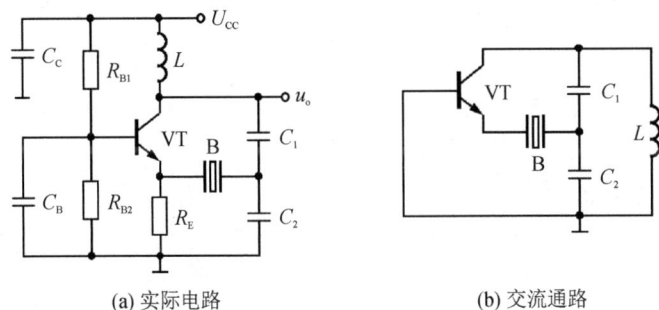

(a) 实际电路　　　　　　　　(b) 交流通路

图 5 - 4 - 4　串联型晶体振荡器电路

显然,石英晶体滤波器只对频率为 f_s 的信号呈现出短路的性质,即频率为 f_s 的信号才能形成强烈的正反馈,所以该电路的振荡频率 f_0 为石英晶体滤波器的串联谐振频率 f_s。

应该注意,由 C_1、C_2、L 组成的并联谐振回路的谐振频率为

$$f_{01} = \cfrac{1}{2\pi\sqrt{L\cfrac{C_1 C_2}{C_1 + C_2}}}$$

那么 C_1、C_2、L 的取值应尽量使 f_{01} 和 f_s 相等,若它们之间差别过大,电路将无法起振。

例 5.4.2　由集成运算放大器构成的两个晶体振荡器电路如图 5 - 4 - 5 所示,试分别分析其工作情况。

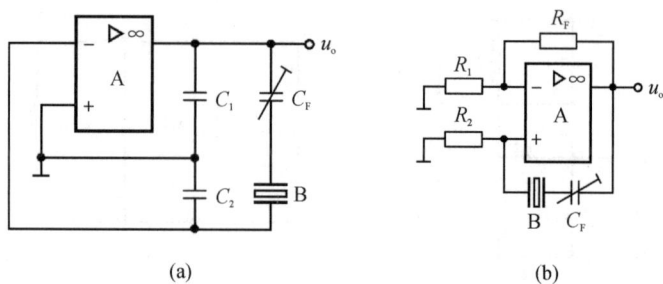

图 5-4-5　例 5.4.2 电路

解　在图 5-4-5(a)所示电路中，与集成运算放大器同相输入端相连的是 C_1 和 C_2、反相输入端与输出端之间是石英晶体滤波器 B 和 C_F，所以该电路为并联型晶体振荡器，即皮尔斯振荡器，石英晶体滤波器在电路中的作用为电感元件，振荡频率由石英晶体滤波器决定。当 C_1、C_2、C_F 的串联值等于规定的负载电容值 C_S 时，振荡频率为石英晶体滤波器的标称频率。

在图 5-4-5(b)所示电路中，R_F 引入了负反馈，起稳幅作用；石英晶体滤波器 B 和 C_F 引入了正反馈，起选频作用。当负反馈弱于正反馈时，电路发生振荡。所以该电路为串联型晶体振荡器，石英晶体滤波器在电路中的作用为短路元件，振荡频率由石英晶体滤波器 B 和微调电容 C_F 决定。当 C_F 等于规定的负载电容值 C_S 时，振荡频率为石英晶体滤波器的标称频率。

练习与思考

5-4-1　晶体振荡器的主要优点是_____；但其频率调节范围很_____。

5-4-2　石英晶体滤波器在振荡器中有两种用法：在并联型晶体振荡器中，石英晶体滤波器相当于_____元件，其工作频率在_____$<f<$_____范围内；在串联型晶体振荡器中，石英晶体滤波器相当于_____元件，其工作频率为_____。

5-4-3　某 JA8 石英晶体滤波器的标称频率为 5 MHz，负载电容为 30 pF。当外接电容等于 30 pF 时，其工作频率_____5 MHz；当外接电容大于 30 pF 时，其工作频率_____5 MHz。

5.5　RC 振荡器

观察与思考

要产生频率较低的正弦波信号，如几千赫以下，是否可用 LC 振荡器或晶体振荡器？

　　若用 LC 振荡器产生低频振荡信号，则需要电感 L 和电容 C 的取值都较大，这不仅使 Q 值难以提高，而且因元件体积增大，安装和调试都很不方便。

　　若用晶体振荡器，则需要石英晶体滤波器有较低的谐振频率。而石英晶体滤波器的谐振频率一般在几百千赫以上，这是由其物理特性决定的。

　　因此，通常选用 RC 振荡器产生低频正弦波信号。

　　RC 振荡器采用 RC 电路作为选频网络，主要用于产生几赫兹到几十千赫兹的低频正弦波信号。

5.5.1　RC 选频网络

　　基本的 RC 选频网络有 RC 超前移相电路、RC 滞后移相电路和 RC 串并联选频电路三种。

1. RC 超前移相电路

　　图 5-5-1(a)所示为 RC 超前移相电路，其实质为 RC 高通滤波器，因其输出电压 u_2 超前输入电压 u_1，在特别关注相位关系时，又称为超前移相电路，其传输系数为

$$H(j\omega)=\frac{\dot{U}_2}{\dot{U}_1}=\frac{R}{R+\dfrac{1}{j\omega C}}=\frac{1}{1+\dfrac{1}{j\omega RC}}=\frac{1}{1-j\dfrac{\omega_0}{\omega}} \qquad (5-5-1)$$

其中，$\omega_0=\dfrac{1}{RC}$ 为截止频率，由式(5-5-1)可得到 RC 超前移相电路的幅频特性和相频特性分别为

$$H(\omega)=\frac{1}{\sqrt{1+\left(\dfrac{\omega_0}{\omega}\right)^2}} \qquad (5-5-2a)$$

$$\varphi(\omega)=\arctan\frac{\omega_0}{\omega} \qquad (5-5-2b)$$

则 RC 超前移相电路的幅频特性和相频特性如图 5-5-1(b)和(c)所示。

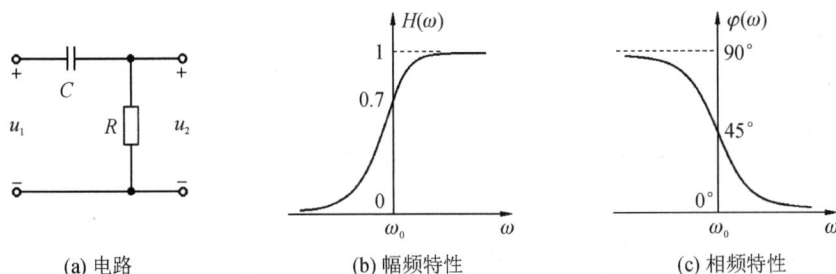

　　(a) 电路　　　　　　　　(b) 幅频特性　　　　　　　　(c) 相频特性

图 5-5-1　RC 超前移相电路

2. RC 滞后移相电路

　　图 5-5-2(a)所示为 RC 滞后移相电路，其实质为 RC 低通滤波器，因其输出电压 u_2

滞后输入电压 u_1，在特别关注相位关系时，又称为滞后移相电路，其传输系数为

$$H(j\omega) = \frac{\dot{U}_2}{\dot{U}_1} = \frac{\frac{1}{j\omega C}}{R + \frac{1}{j\omega C}} = \frac{1}{1 + j\omega RC} = \frac{1}{1 + j\frac{\omega}{\omega_0}} \qquad (5-5-3)$$

其中，$\omega_0 = \frac{1}{RC}$ 为截止频率，由式(5-5-3)可得到 RC 滞后移相电路的幅频特性和相频特性分别为

$$H(\omega) = \frac{1}{\sqrt{1 + \left(\frac{\omega}{\omega_0}\right)^2}} \qquad (5-5-4a)$$

$$\varphi(\omega) = -\arctan\frac{\omega}{\omega_0} \qquad (5-5-4b)$$

则 RC 滞后移相电路的幅频特性和相频特性如图 5-5-2(b)和(c)所示。

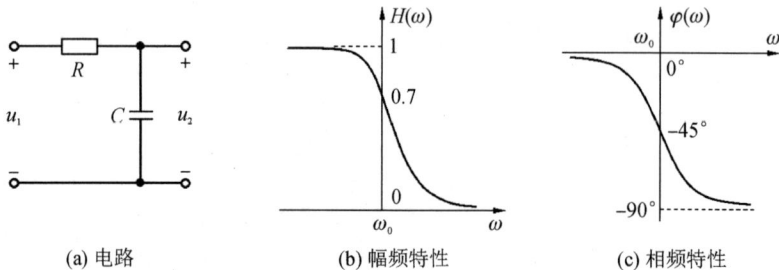

(a) 电路　　　　　　(b) 幅频特性　　　　　(c) 相频特性

图 5-5-2　RC 滞后移相电路

3. RC 串并联选频电路

图 5-5-3(a)所示为 RC 串并联选频电路，可视为 RC 超前与滞后移相电路的结合。

当频率很低时，有 $\frac{1}{\omega C} \gg R$，RC 串联电路中的 R 可视为短路，RC 并联电路中的 C 可视为开路，RC 串并联选频电路可等效为超前移相电路，即低频信号被滤除，且在 $\omega_0 = \frac{1}{RC}$ 处相位超前 45°。

当频率很高时，有 $\frac{1}{\omega C} \ll R$，RC 串联电路中的 C 可视为短路，RC 并联电路中的 R 可视为开路，RC 串并联选频电路可等效为滞后移相电路，即高频信号被滤除，且在 $\omega_0 = \frac{1}{RC}$ 处相位滞后 45°。

由上述分析可知，低于和高于 ω_0 的信号均被滤除，在 ω_0 处，等效的超前与滞后移相电路产生的相移相互抵消，所以 ω_0 处的相移为 0°。

RC 串并联选频电路传输系数为

$$H(\mathrm{j}\omega)=\frac{\overset{\cdot}{U_2}}{\overset{\cdot}{U_1}}=\frac{\dfrac{R}{1+\mathrm{j}\omega RC}}{R+\dfrac{1}{\mathrm{j}\omega C}+\dfrac{R}{1+\mathrm{j}\omega RC}}=\frac{1}{3+\mathrm{j}\left(\omega RC-\dfrac{1}{\omega RC}\right)}\qquad(5-5-5)$$

$$=\frac{1}{3+\mathrm{j}\left(\dfrac{\omega}{\omega_0}-\dfrac{\omega_0}{\omega}\right)}$$

其中，$\omega_0=\dfrac{1}{RC}$ 为振荡频率，由式(5-5-5)可得到 RC 串并联选频电路的幅频特性和相频特性分别为

$$H(\omega)=\frac{1}{\sqrt{3+\left(\dfrac{\omega}{\omega_0}-\dfrac{\omega_0}{\omega}\right)^2}}\qquad(5-5-6\mathrm{a})$$

$$\varphi(\omega)=-\arctan\frac{1}{3}\left(\frac{\omega}{\omega_0}-\frac{\omega_0}{\omega}\right)\qquad(5-5-6\mathrm{b})$$

RC 串并联选频电路的幅频特性和相频特性如图 5-5-3(b)和(c)所示。

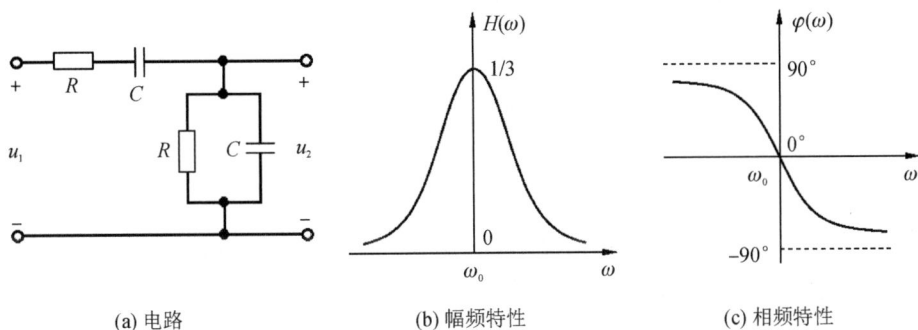

| (a) 电路 | (b) 幅频特性 | (c) 相频特性 |

图 5-5-3　RC 串并联选频电路

上述三种 RC 选频网络都具有负斜率的相频特性，满足振荡器的相位稳定条件。

5.5.2　RC 振荡器电路

采用超前或滞后移相电路作为选频网络的 RC 振荡器称为 RC 相移振荡器，采用串并联选频电路作为选频网络的 RC 振荡器称为文氏电桥振荡器。

1. RC 相移振荡器

由 RC 超前或滞后移相电路的特性可知，一节超前或滞后移相电路实际能产生的相移量小于 90°(当相移为 90° 时，传输系数为 0)，故至少需要三节 RC 移相电路才能产生 180° 相移。由三节移相电路和反相放大器就可以组成正反馈振荡器。

图 5-5-4 所示为采用超前移相电路构成的 RC 相移振荡器电路，图 5-5-4(a)中的晶体管接成共发射极放大器，图 5-5-4(b)中的集成运算放大器接成反相放大器，它们都可以提供 -180° 的相移，当三节 RC 超前移相电路提供 180° 相移时，环路满足相位平衡条件。其中，图 5-5-4(a)中的第三节 RC 电路中的 R 由晶体管放大器的输入电阻取代。

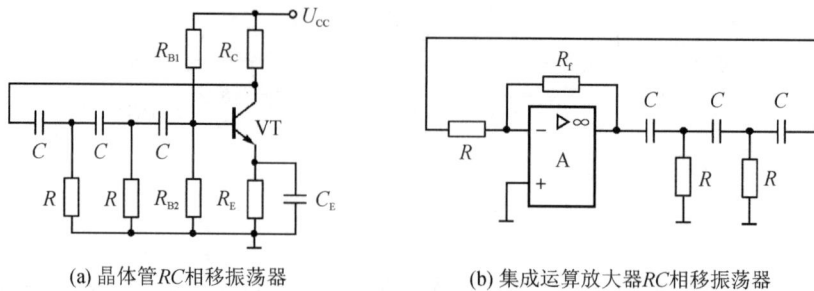

(a) 晶体管 RC 相移振荡器　　　　　　(b) 集成运算放大器 RC 相移振荡器

图 5 - 5 - 4　RC 相移振荡器电路

对于图 5 - 5 - 4(a) 所示的晶体管 RC 相移振荡器电路，当忽略晶体管的输出电阻 r_{ce}，且 $R_C = R \gg R_i$ (此处 R_i 为 R_{B1}、R_{B2}、r_{be} 的并联电阻) 时，可以证明其振荡频率和起振条件分别为

$$f_0 \approx \frac{1}{2\pi\sqrt{6}RC} \tag{5-5-7}$$

$$A \geqslant 29 \tag{5-5-8}$$

对于图 5 - 5 - 4(b) 所示的集成运算放大器 RC 相移振荡器电路，可以证明其振荡频率和起振条件分别为

$$f_0 = \frac{1}{2\pi\sqrt{6}RC} \tag{5-5-9}$$

$$\frac{R_f}{R} \geqslant 29 \tag{5-5-10}$$

RC 相移振荡器结构简单，但调节频率不方便，且输出波形不好，频率稳定度低，因而只能用于技术指标要求不高的固定频率振荡器中。

2. 文氏电桥振荡器

文氏电桥振荡器是常用的 RC 振荡器，其主要优点是振荡频率范围很宽，可以从几赫兹到几百千赫兹，远大于 LC 振荡器的频率可调范围；此外，这种振荡器还具有电路简单、调整方便、波形失真系数较小等优点。

图 5 - 5 - 5 所示为文氏电桥振荡器电路，虚框里的电路接成了电桥形式，所以文氏电桥振荡器又称为 RC 桥式振荡器。在该电路中，由集成运算放大器 (简称运放) 的输出端至输入端有两条通路，一条通路是经过 RC 串并联选频网络并加到运放同相输入端的信号，为正反馈；另一条通路是经过 R_t 和 R_1 并加到运放反相输入端的信号，为负反馈。其中，R_t 为热敏电阻，在起振时 R_t 较大，可满足振幅起振条件；在起振后，R_t 因通电而升温，其电阻减小，可满足振幅平衡条件。

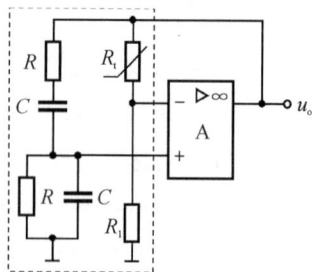

图 5 - 5 - 5　文氏电桥振荡器电路

由 RC 串并联选频电路的特性可知，当 $f = f_0 = \dfrac{1}{2\pi RC}$ 时，

文氏电桥振荡器电路满足相位条件；此时，RC 串并联选频电路的传输系数 (即电路的反馈系数) 为 $1/3$，故起振条件为 $A \geqslant 3$。所以，文氏电桥振荡器的振荡频率和起振条件分别为

$$f_0 = \frac{1}{2\pi RC} \qquad (5-5-11)$$

$$\frac{R_t}{R_1} \geqslant 2 \qquad (5-5-12)$$

例 5.5.1　由 RC 串并联选频网络组成的振荡器电路如图 $5-5-6$ 所示，已知 $R=1\ \text{k}\Omega$，$C=200\ \text{pF}$，$R_1=10\ \text{k}\Omega$。试判断该电路类型，说明起振条件，并计算其振荡频率。

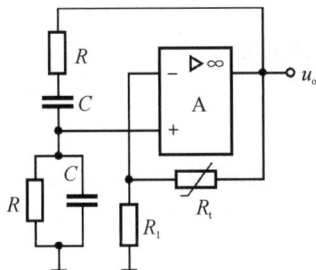

图 $5-5-6$　例 5.5.1 电路

解　对比图 $5-5-6$ 与图 $5-5-5$ 所示电路，发现两电路完全相同，即该电路为文氏电桥振荡器。

由式 $(5-5-12)$ 和式 $(5-5-11)$ 可知，其起振条件和振荡频率分别为

$$R_t \geqslant 2R_1 = 2\times 10\ \text{k}\Omega = 20\ \text{k}\Omega$$

$$f_0 = \frac{1}{2\pi RC} = \frac{1}{2\pi \times 1\ \text{k}\Omega \times 200\ \text{pF}} = 795.8\ \text{kHz}$$

由于 RC 振荡器的振荡频率取决于 R 和 C 的取值，若要得到较高的振荡频率，必须减小 R 和 C 的值。但是，R 的减小将使放大电路的负载加重，而 C 的减小又使电路的结电容、分布电容的影响增大。因此，RC 振荡器只用于低频振荡器（一般低于 $1\ \text{MHz}$）。当要求振荡频率高于 $1\ \text{MHz}$ 时，一般都采用 LC 振荡器。

练习与思考

$5-5-1$　有人认为单级 RC 电路的最大相移为 $90°$，若要求 $180°$ 的相移，用两级 RC 电路就能够实现。这个说法是否正确？为什么？

$5-5-2$　两个 RC 振荡器电路如图 $5-5-7$(a)、(b) 所示，试判断两个电路能否振荡，并简述理由。若不能振荡，请改正。

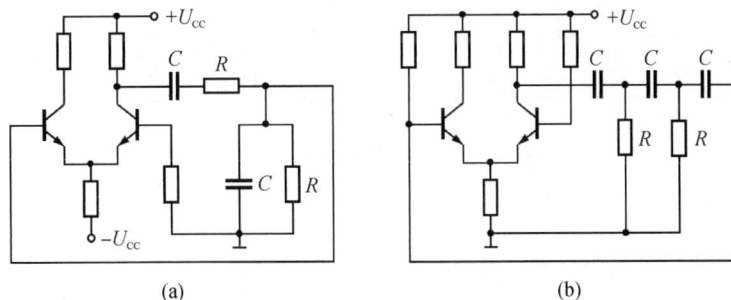

(a)　　　　　　(b)

图 $5-5-7$

5.6 技 能 训 练

5.6.1 电容三点式振荡器的测试

1. 实验目的

(1) 理解电容三点式 LC 振荡器电路的基本原理,熟悉各元件功能;

(2) 熟悉西勒振荡器电路的特点;

(3) 掌握测量频率的方法。

2. 实验内容

用示波器观察振荡器输出电压波形,测量其峰峰值 U_{pp} 和振荡频率 f_0。

3. 实验器材

双踪示波器,万用表,实验模块 6(LC 振荡器)。

4. 实验电路

实验电路如图 5-6-1 所示,电路由两级放大器组成。其中,6Q01 组成西勒振荡器(电容三点式振荡器);发射极到基极之间为 6C04、6C05、6C07,发射极到集电极之间为 6C02、6C03,集电极到基极之间为 6C08、6C09、6C10、6L01;6W01、6R01、6R02、6R03 组成分压偏置电路,6C01 为旁路电容;6R04、6R10、6R11、6R12 为负载电阻。6Q02 组成共集电极放大器,起缓冲作用;6R15、6W03 组成固定偏置电路;6C15 为隔直耦合电容。

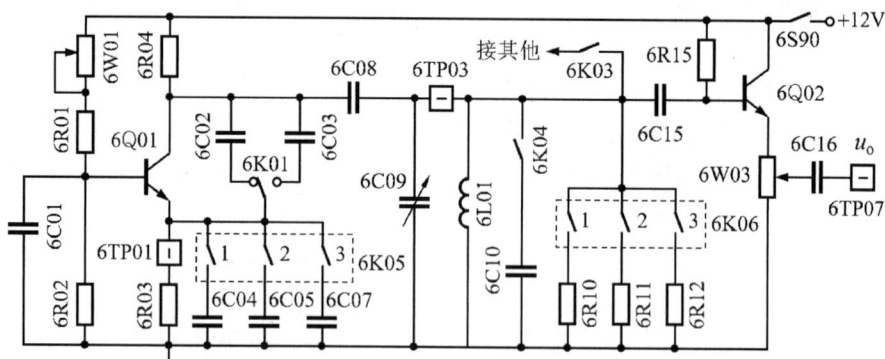

图 5-6-1 技能训练 5.6.1 电路

5. 注意事项

(1) 如果在开关转换中停振,可调整 6W01,使电路恢复振荡。

(2) 为准确反映电容变化对振荡频率的影响,记录振荡频率时小数点后至少取 3 位。

6. 实验步骤

(1) 实验准备。

① 跳线开关 6K01 接左端，6K05 接 1 位；断开 6K03、6K04、6K06。

② 打开实验箱电源，按下实验板电源开关 6S90，点亮电源指示灯，接通 12 V 电源。

③ 调节 6W01，使 6Q01 基极的直流电位为 4 V 左右。

④ 示波器接 6TP07，调节 6W03，使输出电压 u_o 的失真较小。

(2) 西勒振荡器电路的测量。

① 调节 6C09 可调电容，测量并记录振荡频率 f_0 变化范围。

$f_{0\max} = $ _____ MHz，$f_{0\min} = $ _____ MHz。

② 调节 6C09 可调电容，使输出频率为 3.5 MHz。

③ 将 6K05 跳线开关按不同组合分别接 1、2、3 位，分别测量对应的 f_0 和 U_{pp}，记入表 5-6-1 中。

表 5-6-1　电容变化对振荡频率及幅度的影响(1)

6K05	接 1	接 2	接 3	接 1+2	接 1+3	接 2+3	接 1+2+3
f_0/MHz							
U_{pp}/V							

④ 接通 6K04，将 6K05 跳线开关按不同组合分别接 1、2、3 位，测量对应的 f_0 和 U_{pp}，记入表 5-6-2 中。

表 5-6-2　电容变化对振荡频率及幅度的影响(2)

6K05	接 1	接 2	接 3	接 1+2	接 1+3	接 2+3	接 1+2+3
f_0/MHz							
U_{pp}/V							

⑤ 6K01 接右端，断开 6K04，将 6K05 跳线开关按不同组合分别接 1、2、3 位，测量对应的 f_0 和 U_{pp}，记入表 5-6-3 中。

表 5-6-3　电容变化对振荡频率及幅度的影响(3)

6K05	接 1	接 2	接 3	接 1+2	接 1+3	接 2+3	接 1+2+3
f_0/MHz							
U_{pp}/V							

⑥ 6K01 接右端，接通 6K04，将 6K05 跳线开关按不同组合分别接 1、2、3 位，测量对应的 f_0 和 U_{pp}，记入表 5-6-4 中。

表 5 - 6 - 4 电容变化对振荡频率及幅度的影响(4)

6K05	接 1	接 2	接 3	接 1+2	接 1+3	接 2+3	接 1+2+3
f_0/MHz							
U_{pp}/V							

7. 总结与思考

(1) 整理实验数据，撰写实验报告。

(2) 若出现停振，输出是什么现象？如何调节电路使电路恢复振荡？

(3) 归纳连接各电容对振荡频率 f_0 的影响。

5.6.2 晶体振荡器的测试

1. 实验目的

(1) 理解并联型晶体振荡器的工作原理；

(2) 了解静态工作点、负载电阻、负载电容对晶体振荡器工作的影响。

2. 实验内容

在不同工作条件下，观察并测量振荡器输出电压峰峰值 U_{pp} 和振荡频率 f_0。

3. 实验器材

双踪示波器，万用表，实验模块 7(晶体振荡器板)。

4. 实验电路

实验电路如图 5 - 6 - 2 所示，电路由三级放大器组成。其中，7Q01 组成皮尔斯振荡器(并联型晶体振荡器)；发射极到基极之间为 7C03 与 7C05 的串联，发射极到集电极之间为 7C06，集电极到基极之间为 7C01 与 7C02 的并联、再串联石英晶体滤波器 7Y01；7W01、7R01、7R02、7R05 组成分压偏置电路，7C05 为旁路电容；7R03、7R06、7R07、7R08 为负载电阻。6Q02 组成共集电极放大器，起缓冲作用；7R09、7R10 组成固定偏置电路；7C08 为隔直耦合电容。集成运算放大器组成反相放大器。

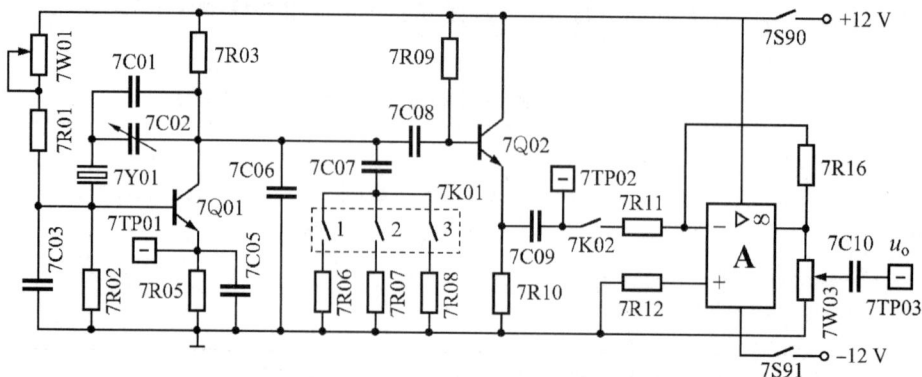

图 5 - 6 - 2 技能训练 5.6.2 电路

5. 注意事项

为准确反映电容变化对振荡频率的影响，记录振荡频率时小数点后至少取 6 位。

6. 实验步骤

（1）实验准备。

① 接通跳线开关 7K02；断开 7K01 中的 1、2、3 位。

② 打开实验箱电源，按下实验板电源开关 7S90、7S91，接通 ±12 V 电源。

③ 调节 7W01，使 7Q01 基极的直流电位为 3.5 V 左右。

④ 示波器接 7TP03，顺时针调节 7W03 到最大，观察输出电压 u_o 波形。

（2）观察静态工作点对晶体振荡器的影响。

调节 7W01，改变 7Q01 基极的直流电位 U_B，测量对应的 f_0 和 U_{pp}，记入表 5-6-5 中。

表 5-6-5　静态工作点变化对晶体振荡器的影响

U_B/V	3.5	3.7	3.9	4.1	4.3	4.5
f_0/MHz						
U_{pp}/V						

（3）观察负载对晶体振荡器的影响。保持 7Q01 基极的直流电位为 4.5 V，将 7K01 跳线开关按不同组合分别接 1、2、3 位，测量对应的 f_0 和 U_{pp}，记入表 5-6-6 中。

表 5-6-6　负载变化对晶体振荡器的影响

7K01	接 1	接 2	接 3	接 1+2	接 1+3	接 2+3	接 1+2+3
f_0/MHz							
U_{pp}/V							

（4）观察负载电容对晶体振荡器的影响。

① 保持 7Q01 基极的直流电位为 4.5 V，断开 7K01 中的 1、2、3 位。

② 调整可调电容器 7C02，测量 f_0 的变化范围和对应的 U_{pp}，记入表 5-6-7 中。

表 5-6-7　负载电容变化对晶体振荡器的影响

	f_{0max}	f_{0min}
f_0/MHz		
U_{pp}/V		

7. 总结与思考

（1）整理实验数据，撰写实验报告。

（2）归纳静态工作点、负载电阻、负载电容对振荡频率 f_0 的影响。

小　结

1. 正弦波振荡器

正弦波振荡器是产生正弦波信号的装置，是各类电子设备中的重要组成部分。

振荡器的主要技术指标有振荡频率和频率稳定度。

2. 振荡器的组成和分类

反馈型正弦波振荡器由放大器、反馈网络和选频网络组成。放大器用于维持振荡，反馈网络形成正反馈，选频网络决定振荡频率。

根据选频网络所采用的元件，可分为 LC 振荡器、RC 振荡器和晶体振荡器。

3. 振荡条件

振荡器必须满足起振条件、平衡条件和稳定条件才能正常工作。

起振条件 $\begin{cases} 振幅起振条件：AF > 1 \\ 相位起振条件：\varphi_A + \varphi_F = 2n\pi \quad (n = 0,1,2,\cdots) \end{cases}$

平衡条件 $\begin{cases} 振幅平衡条件：AF = 1 \\ 相位平衡条件：\varphi_A + \varphi_F = 2n\pi \quad (n = 0,1,2,\cdots) \end{cases}$

稳定条件 $\begin{cases} 振幅稳定条件：AF 在 \omega_0 附近有负斜率 \\ 相位稳定条件：\varphi_A + \varphi_F 在 \omega_0 附近有负斜率 \end{cases}$

4. LC 振荡器

LC 振荡器以 LC 谐振回路作为选频网络，主要用来产生 $100\ kHz$ 以上的高频正弦信号。三点式振荡器是应用最广泛的 LC 振荡器。

（1）三点式振荡器的组成原则："射同余异"，即 X_{be}、X_{ce} 电抗性质相同，且与 X_{bc} 电抗性质相反。

（2）两种基本电路：在电容三点式振荡器中，与发射极相连的两个电抗元件呈容性；在电感三点式振荡器中，与发射极相连的两个电抗元件呈感性。

（3）振荡频率：

$$f_0 = \frac{1}{2\pi\sqrt{LC}}$$

其中，L 和 C 分别是回路的总电感和总电容。

（4）改进型电容三点式振荡器：可减小寄生电容对回路的影响，提高频率稳定度，使调节频率更方便。

克拉泼振荡器：频率调节范围小，适用于振荡频率固定的场合。

西勒振荡器：频率调节范围大，适用于振荡频率变化较大的场合。

5. 晶体振荡器

晶体振荡器以石英晶体滤波器作为高 Q 值选频网络，主要优点是频率稳定度很高，但频率调节范围小。

（1）并联型晶体振荡器：石英晶体滤波器等效为电感元件，工作在 $f_s \sim f_p$ 的感性区。

（2）串联型晶体振荡器：石英晶体滤波器等效为短路元件，工作于 f_s 频率上。

6. RC 振荡器

RC 振荡器以 RC 电路作为选频网络，主要用来产生低于 1 MHz 的低频正弦信号。由集成运算放大器组成的文氏电桥振荡器是常用的 RC 振荡器。

7. 常见正弦波振荡器的性能比较

振荡器类型	适用频率	频率稳定度	振荡波形	频率调节范围	特　点
文氏电桥振荡器	1 MHz 以下	$10^{-2} \sim 10^{-3}$	差	宽	低频信号发生器
变压器耦合振荡器	几千赫至几十兆赫	$10^{-2} \sim 10^{-4}$	一般	宽	易起振、结构简单
电感三点式振荡器	几千赫至几十兆赫	$10^{-2} \sim 10^{-4}$	差	宽	易起振、输出幅度大
电容三点式振荡器	几兆赫至几百兆赫	$10^{-3} \sim 10^{-4}$	好	小范围	常采用改进型电路
晶体振荡器	100 kHz～100 MHz	$10^{-5} \sim 10^{-11}$	好	极小	用于精密设备中

测　试　题

5-1　填空题

1. 只有＿＿＿＿反馈才能产生自激振荡。

2. 要使振荡器正常工作，必须满足＿＿＿＿条件、＿＿＿＿条件和＿＿＿＿条件。

3. 正弦波振荡器一般由＿＿＿＿、＿＿＿＿和＿＿＿＿三部分组成。

4. RC 振荡器用＿＿＿＿电路作为选频网络，LC 振荡器用＿＿＿＿作为选频网络。

5. 产生自激振荡的振幅、相位条件分别为＿＿＿＿、＿＿＿＿。

6. 三点式振荡器的组成原则为：X_{be} 与＿＿＿＿电抗性质相同，X_{be} 与＿＿＿＿电抗性质相反。

7. 与电感三点式振荡器相比较，电容三点式振荡器的工作频率＿＿＿＿，频率稳定度＿＿＿＿，输出信号的波形＿＿＿＿，谐波成分＿＿＿＿。

8. 振荡器电路如图 T5-1 所示。

图 T5-1(a)电路属于＿＿＿＿振荡器，其中，C_1 是＿＿＿＿电容，C_2 是＿＿＿＿电容，C_3 是＿＿＿＿电容，C_5 是＿＿＿＿电容。

图 T5-1(b)电路属于＿＿＿＿振荡器，其中，L_1 是＿＿＿＿电感，L_2 是＿＿＿＿电感，C_6 是＿＿＿＿电容。

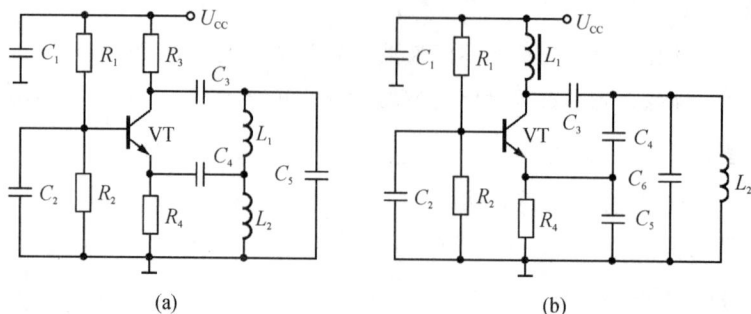

(a)　　　　　　　　　　　　　(b)

图 T5 - 1

9. 要产生较高频率的正弦波信号应采用_____振荡器，要产生较低频率的正弦波信号应采用_____振荡器，要产生频率稳定度高的正弦波信号应采用_____振荡器。

10. 在串联型晶体振荡器中，石英晶体滤波器起_____元件作用，工作频率为_____。

5 - 2　单选题

1. 正弦波振荡器中选频网络的作用是(　　　)。

A. 产生单一频率的信号　　　　　　B. 产生频率丰富的信号

C. 保证电路能够起振　　　　　　　D. 提高输出信号的幅度

2. 与电感三点式振荡器相比较，电容三点式振荡器的(　　　)。

A. 输出波形更差　　　　　　　　　B. 振荡频率范围宽

C. 振荡频率更高　　　　　　　　　D. 起振更容易

3. 与电容三点式振荡器相比较，电感三点式振荡器的(　　　)。

A. 输出波形更好　　　　　　　　　B. 振荡频率范围更宽

C. 振荡频率更高　　　　　　　　　D. 频率稳定度更高

4. 与 LC 振荡器相比较，晶体振荡器的频率调节范围(　　　)。

A. 为零　　　　　B. 极窄　　　　　C. 较窄　　　　　D. 较宽

5. 石英晶体滤波器的串、并联谐振频率分别为 f_s 和 f_p，当其工作频率为(　　　)时，可等效为电感元件。

A. $f<f_s$　　　　B. $f=f_s$　　　　C. $f_s<f<f_p$　　　D. $f>f_p$

6. 若要产生 100 Hz 的正弦波信号，应选用(　　　)振荡器。

A. 负阻　　　　B. 晶体　　　　C. LC　　　　D. RC

7. 电路如图 T5 - 2 所示，以下说法正确的是(　　　)。

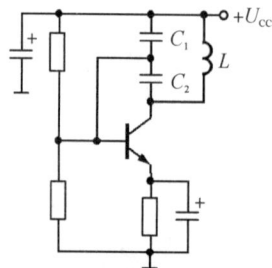

图 T5 - 2

A. 该电路可以振荡

B. 该电路不能振荡，因为不满足振幅条件

C. 该电路不能振荡，因为不满足相位条件

D. 该电路不能振荡，因为不满足稳定条件

8. 电路如图 T5-3 所示，以下说法正确的是（　　）。

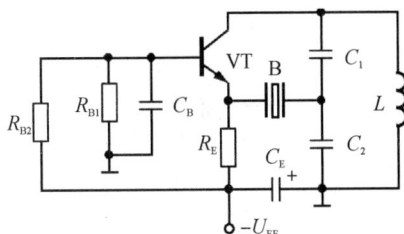

图 T5-3

A. 该电路的振荡频率由晶体决定，因此 $C_1 C_2 L$ 可以任意取值

B. 该电路的振荡频率由 $C_1 C_2 L$ 决定，与晶体无关

C. 该电路是并联型晶体振荡器，振荡频率由石英晶体滤波器决定

D. 该电路是串联型晶体振荡器，振荡频率由石英晶体滤波器决定

9. 在振荡器实验中，若出现停振，常调高晶体管的基极电位，使电路重新振荡，其原理是（　　）。

A. 增大 A，使电路重新满足振幅起振条件

B. 减小 A，使电路重新满足振幅平衡条件

C. 增大 φ_A，使电路重新满足相位起振条件

D. 减小 φ_A，使电路重新满足相位平衡条件

5-3　判断题

1. 对振荡器的主要要求是输出信号的频率准确、稳定、单一。　　　　　　　　　（　　）

2. 只要引入正反馈，放大器就能产生自激振荡。　　　　　　　　　　　　　　　（　　）

3. 当石英晶体滤波器的工作频率为 $f < f_s$ 和 $f > f_p$ 时，石英晶体呈容性，所以它在振荡器中也可以等效为电容性元件来使用。　　　　　　　　　　　　　　　　　　（　　）

4. 要产生 1 MHz 的正弦信号可采用晶体振荡器，也可采用 LC 振荡器。　　　　（　　）

5. 判断图 T5-4 所示各电路能否振荡。若不能振荡，请修改电路，并写出各振荡频率表达式。

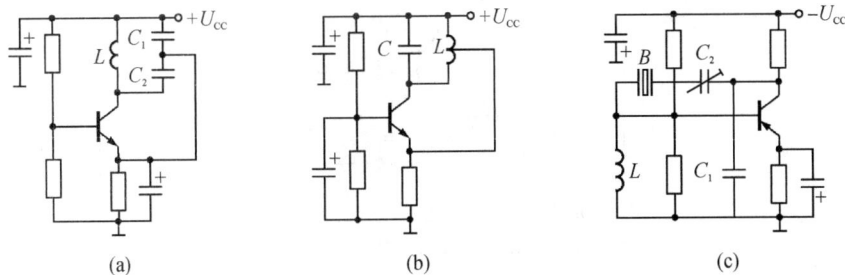

(a)　　　　　　　　　　　　(b)　　　　　　　　　　　　(c)

图 T5-4

5-4 分析计算题

1. 振荡器电路如图 T5-5 所示，已知：$L_1 = 4\ \mu H$，$L_2 = 25\ \mu H$，$C = 100\ pF$。

(1) 判断该电路是否能产生振荡，若能振荡，试估算振荡频率；

(2) 分别说明 C_C、C_E 的作用。

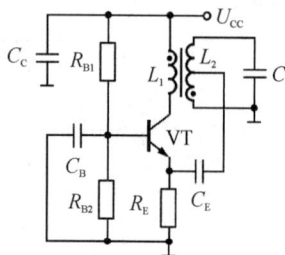

图 T5-5

2. 振荡器电路如图 T5-6 所示，已知 $C_1 = 400\ pF$，$C_2 = 800\ pF$，$C_3 = 16/25\ pF$，$L = 4\mu H$。

(1) 画出交流通路，并说明振荡器的类型；

(2) 估算振荡频率的范围；

(3) 若想提高输出电压的幅度，应如何改进电路？

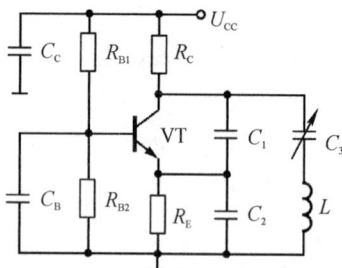

图 T5-6

3. 振荡器电路如图 T5-7 所示。

(1) 画出交流通路，并说明振荡器的类型；

(2) 忽略分布电容的影响，计算振荡频率；

(3) 说明 1500 pF 电容的作用。

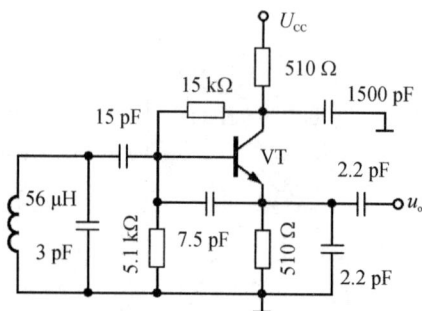

图 T5-7

4. 振荡器电路如图 T5 - 8 所示。

(1) 画出交流通路，并说明振荡器的类型；

(2) 说明石英晶体振荡器在电路中的作用；

(3) 说明 1 mH 电感的作用。

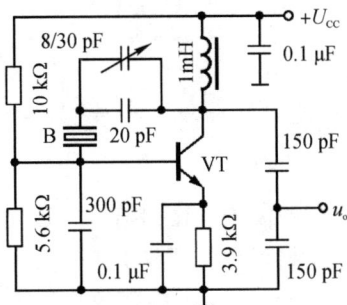

图 T5 - 8

5. 文氏电桥振荡器电路如图 T5 - 9 所示，灯泡是正温度系数的非线性器件。

(1) 试指出集成运算放大器输入端的极性；

(2) 简要说明电路的稳幅原理。

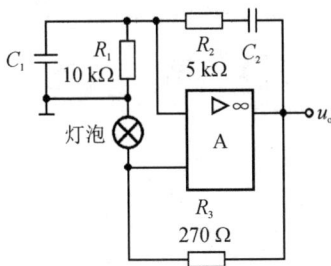

图 T5 - 9

6. 晶体管 LC 振荡器的直流通路通常采用分压偏置电路，简述其原因。

7. 能否用万用表判断正弦波振荡器是否振荡？如何判断？

第 5 章参考答案

第6章 调幅、检波和混频

在通信系统中，为了有效地实现信息传输和信号处理，广泛采用调制、解调和混频等技术。调制就是将低频调制信号加载到高频载波上，产生高频已调信号的过程；解调就是从高频已调信号中还原出调制信号的过程；混频就是改变高频已调信号载波的过程。调制、解调和混频的本质都是使信号的频谱发生变换。调幅是将低频调制信号加载到高频载波的振幅上、产生调幅波的过程，检波是从调幅波中还原出低频调制信号的过程。调幅、检波和混频的过程都是典型的频谱线性搬移过程。本章先介绍调幅波的基本性质，在此基础上介绍实现调幅、检波和混频的基本原理、基本方法和典型电路。

6.1 概　述

1. 信号频谱的变换

信号频谱的变换可分为频谱的线性变换和非线性变换两类。

（1）频谱线性变换的本质：在频谱变换过程中，信号的频谱结构不发生变化，即各分量的频率间隔和相对幅度保持不变，只是将信号频谱沿频率轴进行不失真的搬移，所以又称为频谱的线性搬移。调幅、检波和混频的过程都是频谱的线性搬移过程。

（2）频谱非线性变换的本质：在频谱变换过程中，信号的频谱发生了特定的非线性变换，变换前后频谱结构不同。调频与鉴频、调相与鉴相的过程都是频谱的非线性变换的过程。

对于频谱变换电路而言，无论是频谱的线性搬移还是频谱的非线性变换，输出信号的频率分量总是与输入信号的频率分量不相同，即有新的频率分量产生，所以频谱变换过程必须利用非线性器件才能实现。各种频率变换电路均可用图 6-1-1 所示的一般组成模型来表示，其中，非线性器件有二极管、晶体管、场效应管以及模拟乘法器等。u_X 和 u_Y 在非线性器

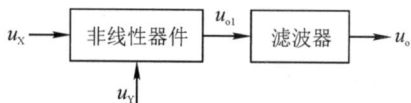

图 6-1-1　频率变换电路的一般组成模型

件的作用下，其输出信号 u_{o1} 中包含了各种频率分量，所以要用相应的滤波器选取有用频率分量。

2. 幅度调制与解调

幅度调制，简称调幅（AM），即用低频调制信号去控制高频载波的振幅，其特点是载波的振幅与调制信号成正比。与调幅相对应，对调幅信号的解调称为检波。典型的调幅、检波过程及波形见 1.2.3 节中的"调幅广播系统"。

在幅度调制中还有一些变异的调制，如双边带调幅（DSB）、单边带调幅（SSB）、残留边带调幅（VSB）等。

3. 混频

在通信设备中，经常需要将信号的载波由某一频率变换成另一频率。例如，在调幅广播接收机中几乎都采用了超外差式电路，将天线接收到的高频调幅波信号通过混频技术变换为载波频率固定为 465 kHz 的中频信号，以提高接收机的性能。所谓混频就是将两个不同频率的信号变换成一个新信号，这个新信号的频率为两个输入信号的频率之差或之和。典型的混频过程及波形见 1.2.3 节中的"调幅广播系统"。

▶ **练习与思考**

6-1-1　简述信号频谱线性变换与非线性变换的主要共同点和区别。

6-1-2　（　　）是对信号频谱的线性变换，（　　）是对信号频谱的非线性变换。

A. 调幅　　　　　B. 调频　　　　　C. 调相　　　　　D. 检波

E. 鉴频　　　　　F. 鉴相　　　　　G. 混频

6.2　调 幅 原 理

┌──────────────┐
│ *观察与思考* │
└──────────────┘

在 1.2.3 节的"调幅广播系统"中介绍过"振幅调制器"的作用，即在音频信号的控制下，将载波信号变换成振幅随调制信号变化的已调波信号。已调幅的波形见图 1-2-9。如何描述这个调幅波呢？它有什么特性呢？其频谱是如何搬迁的呢？其带宽又为多少呢？

所谓双边带调幅、单边带调幅又有什么特性呢？

为了分析各种调幅电路，首先要了解调幅波的性质，包括其数学表达式、波形、频谱、通频带、功率分配等。

幅度调制，又称振幅调制或调幅，就是将低频调制信号 u_{Ω} "加载"到高频载波 u_c 的振幅上的过程，用调制信号去控制载波信号的振幅，使载波的振幅按调制信号的变化规律而线性变化。经过振幅调制的高频载波称为振幅调制波，简称调幅波。

按调幅方式的不同，调幅可分为普通调幅（AM）、双边带调幅（DSB）、单边带调幅（SSB）和残留边带调幅（VSB）四种类型。

6.2.1 普通调幅

为了分析方便，设低频调制信号 u_Ω 和高频载波 u_c 分别为

$$u_\Omega = U_{\Omega m}\cos\Omega t = U_{\Omega m}\cos2\pi Ft \qquad (6-2-1)$$

$$u_c = U_{cm}\cos\omega_c t = U_{cm}\cos2\pi f_c t \qquad (6-2-2)$$

且满足 $F \ll f_c(\Omega \ll \omega_c)$。

下面介绍普通调幅波的性质。

1. 数学表达式

根据调幅的定义，调幅波的振幅不再是固定值 U_{cm}，而是随调制信号 u_Ω 线性变化，则调幅波的振幅为

$$U_m(t) = U_{cm} + k_a u_\Omega(t) = U_{cm} + k_a U_{\Omega m}\cos\Omega t \qquad (6-2-3)$$

式中，k_a 为比例常数，一般由调制电路确定，即单位调制信号电压引起的振幅变化量，又称为调制灵敏度。

调幅波的振幅 $U_m(t)$ 反映了调制信号 u_Ω 的变化规律，称为调幅波的包络。

将式(6-2-3)替代式(6-2-2)中的 U_{cm}，可得到普通调幅波的数学表达式：

$$u_{AM} = (U_{cm} + k_a U_{\Omega m}\cos\Omega t)\cos\omega_c t$$

$$= U_{cm}\left(1 + \frac{k_a U_{\Omega m}}{U_{cm}}\cos\Omega t\right)\cos\omega_c t = U_{cm}(1 + M_a\cos\Omega t)\cos\omega_c t \qquad (6-2-4)$$

式中，M_a 为调幅度或调幅系数，反映了载波振幅受调制信号控制的强弱程度，其大小为

$$M_a = \frac{k_a U_{\Omega m}}{U_{cm}} \qquad (6-2-5)$$

2. 波形

根据式(6-2-1)、式(6-2-2)和式(6-2-4)，可画出单频调制时 u_Ω、u_c 和不同 M_a 条件下 u_{AM} 的波形，如图 6-2-1 所示。

由式(6-2-4)可知，单频调制时调幅波 u_{AM} 的包络为 $U_m(t) = U_{cm}(1 + M_a\cos\Omega t)$，则包络的最大值为 $U_{max} = U_{cm}(1 + M_a)$，最小值为 $U_{min} = U_{cm}(1 - M_a)$，如图 6-2-1(c)所示，所以调幅度 M_a 又为

$$M_a = \frac{U_{max} - U_{min}}{U_{max} + U_{min}} \qquad (6-2-6)$$

由图 6-2-1(c)、(d)可知，当 $M_a \leqslant 1$ 时，AM 波的包络与调制信号的形状成正比，即包络反映了调制信号的变化规律。

由图 6-2-1(e)可知，当 $M_a > 1$ 时，在 $t_1 \sim t_2$ 时间段内，AM 波的包络 $U_m(t) < 0$，此时信号包络已不能反映调制信号的变化规律。而在实际调幅电路中，对于基极调幅来说，在 $t_1 \sim t_2$ 时间段内，由于发射结加的是反向偏压，晶体管截止，此时 $u_{AM} = 0$，即包络出现了部分中断，如图 6-2-1(f)所示。因此，将 $M_a > 1$ 时的调幅称为过调幅，将此时调幅波产生的失真称为过调失真。为了避免出现过调失真，应使调幅度 $M_a \leqslant 1$。

由图 6-2-1(e)还可看出，当 $M_a>1$ 时，在包络 $U_{cm}(1+M_a\cos\Omega t)=0$ 时刻，调幅波的相位发生了 180° 的突变，称为"零点突变"。

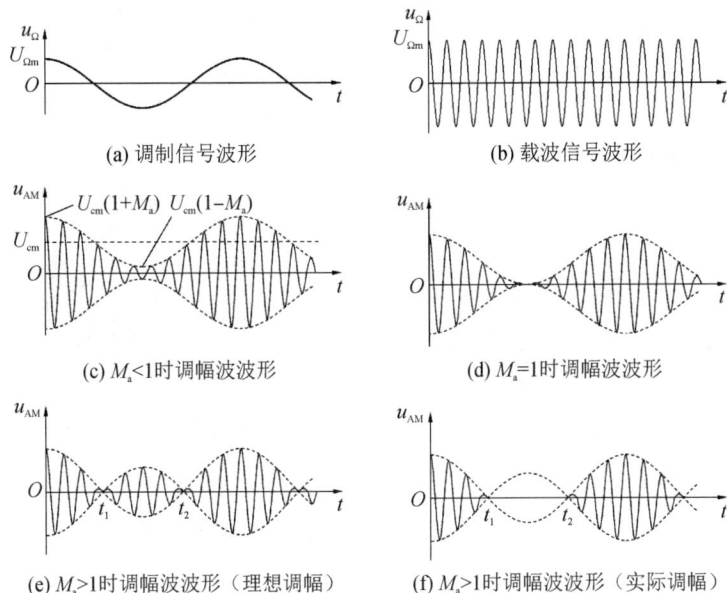

(a) 调制信号波形　　　　(b) 载波信号波形

(c) $M_a<1$ 时调幅波波形　　(d) $M_a=1$ 时调幅波波形

(e) $M_a>1$ 时调幅波波形（理想调幅）　(f) $M_a>1$ 时调幅波波形（实际调幅）

图 6-2-1　单频调制时普通调幅波各信号波形

在实际应用中需要传送的调制信号是比较复杂的多频信号，若多频调制信号 u_Ω 的波形如图 6-2-2(a)所示，当 $M_a<1$ 时，u_{AM} 的波形如图 6-2-2(b)所示。

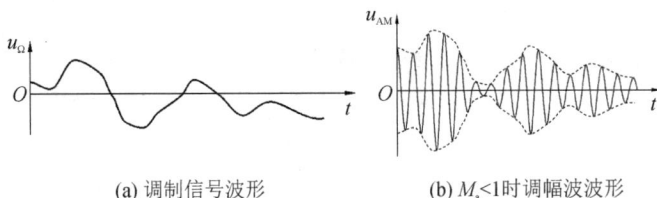

(a) 调制信号波形　　　　(b) $M_a<1$ 时调幅波波形

图 6-2-2　多频调制时普通调幅波各信号波形

3. 频谱与带宽

将式(6-2-4)用积化和差公式展开可得

$$u_{AM}=U_{cm}\cos\omega_c t+\frac{1}{2}M_a U_{cm}\cos(\omega_c-\Omega)t+\frac{1}{2}M_a U_{cm}\cos(\omega_c+\Omega)t \quad (6-2-7)$$

式(6-2-7)表明，在单频调制时，调幅波的频谱由三个频率分量构成：第一项为载波分量；第二项的频率为 (f_c-F)，称为下边频分量，其振幅为 $M_a U_{cm}/2$；第三项的频率为 (f_c+F)，称为上边频分量，其振幅也为 $M_a U_{cm}/2$。普通调振幅波的频谱如图 6-2-3(a)所示。

由图 6-2-3 可见，在单频调制时，上、下边频对称地排列在载波的两侧，故普通调幅波的带宽为

$$BW_{AM}=(f_c+F)-(f_c-F)=2F \quad (6-2-8)$$

如前所述，实际中需要传送的调制信号波形是比较复杂的，但无论多么复杂的信号都可以用傅里叶级数分解为若干正弦信号的叠加。在多频调制时，若调制信号的频率范围为

$F_{min} \sim F_{max}$，其频谱如图 6 - 2 - 3(b)所示，则相应的调制信号频谱在载波频率的两侧形成了上、下边带。

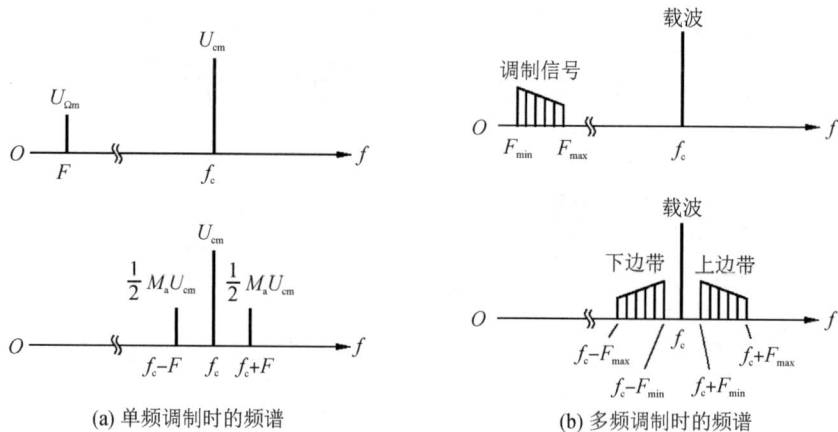

(a) 单频调制时的频谱 (b) 多频调制时的频谱

图 6 - 2 - 3 普通调幅波的频谱

由图 6 - 2 - 3(b)可见，在多频调制时，上、下边带对称地排列在载波的两侧，故普通调幅波的带宽为

$$BW_{AM} = (f_c + F_{max}) - (f_c - F_{max}) = 2F_{max} \qquad (6 - 2 - 9)$$

由式(6 - 2 - 9)可知，普通调幅波的带宽是调制信号最高频率的两倍。在实际应用中，为了避免各电台之间的相互干扰，对不同频段、不同用途的电台所占用的频带宽度有严格的要求。例如，中波调幅广播电台所允许占用的带宽为 9 kHz，这就要求调制信号的最高频率不超过 4.5 kHz。

综上所述，调幅的作用反映在波形上，就是将调制信号 u_Ω 不失真地搬移到高频载波的振幅上；反映在频谱上，则是将调制信号 u_Ω 的频谱不失真地搬移到载波频率 f_c 的两边。

4. 功率关系

设负阻电阻为 R_L，则在单频调制时，由式(6 - 2 - 7)可得到载波功率为

$$P_c = \frac{1}{2} \cdot \frac{U_{cm}^2}{R_L} \qquad (6 - 2 - 10)$$

上、下边频的功率为

$$P_{SSB} = \frac{1}{2R_L}\left(\frac{1}{2}M_a U_{cm}\right)^2 = \frac{1}{4}M_a^2 \cdot \frac{U_{cm}^2}{2R_L} = \frac{1}{4}M_a^2 P_c \qquad (6 - 2 - 11)$$

边频的总功率为

$$P_{DSB} = 2P_{SSB} = \frac{1}{2}M_a^2 P_c \qquad (6 - 2 - 12)$$

调幅波的总功率为

$$P_{AM} = P_c + P_{DSB} = P_c + \frac{1}{2}M_a^2 P_c = \left(1 + \frac{1}{2}M_a^2\right)P_c \qquad (6 - 2 - 13)$$

由式(6 - 2 - 12)和式(6 - 2 - 13)可知，调幅波的总功率 P_{AM} 和边频总功率 P_{DSB} 随调幅度 M_a 的增大而增加。当 $M_a = 1$ 时，有 $P_{DSB} = 0.5P_c$、$P_{AM} = 1.5P_c$，即边频总功率占总功率的 33.3%。在实际的调幅广播中，调幅度 M_a 平均只有 0.3 左右，此时的 $P_{DSB} =$

$0.045P_c$、$P_{AM}=1.045P_c$，即携带信息的边频总功率仅占总功率的 4.3%，而不含信息的载波功率占总功率的 95.7%。从能量利用率来看，普通调幅是很不经济的；但因其接收机的电路简单、价格低廉，依然得到了广泛应用。

如果调制信号为多频信号，则调幅波总功率等于载波功率和各边频功率之和。

例 6.2.1　某调幅波信号的频谱如图 6-2-4 所示。

(1) 试求该调幅波的数学表达式；

(2) 该调幅信号的调幅度和带宽分别为多少？

(3) 该调幅信号在单位电阻上消耗的边频总功率和信号的总功率为多少？

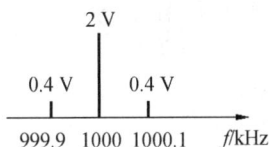

图 6-2-4　例 6.2.1 频谱图

解　(1) 由频谱图知，调幅波的数学表达式为

$$u_{AM}=2\cos 2\pi\times 10^6 t+0.4\cos 2\pi\times(10^6-100)t+0.4\cos 2\pi\times(10^6+100)t$$

$$=2\cos 2\pi\times 10^6 t+0.8\cos 2\pi\times 100t \cdot \cos 2\pi\times 10^6 t$$

$$=2(1+0.4\cos 2\pi\times 100t)\cos 2\pi\times 10^6 t (\text{V})$$

(2) 由数学表达式可知，调幅度为

$$M_a=0.4$$

由频谱图可知，信号的带宽为

$$BW_{AM}=1000.1\ \text{kHz}-999.9\ \text{kHz}=200\ \text{Hz}$$

(3) 载波功率、边频总功率、信号的总功率分别为

$$P_c=\frac{1}{2}\cdot\frac{U_{cm}^2}{R_L}=\frac{(2\ \text{V})^2}{2\times 1\ \Omega}=2\ \text{W}$$

$$P_{DSB}=\frac{1}{2}M_a^2 P_c=\frac{1}{2}\times 0.4^2\times 2\ \text{W}=0.16\ \text{W}$$

$$P_{AM}=P_c+P_{DSB}=2\ \text{W}+0.16\ \text{W}=2.16\ \text{W}$$

6.2.2　双边带调幅

由前面的分析知道，普通调幅波传输的信息仅包含在两个边带内，且边带总功率在调幅波功率中所占的比例很小，而不含信息的载波功率却占据了调幅波功率的绝大部分。为了提高发射设备的功率利用率，可以不发送载波，而只发送边带信号，即抑制载波的双边带调幅(DSB)，简称双边带调幅。

由式(6-2-7)可得单频调制时的双边带调幅信号的数学表达式为

$$u_{DSB}=\frac{1}{2}M_a U_{cm}\cos(\omega_c-\Omega)t+\frac{1}{2}M_a U_{cm}\cos(\omega_c+\Omega)t$$

$$=M_a U_{cm}\cos\Omega t\cos\omega_c t \tag{6-2-14}$$

由式(6-2-14)可画出单频调制时双边带调幅的波形与频谱，如图 6-2-5 所示。由图可见，双边带信号的包络已不再反映调制信号的变化规律，而是与调制信号的绝对值成正比；在调制信号的过零处，双边带信号的相位要突变 $180°$；双边带信号只有 $(f_c - F)$ 及 $(f_c + F)$ 两个频率分量，它的频谱相当于从普通调幅波频谱图中将载波分量去掉后的频谱。

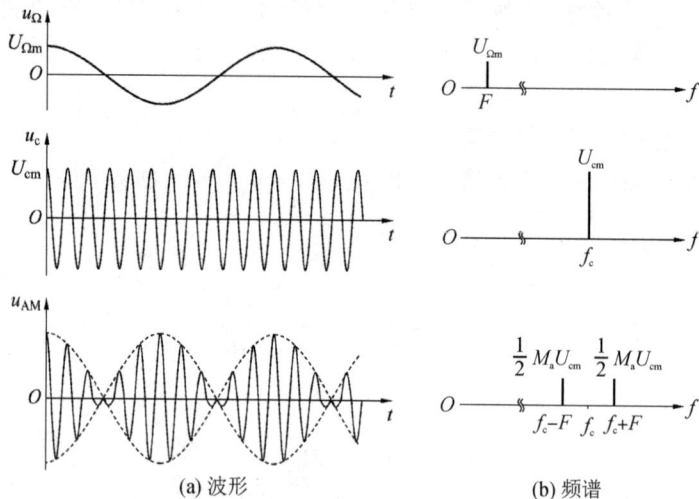

(a) 波形　　　　　　　　　(b) 频谱

图 6-2-5　单频调制时双边带调幅的波形与频谱

多频调制时双边带调幅的波形和频谱图如图 6-2-6 所示，则其带宽为

$$\mathrm{BW_{DSB}} = (f_c + F_{max}) - (f_c - F_{max}) = 2F_{max} \tag{6-2-15}$$

即带宽仍为调制信号最高频率的两倍。

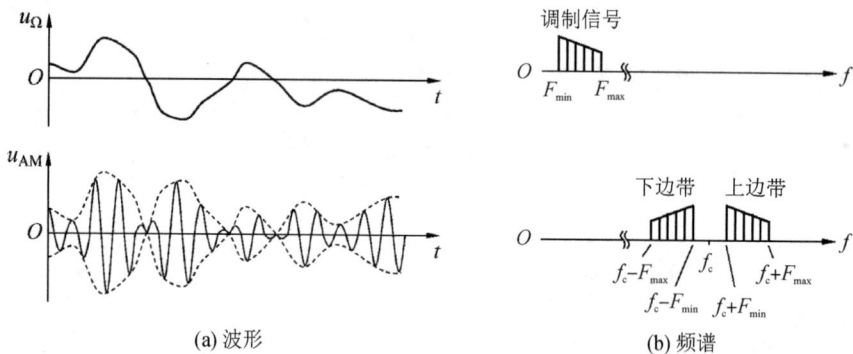

(a) 波形　　　　　　　　　(b) 频谱

图 6-2-6　多频调制时双边带调幅的波形与频谱

6.2.3　单边带调幅

由双边带调幅的频谱结构可知，上、下边带的频谱分量是对称的，任意一个边带已包含了调制信号的全部信息。因此，从信息传输的角度来看，也可以只发送一个边带的信号（上边带或下边带），这种调制方式称为单边带调幅（SSB）。单边带调幅不仅节省了所占用的频带宽度，也节约了发送功率。

由式（6-2-14）可得单频调制时的单边带调幅信号的数学表达式为

$$u_{\text{SSB}} = \frac{1}{2} M_a U_{\text{cm}} \cos(\omega_c - \Omega)t \quad (\text{下边带}) \qquad (6-2-16a)$$

$$u_{\text{SSB}} = \frac{1}{2} M_a U_{\text{cm}} \cos(\omega_c + \Omega)t \quad (\text{上边带}) \qquad (6-2-16b)$$

显然，单频调制时单边带调幅信号的波形仍为等幅波，其频率高于或低于载波频率。但在多频调制时，单边带调幅波就不是等幅波了。

单边带调幅的频谱如图 6-2-7 所示。由多频调制时的频谱可见，其带宽为

$$\text{BW}_{\text{SSB}} = (f_c + F_{\max}) - (f_c - F_{\min}) = F_{\max} - F_{\min} \approx F_{\max} \qquad (6-2-17)$$

即单边带调幅的带宽仅为双边带调幅带宽的一半。这对于提高短波波段的频带利用率具有现实意义。

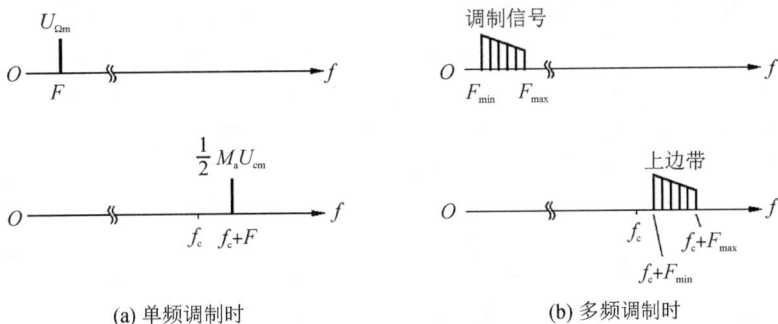

(a) 单频调制时　　　　　　　　　(b) 多频调制时

图 6-2-7　单边带调幅的频谱

例 6.2.2　某调幅波信号的数学表达式为

$$u = (2\cos 100\pi t + \cos 2\pi \times 4.5 \times 10^3 t)\cos 2\pi \times 10^6 t \, (\text{V})$$

(1) 画出该调幅波的频谱，说明该信号是什么调幅信号；

(2) 该调幅波信号的带宽为多少？其上、下边带的间距为多少？

解　(1) 将其数学表达式用积化和差公式展开可得

$$u = 2\cos 2\pi \times 50t \cdot \cos 2\pi \times 10^6 t + \cos 2\pi \times 4.5 \times 10^3 t \cdot \cos 2\pi \times 10^6 t$$

$$= \cos 2\pi \times (10^6 - 50)t + \cos 2\pi \times (10^6 + 50)t + 0.5\cos 2\pi \times (10^6 - 4.5 \times 10^3)t$$

$$+ 0.5\cos 2\pi \times (10^6 + 4.5 \times 10^3)t \, (\text{V})$$

由此可画出该调幅波的频谱如图 6-2-8 所示。

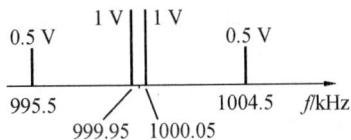

图 6-2-8　例 6.2.2 频谱图

由其数学表达式和频谱图都可看出，该信号为双边带调幅信号，且调制信号为两个正弦信号，频率分别为 50 Hz 和 4.5 kHz。

(2) 由频谱图可知，该双边带信号的带宽为

$$\text{BW}_{\text{DSB}} = 1004.5 \text{ kHz} - 995.5 \text{ kHz} = 9 \text{ kHz}$$

上、下边带的间距为

$$1000.05 \text{ kHz} - 999.95 \text{ kHz} = 100 \text{ Hz}$$

6.2.4 残留边带调幅

单边带调幅具有节省带宽和节省发射功率两大优点,因而受到重视,可以说是最好的调幅方式。但单边带的调制和解调都比较复杂,不仅不适于传送含有直流分量的信号,且实现的难度较高。例如,中波调幅广播传送的语音范围为 50 Hz~4.5 kHz,若用滤波的方式产生单边带信号,由例 6.2.2 可知,其上、下边带的间距仅为 100 Hz,在中频段的滤波器很难实现完全滤除下边带或上边带,在短波频段更难实现。为此,在单边带调幅和双边带调幅之间,可采用一种折中的方式,即残留边带调幅(VSB)。

图 6-2-9 所示为四种基本调幅方式的频谱示意图。由图 6-2-9(d)可以看出,所谓残留边带调幅就是传送了抑制边带的一部分,即$(f_c-F_1)\sim f_c$这部分;同时也抑制了被传送边带的一部分,即$f_c\sim(f_c+F_1)$这部分。为了保证信号在解调时能够还原,传送边带中被抑制的部分与抑制边带中被传送的部分应满足互补对称关系。在解调时,与载波频率f_c相对称的各频率分量正好叠加,即可恢复出不失真的原调制信号。

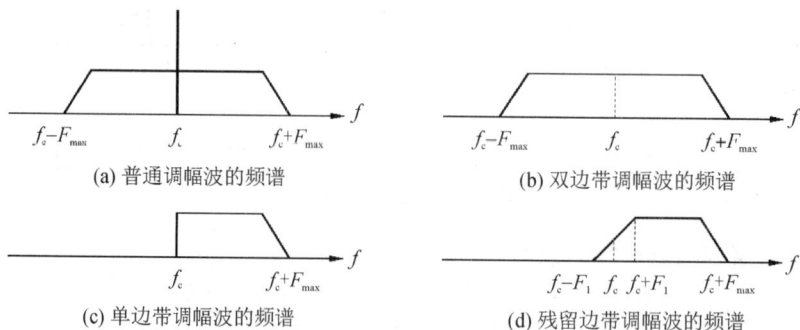

(a) 普通调幅波的频谱　　　　　(b) 双边带调幅波的频谱

(c) 单边带调幅波的频谱　　　　(d) 残留边带调幅波的频谱

图 6-2-9　四种基本调幅方式的频谱示意图

由于$f_c\gg F_1$,所以残留边带调幅所占带宽略宽于单边带调幅,使残留边带调幅基本具有单边带调幅的优点。同时,因其在载波频率f_c附近包含上、下边带,很适合传送含有直流分量的调制信号(如电视信号)。另外,当采用残留边带调幅时,不仅滤波器易于实现,而且其解调电路也比单边带调幅的解调电路简单。

四种基本调幅方式的比较如表 6-2-1 所示。

表 6-2-1　四种基本调幅方式的比较

调幅方式	主要优点	主要缺点	应　用
AM	发射机、接收机简单,成本低	发射机效率很低,频带较宽	中、短波广播
DSB	发射机效率较高	发射机、接收机较复杂,频带较宽	很少应用
SSB	发射机效率高,带宽为 AM 的一半	发射机、接收机复杂	短波通信
VSB	发射机效率较高,带宽略宽于 SSB	发射机、接收机较复杂	广播、短波通信

▶ **练习与思考**

6-2-1　已知某信号的数学表达式为 $u=100(1+0.4\cos 2\pi\times 10^3 t)\cos 4\pi\times 10^5 t\,(\text{mV})$,则该信号为_____调幅信号,其调制信号频率为_____Hz,载波频率为_____kHz,

调幅度为_____；其频谱有_____个频率分量，边频的幅度为_____mV。

6-2-2 在 AM 调幅中，为何 M_a 不能大于 1？

6-2-3 已知调制信号 $u_\Omega = 2\cos 2\pi \times 10^3 t\,(\mathrm{V})$，载波信号 $u_c = 4\cos 2\pi \times 10^5 t\,(\mathrm{V})$，若调幅灵敏度 $k_a = 1$，试写出普通调幅波的数学表达式，求调幅度及频带宽度，画出波形及频谱。

6-2-4 已知某单频调幅信号的波形如图 6-2-10 所示。该信号是什么调幅信号？若其载波频率为 ω_c，调制信号频率为 Ω，试写出其数学表达式。

6-2-5 已知某信号的频谱如图 6-2-11 所示。试写出其数学表达式，并说明是何信号。

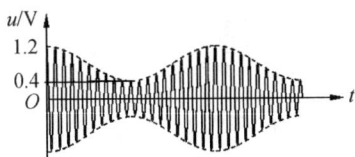

图 6-2-10

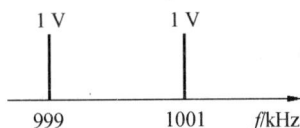

图 6-2-11

6-2-6 已知载波频率 $f_c = 2\,\mathrm{MHz}$。试说明下列电压表达式为何种已调波，并画出波形和频谱。

(1) $u_1 = 4\cos 2\pi \times 10^3 t \cdot \cos 4\pi \times 10^6 t\,(\mathrm{V})$

(2) $u_2 = (200 + 50\cos 2\pi \times 10^3 t)\cos 4\pi \times 10^6 t\,(\mathrm{mV})$

(3) $u_3 = \cos 2\pi \times 2001 \times 10^3 t\,(\mathrm{V})$

6.3　调幅方法与电路

观察与思考

DSB 信号的数学表达式为 $u_{\mathrm{DSB}} = M_a U_{\mathrm{cm}}\cos\Omega t \cos\omega_c t$，这个信号是如何产生的呢？最直接的方式就是由调制信号 u_Ω 和载波信号 u_c 相乘而得。

其他各种调幅信号，如 AM 信号、SSB 信号，又是如何产生的？

按照输出功率的高低，调幅电路分为高电平调幅电路和低电平调幅电路。

高电平调幅是将调制和功率放大合二为一，在高电平状态下进行调幅，其电路的实质就是能够实现幅度调制的高频功率放大器，调制后的信号可以直接用于发射。高电平调幅一般置于发射机的最后一级，主要用于形成 AM 信号，许多无线电广播发射机都采用这种电路。

低电平调幅是将调制和功率放大分开，在低电平状态下进行调幅，产生小功率的调幅波。一般在发射机的前级实现低电平调幅，再经过线性功率放大器的放大，以达到所需的发射功率。

低电平调幅主要用于产生双边带和单边带调幅信号，也可用于产生普通调幅信号。其主要技术指标是有良好的调制线性度，而输出功率和效率一般不予考虑。对于双边带调幅和单边带调幅，还提出了抑制载波分量的要求，用载漏表示，定义为泄漏到输出信号中的载波功率低于边带总功率的分贝数。显然分贝数越大，抑制载波的效果越好。一般要求载漏在 40 dB 以上。

为了提高调制的线性度和降低载漏，必须设法减少或消除无用的频率分量。因此，现代的低电平调幅电路主要采用模拟乘法器调幅电路（工作频率一般在 100 MHz 以下）和二极管平衡调幅电路（工作频率可高达 GHz 级）。

6.3.1　模拟乘法器调幅电路

1. 模拟乘法器简介

模拟乘法器简称乘法器或相乘器，是一种用来实现两个模拟信号相乘的电路，通常有两个输入端（x、y 端）和一个输出端，常见的几种模拟乘法器的电路符号如图 6-3-1 所示。若输入信号分别用 u_X、u_Y 表示，输出信号用 u_o 表示，则 u_o 与 u_X、u_Y 的乘积成正比，即

$$u_o = A_M u_X u_Y \qquad (6-3-1)$$

式中，A_M 为乘法器增益系数。

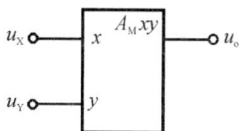

（a）国家标准规定符号　　　　（b）国内外常用符号　　　　（c）简化符号

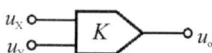

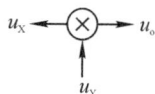

图 6-3-1　模拟乘法器的电路符号

式（6-3-1）说明了理想模拟乘法器的输出电压与输入电压的关系，即输入电压的波形、幅度、极性和频率可以是任意的，所以又称为四象限相乘器。但在实际应用中，模拟乘法器的线性范围是有限的，其输出信号中也总是有一定的漂移和噪声电压，所以其对输入信号的幅度和频率都有一定的限制条件。

╭─────────╮
│ 知识拓展 │
╰─────────╯

集成模拟乘法器 MC1596 原理电路简介

集成模拟乘法器 MC1596 是常用的价格低、性能好、适用于高频电路的乘法器，其内部电路如图 6-3-2 虚线框内所示，图中 VT_1、VT_2、VT_3、VT_4 和 VT_5、VT_6 共同组成双差分对管模拟乘法器，VT_7、VT_8 作为 VT_5、VT_6 的电流源。两个输入信号 u_X、u_Y 分别加在 $VT_1 \sim VT_4$ 和 VT_5、VT_6 管的基极，可以平衡输入，也可以将任意一端接地，变成单端输入。VT_1、VT_3 的集电极接在一起为一个输出端，VT_2、VT_4 的集电极接在一起为另一个输出端，可以平衡输出，也可以由任意一端输出，变成单端输出。虚线框外为外接元件，在②脚与③脚之间的外接反馈电阻 R_Y 用来扩展 u_Y 的动态范围，⑥脚和⑫脚分别外接 3.9 kΩ 负载电阻；⑤脚外接 6.8 kΩ 电阻用来确定 VT_7、VT_8 的偏置电压。

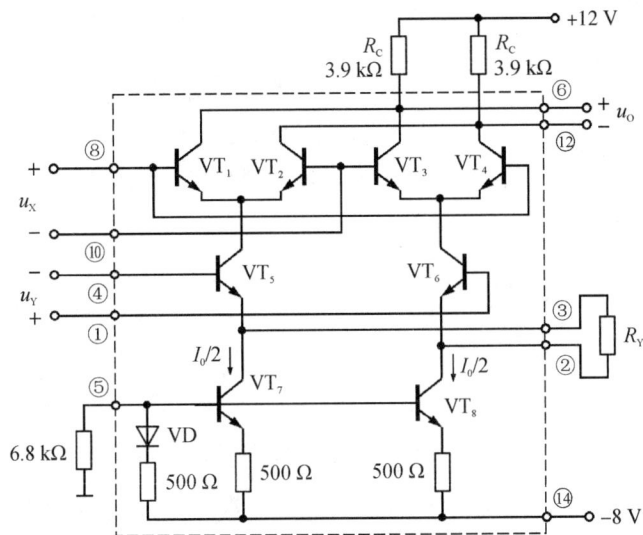

图 6 - 3 - 2　MC1596 的内部电路

可以证明，当 $|u_X| \leqslant 26\ \mathrm{mV}$、$|u_Y| \leqslant \dfrac{1}{4} R_Y I_0 + 26\ \mathrm{mV}$ 时，乘法器 MC1596 工作在线性范围，可以近似实现两个信号的相乘，即

$$u_o \approx -\frac{R_C}{R_Y} \cdot \frac{u_X u_Y}{26\ \mathrm{mV}} \qquad\qquad (6-3-2)$$

2. 双边带调幅电路的组成模型

为方便分析，设调制信号为 $u_\Omega = U_{\Omega m}\cos\Omega t$，载波为 $u_c = U_{cm}\cos\omega_c t$，且乘法器、加法器的系数均为 1，各种滤波器的传输系数均为 1。

由模拟乘法器组成的双边带调幅电路的组成模型如图 6 - 3 - 3 所示。显然调制信号 u_Ω 与载波 u_c 经乘法器相乘，得到的就是双边带调幅信号。在实际应用中，为有效抑制无用的频率分量，通常在乘法器后接带通滤波器(BPF)，带通滤波器的中心频率为载波频率 f_c，通频带为调制信号带宽的 2 倍。由图 6 - 3 - 3 可得

$$u_{DSB} = u_\Omega u_c = U_{\Omega m} U_{cm} \cos\Omega t \cos\omega_c t \qquad\qquad (6-3-3)$$

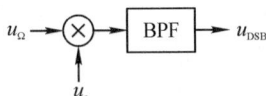

图 6 - 3 - 3　双边带调幅电路的组成模型

3. 普通调幅电路的组成模型

由模拟乘法器组成的普通调幅电路的组成模型如图 6 - 3 - 4 所示。在图 6 - 3 - 4(a)所示电路中，调制信号 u_Ω 先与直流电压 U_I 经加法器相加，再与载波 u_c 经乘法器相乘，就得到了普通调幅信号。在实际应用中，为有效抑制无用的频率分量，通常在乘法器后接带通滤波器(BPF)，带通滤波器的中心频率为载波频率 f_c，通频带为调制信号带宽的 2 倍。由

图 6 - 3 - 4(a)可得

$$u_{o1}=U_I+u_\Omega=U_I+U_{\Omega m}\cos\Omega t$$

$$u_{AM}=u_{o1}u_c=U_{cm}(U_I+U_{\Omega m}\cos\Omega t)\cos\omega_c t$$

$$=U_{cm}U_I(1+M_a\cos\Omega t)\cos\omega_c t$$

式中，$M_a=U_{\Omega m}/U_I$ 为调幅度，为了避免出现过调幅现象，要求 $M_a \leqslant 1$，即直流电压 U_I 应大于调制信号的振幅 $U_{\Omega m}$。

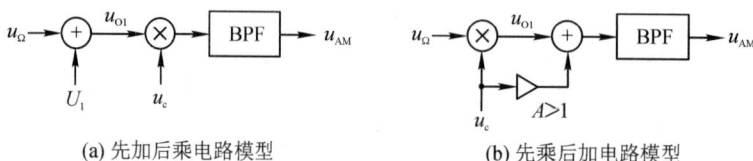

(a) 先加后乘电路模型　　　　　　(b) 先乘后加电路模型

图 6 - 3 - 4　普通调幅电路的组成模型

在图 6 - 3 - 4(b)所示电路中，调制信号 u_Ω 先与载波 u_c 经乘法器相乘，后与放大的载波经加法器相加，再经过带通滤波器 BPF，也可得到 AM 信号。由图 6 - 3 - 4(b)可得

$$u_{o1}=u_\Omega u_c=U_{\Omega m}U_{cm}\cos\Omega t\cos\omega_c t$$

$$u_{AM}=Au_c+u_{o1}=AU_{cm}\cos\omega_c t+U_{\Omega m}U_{cm}\cos\Omega t\cos\omega_c t$$

$$=AU_{cm}(1+M_a\cos\Omega t)\cos\omega_c t$$

式中，$M_a=U_{\Omega m}/A$ 为调幅度，为了避免出现过调幅现象，要求 $M_a \leqslant 1$。

例 6.3.1　某普通调幅电路如图 6 - 3 - 5 所示。已知：调制信号 $u_\Omega=20\cos2\pi\times10^3 t$ (mV)，载波 $u_c=20\cos2\pi\times10^6 t$ (mV)，且乘法器、加法器和带通滤波器的系数均为 1。

(1) u_{o1} 是什么信号？

(2) 若要求 $M_a=0.8$，放大器的放大倍数 A 为多少？

(3) 带通滤波器 BPF 的中心频率和通频带分别为多少？

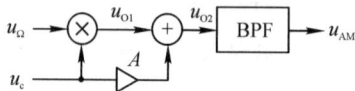

图 6 - 3 - 5　例 6.3.1 图

解　(1)因 u_Ω 和 u_c 均为小信号，故乘法器工作在线性范围。由电路模型可知

$$u_{o1}=u_\Omega u_c=20\cos2\pi\times10^3 t\cdot20\cos2\pi\times10^6 t$$

$$=200\cos2\pi(10^6-10^3)t+200\cos2\pi(10^6+10^3)t(\text{mV})$$

所以，u_{o1} 为 DSB 信号，且边频幅度为 200 mV。

(2) 由电路模型可知，u_{o2} 的载波幅度为 AU_{cm}。由于 u_{o1} 边频的幅度为 200 mV，根据式(6 - 2 - 7)可得

$$\frac{1}{2}M_a\cdot AU_{cm}=200\ \text{mV}$$

则有

$$A=\frac{2}{M_aU_{cm}}\times200\ \text{mV}=\frac{2}{0.8\times20\ \text{mV}}\times200\ \text{mV}=25$$

（3）由于载波频率为 1 MHz，调制信号频率为 1 kHz，故带通滤波器 BPF 的中心频率为载波频率，即 1 MHz，通频带为调制信号的 2 倍，即 2×1 kHz＝2 kHz。

技术与应用

调频立体声广播中调制信号的形成

双边带调幅广泛用于调频立体声广播系统。导频制调频立体声调制信号的合成原理如图 6-3-6 所示，图 6-3-6(a)所示为其电路模型，图 6-3-6(b)所示为调制信号频谱。图中，L、R 分别表示立体声左、右声道的两个音频信号；两者的和信号 $L+R$ 形成主信道；而两者的差信号 $L-R$ 则送入乘法器，与倍频器送来的 38 kHz 副载波相乘，产生双边带调幅信号，形成副信道。晶体振荡器（简称晶振）产生 19 kHz 的导频信号，目的是使接收机能恢复出 $L-R$ 信号，同时导频信号经倍频器产生 38 kHz 的副载波。然后再将主、副信道信号与导频信号合成，最后以此合成信号为调制信号进行频率调制，形成调频信号，经高频功率放大器放大后由天线发射出去。

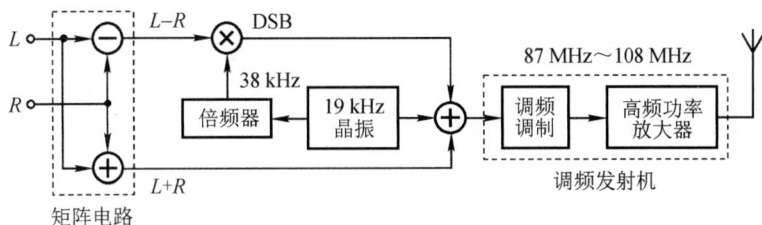

(a) 电路模型

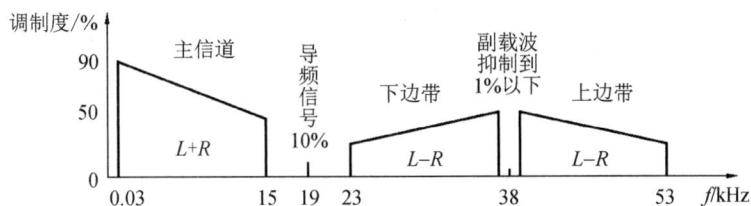

(b) 调制信号频谱

图 6-3-6　导频制调频立体声调制信号的合成原理

在接收端，当用普通调频收音机（单声道）接收立体声广播时，仅能听到 $L+R$ 信号；当用立体声收音机接收时，通过其内部专用的解码系统，先将和、差信号解调，再进行相加、相减

$$(L+R)+(L-R)=2L$$
$$(L+R)-(L-R)=2R$$

就可得到左、右两路音频信号。

4. 单边带调幅电路的组成模型

实现单边带调幅的基本电路模型有滤波法和相移法两种。

1) 滤波法的基本原理

滤波法产生单边带调幅信号的电路模型及信号频谱如图 6-3-7 所示。因为 SSB 信号实际上就是 DSB 信号的一个边带,所以先用乘法器产生 DSB 信号,再用带通滤波器取出其中一个边带信号(如上边带),并抑制另一个边带信号(如下边带),就得到了所需的单边带信号。

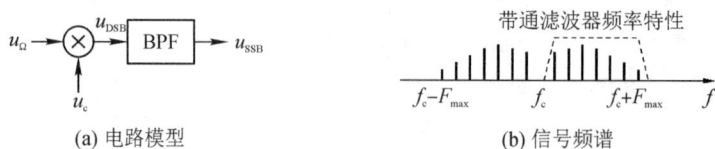

图 6-3-7 滤波法产生单边带调幅信号

滤波法的原理很简单,但不容易实现,特别是当调制信号中含有很多低频分量时,上、下边带的频率间距很小,这就要求带通滤波器有接近矩形的频率特性,如图 6-3-7(b)所示,这样才能有效滤除另一边带信号。但是,任何滤波器从通带到阻带都有一个过渡带,过渡带的相对宽度越窄,就越难实现,特别是在高频段,实现难度更大。为了克服上述实际困难,通常先在较低的频率上实现 SSB 调幅,然后通过多次 DSB 调幅和滤波,将 SSB 信号搬迁到所需的载频上,多次滤波产生单边带调幅信号的电路模型如图 6-3-8 所示。

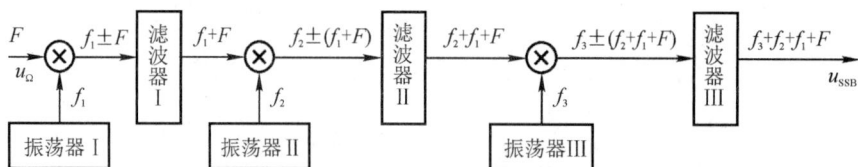

图 6-3-8 多次滤波法产生单边带调幅信号的电路模型

由于 f_1 较低,滤波器 I 比较容易实现,随后的载波频率逐次提高,即 $f_1 < f_2 < f_3$,上、下边带的频率间距也逐次增大,滤除一个边带就容易实现。

2) 相移法的基本原理

相移法产生单边带调幅信号的电路模型如图 6-3-9 所示,电路由两个乘法器、两个 90°相移网络和一个加(减)法器组成。

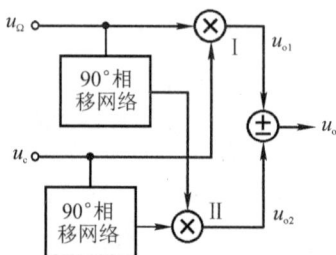

图 6-3-9 相移法产生单边带调幅信号的电路模型

由图 6-3-9 可知,乘法器 I 的输出信号为

$$u_{o1} = U_{\Omega m} U_{cm} \cos\Omega t \cos\omega_c t = \frac{1}{2} U_{\Omega m} U_{cm} [\cos(\omega_c - \Omega)t + \cos(\omega_c + \Omega)t]$$

乘法器 Ⅱ 的输出信号为

$$u_{o2} = U_{\Omega m} U_{cm} \cos(\Omega t - \frac{\pi}{2}) \cos(\omega_c t - \frac{\pi}{2}) = U_{\Omega m} U_{cm} \sin\Omega t \sin\omega_c t$$

$$= \frac{1}{2} U_{\Omega m} U_{cm} [\cos(\omega_c - \Omega)t - \cos(\omega_c + \Omega)t]$$

若将 u_{o1} 和 u_{o2} 相加，则上边带相互抵消，下边带叠加，输出为下边带的 SSB 信号；若将 u_{o1} 和 u_{o2} 相减，则下边带相互抵消，上边带叠加，输出为上边带的 SSB 信号，即

$$u_o = \begin{cases} u_{o1} + u_{o2} = U_{\Omega m} U_{cm} \cos(\omega_c - \Omega)t \\ u_{o1} - u_{o2} = U_{\Omega m} U_{cm} \cos(\omega_c + \Omega)t \end{cases}$$

当调制信号为多频信号时，产生 SSB 信号的原理与单频调制时相同，其频谱如图 6-3-10 所示。图 6-3-10(a) 是乘法器 Ⅰ 的输出信号频谱；图 6-3-10(b) 是乘法器 Ⅱ 的输出信号频谱。比较两个输出信号的频谱，可知它们下边带的极性是相同的，而上边带的极性是相反的。因此，将它们相加或相减，便可得到下边带的 SSB 信号，如图 6-3-10(c) 所示，或上边带的 SSB 信号，如图 6-3-10(d) 所示。

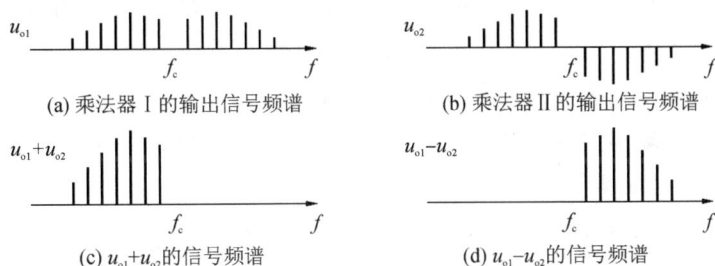

(a) 乘法器 Ⅰ 的输出信号频谱
(b) 乘法器 Ⅱ 的输出信号频谱
(c) $u_{o1} + u_{o2}$ 的信号频谱
(d) $u_{o1} - u_{o2}$ 的信号频谱

图 6-3-10 相移法产生的单边带信号频谱

90°相移网络对单频信号进行 90°相移比较简单，但实际应用中的调制信号是相对带宽比较大的多频信号，要将多频调制信号中的每一个频率分量都准确相移 90°是很困难的。为解决这个问题，可采用相移滤波法。（见本节练习与思考 6-3-3）

5. 模拟乘法器调幅电路

采用集成模拟乘法器 MC1596 构成的普通调幅电路如图 6-3-11 所示，MC1596 的⑧脚和⑩脚为 X 输入端口，①脚和④脚为 Y 输入端口。由图可知，高频载波电压 u_c 加到 X 输入端口，调制信号电压 u_Ω 及直流电压加到 Y 输入端口，输出信号从⑥脚单端取出。X 输入端口两输入端（⑧脚和⑩脚）的直流电位相同，Y 输入端口的两输入端（①脚和④脚）之间接有调零电路，可通过调节电位器 R_w，使①脚电位比④脚高 U_I 伏，其目的在于给输入端提供一个合适的载波分量，使调制信号达到最大值时也不会出现过调失真。①脚、④脚外接的 51 Ω 电阻，用于与传输电缆的特性阻抗进行匹配。为了滤除高次谐波，通常需在输出端另加带通滤波器。

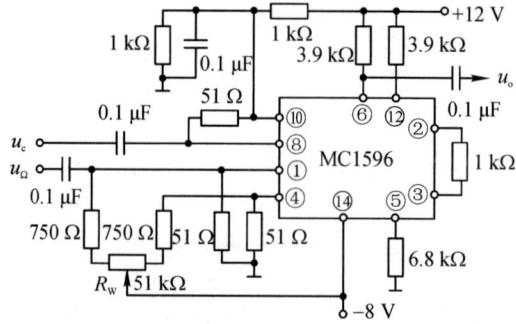

图 6-3-11　集成模拟乘法器 MC1596 构成的普通调幅电路

用图 6-3-11 所示电路也可以产生双边带调幅信号，但为了抑制载波分量，需要进行平衡调节。为了减小流经电位器 R_w 的电流，便于准确调零，可将两个 750 Ω 的电阻换成两个 10 kΩ 的电阻。在调制信号为零时，调节 R_w 使输出载波电压为 0 V，即可实现双边带调幅。

6.3.2　二极管平衡调幅电路

各类二极管平衡调幅电路广泛用于通信设备中，它们具有电路简单、噪声低、工作频率高、组合频率分量少等优点。如果采用肖特基表面势垒二极管，其工作频段极宽，可从数十千赫兹级到吉赫兹级。作为通用组件，二极管双平衡电路广泛应用于调幅、检波、混频及实现其他功能。二极管平衡电路的主要缺点是没有增益。

为方便分析，设调制信号为 $u_\Omega = U_{\Omega m}\cos\Omega t$，载波为 $u_c = U_{cm}\cos\omega_c t$，且 $U_{cm} \gg U_{\Omega m}$。

1. 单二极管调幅电路

单二极管调幅的原理电路如图 6-3-12(a) 所示，当二极管工作在大信号状态时，即 $U_{cm} > 0.5$ V 时，可认为二极管受 u_c 控制：当 $u_c > 0$ 时，二极管导通，导通电阻为 r_D；当 $u_c < 0$ 时，二极管截止，电流 $i = 0$。即二极管工作在开关状态，可用受 u_c 控制的开关来等效，如图 6-3-12 (b) 所示。图中，$S_1(u_c)$ 是受 u_c 控制的单向开关函数。（单向开关函数参见 2.1 节）

$$S_1(u_c) = \begin{cases} 1 & (u_c > 0) \\ 0 & (u_c < 0) \end{cases} \qquad (6-3-4)$$

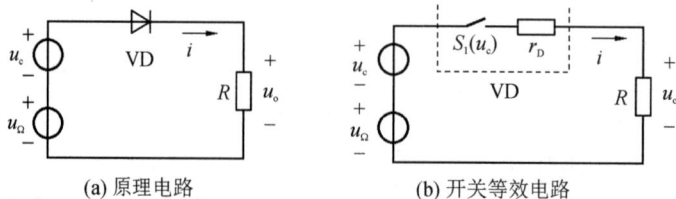

(a) 原理电路　　　　(b) 开关等效电路

图 6-3-12　单二极管调幅电路

由于 u_c 是角频率为 ω_c 的周期函数，所以 $S_1(u_c)$ 也可表示为 $S_1(\omega_c t)$。

当 $u_c > 0$ 时，通过二极管的电流为

$$i=\frac{u_c+u_\Omega}{r_D+R}S_1(\omega_c t)=\frac{U_{cm}\cos\omega_c t+U_{\Omega m}\cos\Omega t}{r_D+R}S_1(\omega_c t) \qquad (6-3-5)$$

将式(2-1-4)代入式(6-3-5)得

$$i=\frac{U_{cm}\cos\omega_c t+U_{\Omega m}\cos\Omega t}{r_D+R}\left(\frac{1}{2}+\frac{2}{\pi}\cos\omega_c t-\frac{2}{3\pi}\cos3\omega_c t+\cdots\right)$$

$$=\frac{1}{r_D+R}\left(\frac{U_{cm}}{\pi}+\frac{U_{cm}}{2}\cos\omega_c t+\frac{U_{\Omega m}}{2}\cos\Omega t\right)+$$

$$\frac{U_{\Omega m}}{\pi(r_D+R)}\left[\cos(\omega_c-\Omega)t+\cos(\omega_c+\Omega)t\right]+$$

$$\frac{U_{cm}}{3\pi(r_D+R)}\left[2\cos2\omega_c t-\cos4\omega_c t\right]-$$

$$\frac{U_{\Omega m}}{3\pi(r_D+R)}\left[\cos(3\omega_c-\Omega)t+\cos(3\omega_c+\Omega)t\right]+\cdots \qquad (6-3-6)$$

由式(6-3-6)可见，输出电流中含有直流分量，Ω 和 ω_c 分量，ω_c 的偶次谐波分量，ω_c 及其奇次谐波与 Ω 的组合频率分量，即含有 ω_c 与 Ω 的和频与差频分量，具有乘法器的特性，因此，在输出端采用合适的滤波器可实现调幅、混频等功能。

2. 二极管平衡调幅电路

单二极管调幅电路虽然产生了 $\omega_c\pm\Omega$ 的调幅信号频率，但仍含有许多无用频率分量，可采用二极管平衡调幅电路，以减少无用频率分量。

二极管平衡调幅电路及其等效电路如图 6-3-13 所示。图中二极管 VD_1、VD_2 的性能相同，变压器 T_1、T_2 的一次中心抽头上、下两绕组与二次绕组的匝数比为 1:1，并忽略变压器的损耗。当 $U_{cm}>0.5$ V 时，可认为两个二极管受 u_c 控制并工作在开关状态。

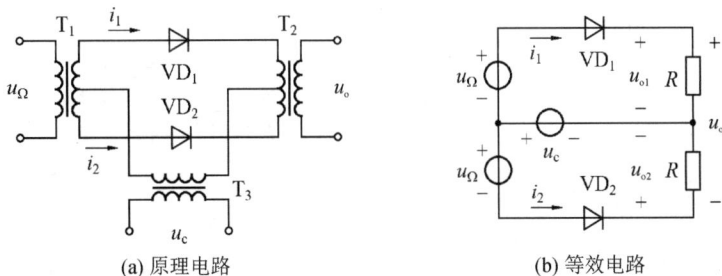

图 6-3-13　二极管平衡调幅电路

当 $u_c<0$ 时，VD_1、VD_2 截止，$i_1=i_2=0$；当 $u_c>0$ 时，VD_1、VD_2 导通。根据式(6-3-5)可得

$$i_1=\frac{u_c+u_\Omega}{r_D+R}S_1(\omega_c t) \qquad (6-3-7a)$$

$$i_2=\frac{u_c-u_\Omega}{r_D+R}S_1(\omega_c t) \qquad (6-3-7b)$$

由于 i_1 与 i_2 的方向相反，所以总输出电流 $i=i_1-i_2$，即

$$i = i_1 - i_2 = \frac{2u_\Omega}{r_D + R}S_1(\omega_c t) = \frac{2U_{\Omega m}\cos\Omega t}{r_D + R}\left(\frac{1}{2} + \frac{2}{\pi}\cos\omega_c t - \frac{2}{3\pi}\cos 3\omega_c t + \cdots\right)$$

$$= \frac{U_{\Omega m}}{r_D + R}\cos\Omega t + \frac{2}{\pi}\frac{U_{\Omega m}}{r_D + R}[\cos(\omega_c - \Omega)t + \cos(\omega_c + \Omega)t] -$$

$$\frac{2}{3\pi}\frac{U_{\Omega m}}{r_D + R}[\cos(3\omega_c - \Omega)t + \cos(3\omega_c + \Omega)t] + \cdots \tag{6-3-8}$$

由式(6-3-8)可见，输出电流中含有 Ω 分量、ω_c 及其奇次谐波与 Ω 的组合频率分量，即含有 ω_c 与 Ω 的和频与差频分量，而且无用频率分量比单二极管调幅电路少很多。由于无用频率分量 Ω 和 $3\omega_c \pm \Omega$ 等分量与 $\omega_c \pm \Omega$ 相距很远，所以很容易用带通滤波器滤除。

3. 二极管双平衡调幅电路

为进一步减少无用频率分量，可采用二极管双平衡调幅电路，如图6-3-14(a)所示。图中四个二极管性能相同，变压器 T_1、T_2 的一次中心抽头上、下两绕组与二次绕组的匝数比为 1:1，并忽略变压器的损耗。当 $U_{cm} > 0.5\,V$ 时，可认为二极管受 u_c 控制并工作在开关状态。

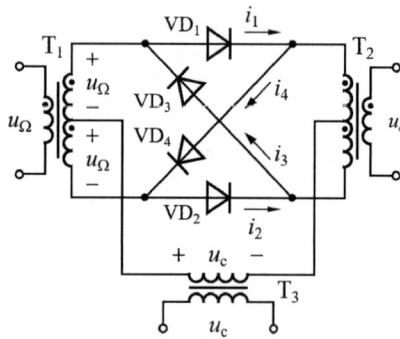

(a) 二极管双平衡调幅电路

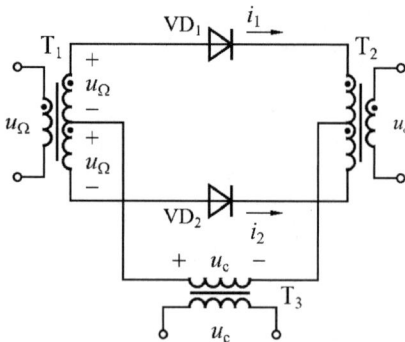

(b) VD_1、VD_2 导通时的等效电路

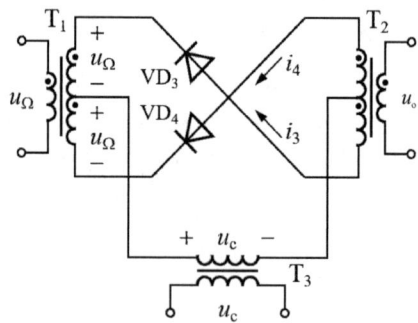

(c) VD_3、VD_4 导通时的等效电路

图6-3-14 二极管双平衡调幅电路及其等效电路

当 $u_c > 0$ 时，VD_1、VD_2 导通，VD_3、VD_4 截止，如图6-3-14(b)所示，可得

$$i_1 = \frac{u_c + u_\Omega}{r_D + R}S_1(\omega_c t)$$

$$i_2 = \frac{u_c - u_\Omega}{r_D + R}S_1(\omega_c t)$$

此时的输出电流为

$$i_{12} = i_1 - i_2 = \frac{2u_\Omega}{r_D + R} S_1(\omega_c t) \qquad (6-3-9)$$

当 $u_c < 0$ 时，VD_3、VD_4 导通，VD_1、VD_2 截止，如图 6-3-14(c)所示，可得

$$i_3 = \frac{u_c + u_\Omega}{r_D + R} S_1(\omega_c t - \pi)$$

$$i_4 = \frac{u_c - u_\Omega}{r_D + R} S_1(\omega_c t - \pi)$$

此时的输出电流为

$$i_{34} = i_3 - i_4 = \frac{2u_\Omega}{r_D + R} S_1(\omega_c t - \pi) \qquad (6-3-10)$$

总输出电流为

$$i = i_{12} + i_{34} = (i_1 - i_2) + (i_3 - i_4)$$

$$= \frac{2u_\Omega}{r_D + R}[S_1(\omega_c t) - S_1(\omega_c t - \pi)] = \frac{2u_\Omega}{r_D + R} S_2(\omega_c t) \qquad (6-3-11)$$

式中，$S_2(\omega_c t) = S_1(\omega_c t) - S_1(\omega_c t - \pi)$ 为双向开关函数。(双向开关函数参见 2.1 节)

将式(2-1-7)代入式(6-3-11)得

$$i = \frac{2U_{\Omega m}\cos\Omega t}{r_D + R}\left(\frac{4}{\pi}\cos\omega_c t - \frac{4}{3\pi}\cos 3\omega_c t + \cdots\right)$$

$$= \frac{4}{\pi}\frac{U_{\Omega m}}{r_D + R}[\cos(\omega_c - \Omega)t + \cos(\omega_c + \Omega)t] -$$

$$\frac{4}{3\pi}\frac{U_{\Omega m}}{r_D + R}[\cos(3\omega_c - \Omega)t + \cos(3\omega_c + \Omega)t] + \cdots \qquad (6-3-12)$$

由式(6-3-12)可见，输出电流中只含有 ω_c 及其奇次谐波与 Ω 的组合频率分量，无用频率分量进一步减少，且 DSB 信号分量的幅度增大。

6.3.3 高电平调幅电路

高电平调幅的主要优点是整机效率高，其主要技术指标是输出功率和效率，同时兼顾调制线性度的要求。为了获得大功率和高效率，高频功率放大器工作在丙类或乙类状态，其输出电路调谐在载波频率上，通频带为调制信号的两倍。

高电平调幅的基本方法是用调制信号改变高频功率放大器某一电极的供电电压，以控制输出电流的振幅。根据调制信号控制的电极不同，高电平调幅可分为基极调幅和集电极调幅。基极调幅和集电极调幅的原理及调制特性已在谐振功率放大器一章介绍过，这里不再赘述。

1. 基极调幅电路

基极调幅原理如图 6-3-15 所示，其特点是载波和调制信号都串接在放大器的基极回路。电路中载波 u_c 作为激励信号、调制信号 u_Ω（相当于一个缓慢变化的偏压）和基极直流偏压 U_{BB0} 叠加作为基极的时变偏压，即 $U_{BB}(t) = U_{BB0} + u_\Omega$，因 $U_{BB}(t)$ 随调制信号变化，故

集电极输出电流的幅度也随调制信号变化,从而实现了调幅。

图 6 - 3 - 16 所示为实用的基极调幅电路。在输入端,T_1 为高频变压器,C_1 为耦合电容,载波经 T_1、C_1 耦合,在 L_3 得到 u_c;T_2 为低频变压器,在其次级上得到调制信号 u_Ω;L_3 为高频扼流圈,阻止载波进入直流电源,且允许低频调制信号通过;C_2 为高频滤波电容,为高频载波提供通路,且不允许调制信号通过;C_3 为低频旁路电容,为调制信号提供通路。基极馈电电路采用了并馈的形式,u_c、u_Ω 和 U_{BB0} 共同加入基极。在输出端,L_4、C_4 组成电源滤波电路;C_5 为耦合电容;L_5、C_6、C_7 构成 π 型网络,起带通滤波器的作用,谐振在载波频率 f_c 上,通频带为调制信号的 2 倍。集电极馈电电路采用并馈的形式。

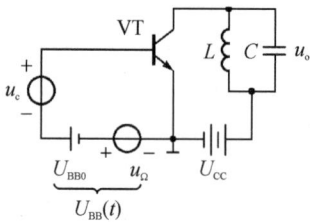

图 6 - 3 - 15　基极调幅原理

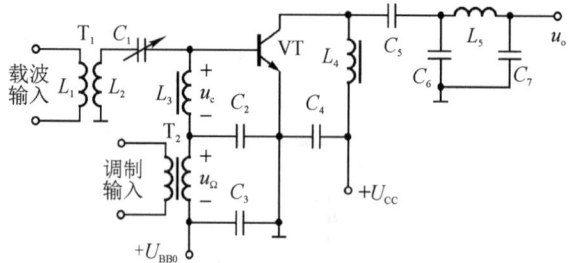

图 6 - 3 - 16　基极调幅电路

当基极调幅电路工作于欠压状态时,集电极电流 i_C 的基波分量振幅 I_{c1m} 随基极偏压 $U_{BB}(t)$ 成线性地变化,即随调制信号的规律变化,经过 L_5、C_6、C_7 构成的输出匹配网络的选频作用,输出电压 u_o 的振幅也就随调制信号的规律变化,实现了基极调幅。基极调制特性及调幅波如图 6 - 3 - 17 所示,由图可见,u_o 为普通调幅波。基极调幅的主要优点是所需要的调制信号功率小、电路比较简单,但因为工作在欠压状态,集电极效率比较低,一般只适用于功率不大、对失真要求低的发射机中。

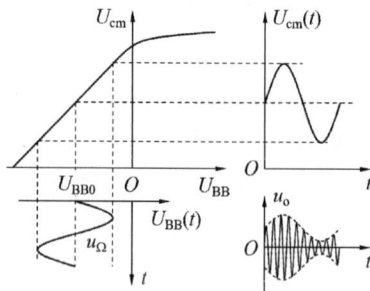

图 6 - 3 - 17　基极调制特性及调幅波

2. 集电极调幅电路

集电极调幅原理如图 6 - 3 - 18 所示,其特点是载波 u_c 作为激励信号接在放大器的基极回路,调制信号 u_Ω(相当于一个缓慢变化的偏压)和集电极直流电源 U_{CC0} 叠加作为集电极的时变电源电压,即 $U_{CC}(t) = U_{CC0} + u_\Omega$,因此 $U_{CC}(t)$ 随调制信号变化,故集电极输出电流的幅度随也调制信号变化,从而实现了调幅。

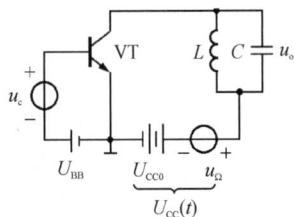

图 6 - 3 - 18　集电极调幅原理

图 6 - 3 - 19 所示为实用的集电极调幅电路。在输入端，T_1 为高频变压器，C_1 为耦合电容，载波 u_c 经 T_1、C_1 加入基极；L_3 为高频扼流圈，R_1、L_3 组成基极自偏压电路。基极馈电电路采用了并馈的形式。在输出端，L_4 为高频扼流圈，阻止高频已调信号进入直流电源，且允许低频调制信号通过；C_3 为高频滤波电路，为高频信号提供通路，且不允许调制信号通过；T_2 为低频变压器，在其次级上得到调制信号 u_Ω；C_4 为低频旁路电容，为调制信号提供通路；C_5 为耦合电容；L_5、C_6、C_7 构成 π 型网络，起带通滤波器的作用，谐振在载波频率 f_c 上，通频带为调制信号的 2 倍。集电极馈电电路采用并馈的形式，u_Ω 和 U_{CC0} 共同加在集电极上。

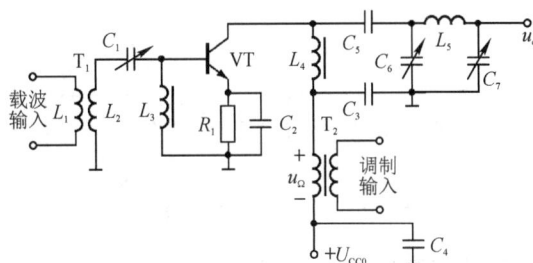

图 6 - 3 - 19　集电极调幅电路

当集电极调幅电路工作于过压状态时，集电极电流 i_C 的基波分量振幅 I_{c1m} 与集电极偏置电压 $U_{CC}(t)$ 呈线性关系，即随调制信号的规律变化，经过 L_5、C_6、C_7 构成的输出匹配网络的选频作用，输出电压 u_o 的振幅也就随调制信号的规律变化，实现了集电极调幅。集电极调制特性及调幅波如图 6 - 3 - 20 所示。集电极调幅的主要优点是效率较高、输出功率较高，但对调制信号的功率有一定要求，适用于较大功率的调幅发射机中。

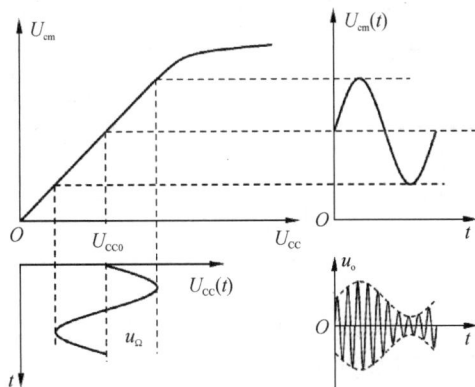

图 6 - 3 - 20　集电极调制特性及调幅波

练习与思考

6-3-1 某调幅电路模型如图 6-3-21 所示，已知调制信号 $u_\Omega = 20\cos 2\pi \times 10^3 t (\text{mV})$，载波 $u_c = 20\cos 2\pi \times 10^6 t (\text{mV})$，直流电压 $U_I = 25 \text{ mV}$，并且乘法器、加法器的系数均为 1，放大器的放大倍数 $A = 10$。试写出输出信号的数学表达式，该信号是什么调幅信号？

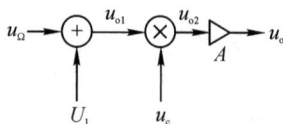

图 6-3-21

6-3-2 某滤波法产生单边带调幅信号的电路如图 6-3-22 所示，图中 OSC 为载波振荡器，BPF 为带通滤波器，其频率特性如图所示。试画出 A、B、C 点及 u_{SSB} 的频谱，并注明各关键点处的频率。

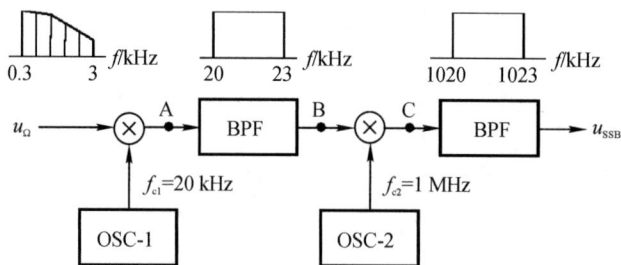

图 6-3-22

6-3-3 相移滤波法是实现单边带调幅的另一种方法，其电路如图 6-3-23 所示，图中 BPF 为理想的下边带带通滤波器。试分析其基本工作原理。

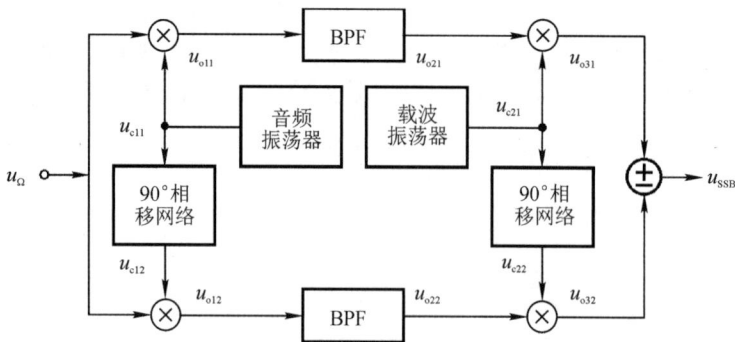

图 6-3-23

6-3-4 在幅度调制中，从减少无用频率的角度看，你认为模拟乘法器调幅、二极管平衡调幅和高电平调幅哪一个性能更好一些？

6-3-5 简述基极调幅和集电极调幅的基本工作原理。

6.4 检波原理与电路

检波是从高频调幅波中取出原调制信号的过程,是调幅的逆过程。调幅波要满足什么条件才能实现检波呢? 检波又有哪些方法呢?

在 6.3.1 节中介绍的"导频制调频立体声调制信号频谱",如图 6 - 3 - 6(b)所示,其中 19 kHz 的导频信号的作用是使接收机能恢复出 $L-R$ 信号。这个导频信号是如何起作用的呢?

在通信系统的接收端,从高频已调信号中不失真地恢复原调制信号的过程称为解调,对调幅波的解调称为振幅解调或振幅检波,简称检波。检波器的功能就是从调幅波中不失真地还原出调制信号。从频谱上看,检波就是将调幅信号中的边带信号不失真地从载波频率附近搬移到零频率附近,因此,检波器属于频谱线性搬移电路。

检波器根据所用器件的不同,可分为二极管检波器、晶体管检波器和乘法器检波器等;根据输入信号大小的不同,可分为小信号检波器和大信号检波器;根据工作特点不同,可分为包络检波器和同步检波器等。

6.4.1 包络检波器

包络检波是指检波器的输出电压与输入已调波的包络成正比的检波方法。由于普通调幅信号的包络与调制信号成正比,所以包络检波只适用于解调普通调幅信号。包络检波器的电路简单、效率高,在普通调幅波的解调中被普遍使用。由二极管组成的包络检波器可分为串联型和并联型,串联型二极管包络检波器(以下简称检波器)应用最广泛,如图 6 - 4 - 1 所示。串联型二极管包络检波器电路由二极管 VD 与 R、C 组成,所谓串联型是指信号源、检波二极管、负载电阻相串联。本节只讨论大信号输入时的情况。所谓大信号,是指输入高频电压 u_i 的振幅在 0.5 V 以上,这时可忽略二极管的导通电压,即认为二极管两端电压 u_D 为正时就导通,为负时就截止。

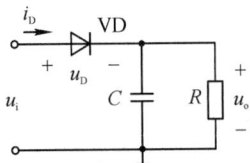

图 6 - 4 - 1 串联型二极管包络检波器电路

1. 工作原理

设检波器输入的普通调幅波为 $u_i = U_{cm}(1 + M_a \cos\Omega t)\cos\omega_c t$。在图 6 - 4 - 1 所示的电

路中，RC 电路既是检波器的负载，同时也是低通滤波器。因此，应满足

$$\frac{1}{\omega_c C} \ll R \ll \frac{1}{\Omega C}$$

由于负载电容 C 的高频阻抗很小，高频输入电压 u_i 绝大部分加到二极管 VD 上。当 u_i 为正半周时，二极管导通，并对电容 C 充电。由于二极管导通时的内阻 r_D 很小，即充电时间常数 $r_D C$ 很小，所以充电电流 i_D 较大，电容 C 上的电压（即检波器输出电压 u_o）很快就接近 u_i 的最大值；同时 u_o 又反向施加到二极管 VD 的两端，形成对二极管的反偏压。这时，二极管的导通与否，由电容器上的电压 u_o 与输入电压 u_i 共同决定。当 $u_i < u_o$ 时，二极管截止，电容 C 通过负载 R 放电，由于放电时间常数 $RC \gg r_D C$，故放电速度很慢；当 $u_i > u_o$ 时，二极管又导通，重复上述充、放电过程。串联型二极管包络检波器中各电压波形如图 6-4-2 所示。从图中可以看到，虽然电容两端的电压 u_o 有些起伏，但由于充电快、放电慢，u_o 实际上的起伏很小，可近似认为 u_o 与高频已调波的包络基本一致，故称为包络检波。

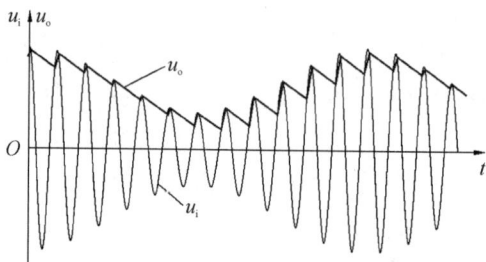

图 6-4-2 检波器中各电压波形

2. 检波效率与输入电阻

1）检波效率 η_D

检波效率又称为电压传输系数，用来说明检波器对高频信号的解调能力，用 η_D 表示。当输入信号为高频调幅波时，检波效率定义为检波器输出电压的幅度 $U_{\Omega m}$ 与输入信号包络幅度 $M_a U_{im}$ 之比，即

$$\eta_D = \frac{U_{\Omega m}}{M_a U_{im}} \tag{6-4-1}$$

在实际应用中，检波器的参数选择一般应满足 $\frac{1}{\omega_c C} \ll R \ll \frac{1}{\Omega C}$，即充电快、放电慢，所以输出电压的幅度 $U_{\Omega m}$ 只略小于调幅波包络幅度 $M_a U_{im}$，故 η_D 在 80% 左右，理想时可以取 100%。

2）输入电阻 R_i

对于高频调幅波信号源，检波器相当于负载，其等效电阻就是检波器的输入电阻 R_i，用来说明检波器对前级电路的影响程度。R_i 定义为输入高频等幅波的电压振幅 U_{im} 与输入高频脉冲电流中的基波振幅 I_{1m} 之比，即 $R_i = U_{im}/I_{1m}$。

由理论分析可以得出，检波器的输入电阻为

$$R_i \approx \frac{R}{2} \tag{6-4-2}$$

　　为了减小二极管检波器对前级电路的影响,必须增大 R_i,相应的就必须增大 R。但是,增大 R 受到检波器中非线性失真的限制。解决这个矛盾的一个有效方法是采用如图 6-4-3 所示的晶体管包格检波器。由图可见,就其检波的物理过程而言,该检波器利用晶体管发射结产生与二极管包格检波器相似的工作过程,不同的仅是输入电阻为二极管检波器的 $(1+\beta)$ 倍,这种检波电路适宜于集成化,在集成电路中得到了广泛的应用。

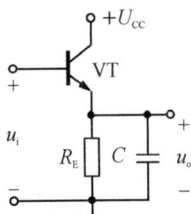

图 6-4-3　晶体管包络检波器

3. 检波器的失真

　　理想情况下,大信号包络检波器的输出电压波形能够不失真地反映输入调幅波的包络变化规律。但是,如果电路参数选择不当,检波器的输出波形不能还原输入调幅波包络的形状,就会产生检波失真。检波失真主要有惰性失真和负峰切割失真,它们是包络检波器特有的两种失真,都属于非线性失真。

1) 惰性失真

　　惰性失真是由于包络检波器的 RC 取值过大而造成的。在实际电路中,为了提高检波效率,RC 取值应足够大。但是,当 RC 取值过大时,在二极管截止期间 C 的放电速度太慢,以致跟不上调幅波包络的下降速度,就会出现如图 6-4-4 所示的惰性失真。由图可以看到,在 $t_1 \sim t_2$ 期间,C 上电压的下降速度低于调幅波包络的下降速度,于是 u_o 不再按调幅波的包络变化,产生了惰性失真。

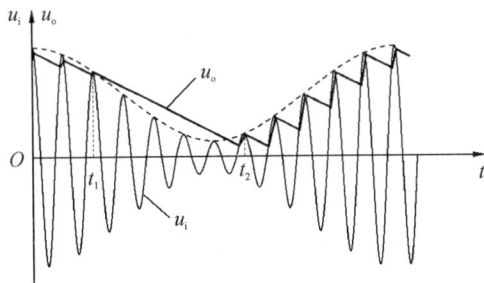

图 6-4-4　惰性失真

　　显然,调制信号的频率 Ω 越高、调制系数 M_a 越大,调幅波包络下降的速度就越快,越容易产生惰性失真。可以证明,为了避免产生惰性失真,RC 取值应满足下述条件

$$RC \leqslant \frac{\sqrt{1-M_a^2}}{M_a \Omega_{max}} \qquad (6-4-3)$$

式中,Ω_{max} 为调制信号的最高频率分量。

　　在工程上,一般可按 $\Omega_{max} RC \leqslant 1.5$ 来计算 RC 的取值。

2）负峰切割失真

在实际电路中，包络检波器的输出端都要经隔直电容把解调的低频信号耦合到下级（如低频电压放大器）的输入端，如图 6-4-5 所示，图中 C_C 为低频耦合电容，起着隔直流、耦合低频信号的作用，R_{i2} 为后级输入电阻。为了传送低频信号，C_C 的容量很大，可以认为检波器输出的低频电压 u_Ω 全部加到 R_{i2} 两端，而直流电压则全部加到 C_C 两端，且近似等于输入信号中载波分量的振幅 U_{im}，其极性为左正右负。由于 C_C 的容量很大，所以在低频信号的一周内 C_C 上的电压 $U_C \approx U_{im}$ 基本不变。当检波二极管 VD 截止时，U_C 通过 R、R_{i2} 缓慢放电，此时 U_C 在 R 上的分压 U_R 为

$$U_R = \frac{R}{R+R_{i2}} U_C \approx \frac{R}{R+R_{i2}} U_{im} \qquad (6-4-4)$$

由图 6-4-5 可见，U_R 加在检波二极管 VD 的负极。当 M_a 较大时，在调幅波包络的负半周，调幅波的电压可能会小于 U_R，在 $t_1 \sim t_2$ 期间 VD 截止，这时 R 上的电压为 U_R，包络检波器的输出电压不再按调幅波的包络变化，而是维持在 U_R 电平上，即产生了失真，如图 6-4-6 所示。由于上述失真出现在输出低频信号的负半周，其底部（即负峰）被切割，故称为负峰切割失真。

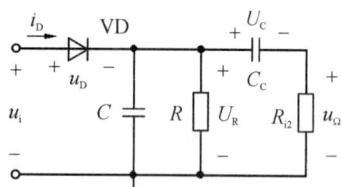

图 6-4-5　检波器连接下级电路

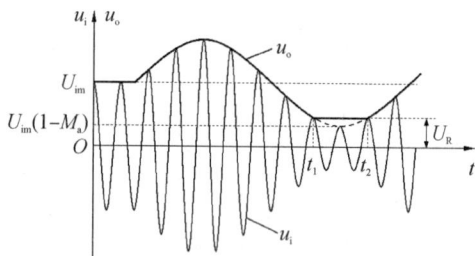

图 6-4-6　负峰切割失真

为了避免出现负峰切割失真，必须使输入调幅波包络的最小值 $U_{im}(1-M_a) > U_R$。由此式和式(6-4-4)可得

$$M_a < \frac{R_{i2}}{R+R_{i2}} \qquad (6-4-5a)$$

由图 6-4-5 还可知，检波器的低频交流负载为 $R_\Omega \approx R /\!/ R_{i2}$，直流负载为 R，说明检波器的交、直流负载不相等，且交流负载小于直流负载。故式(6-4-5a)可写为

$$M_a < \frac{R_\Omega}{R} \qquad (6-4-5b)$$

式(6-4-5b)表明，负峰切割失真是由于检波器交、直流负载不相等和调幅系数较大引起的。R_{i2} 越大，R_Ω 越接近 R，越不容易出现负峰切割失真。为此，在实际电路中可采取措施来减小交、直流负载的差别。例如，在图 6-4-7 所示电路中把 R 分为 R_1 和 R_2，并通过 C_C 将 R_{i2} 并联在 R_2 两端。显然，检波器的直流负载 $R=R_1+R_2$，交、流负载 $R_\Omega = R_1 + R_2 /\!/ R_{i2}$。当 R 一定时，R_1 越大，交、直流负载的差别就越小，但输出低频电压也就越小，一般取尺 $R_1/R_2 = 0.1 \sim 0.2$。图中电容 C_1 是用来进一步滤除高频分量的。

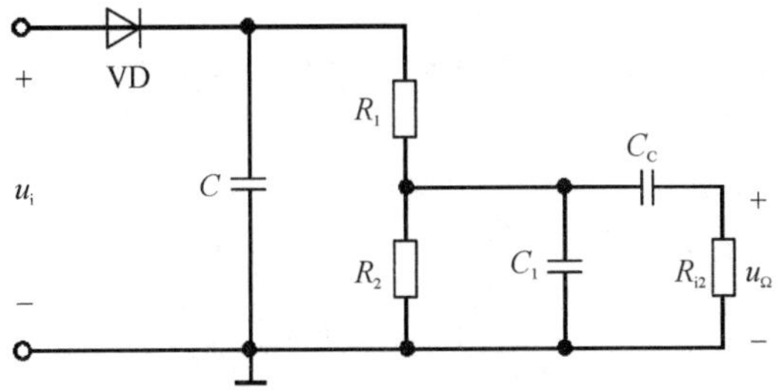

图 6 - 4 - 7　避免负峰切割失真的改进型检波器

技术与应用

调幅收音机检波电路

由于包络检波器的电路简单、效率高,广泛用于 AM 收音机。图 6 - 4 - 8 所示为某 AM 晶体管收音机的检波器电路。检波二极管 VD 选用点接触型锗二极管 2AP9($r_D \approx 100\ \Omega$);检波器的直流负载电阻为 $R_1 + R_2$,且 R_2 为电位器,用于调节音量。R_2、R_4、R_3 及 $-6\ V$ 电源构成外加偏压电路,给 VD 提供正向偏压,以抵消其导通压降,使检波电路在输入信号较小时也能工作。

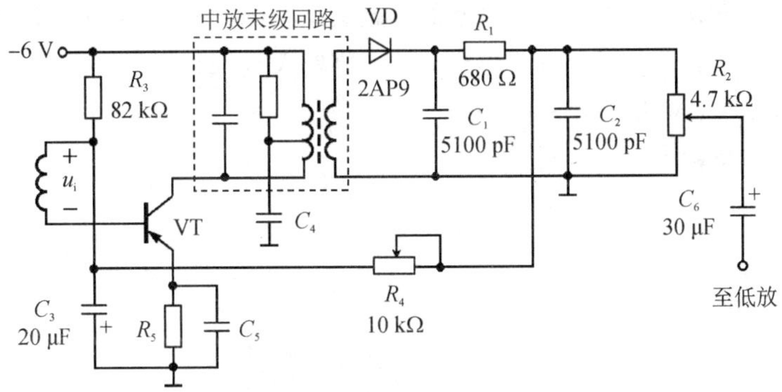

图 6 - 4 - 8　某 AM 晶体管收音机的检波器电路

$R_4 C_3$ 构成低通滤波器,C_3 上只有直流电压,且与检波器的输出信号成正比,并加到末级中频放大器的基极,以自动控制该级的电压增益,使检波器有较均衡的输出电平。如果检波器输出信号增大,C_3 上的直流电压随之升高,使 VT(PNP 管)的静态工作点降低,则其电压增益降低,使检波器的输出电压降低。这就是自动增益控制(AGC)的基本原理。

6.4.2　同步检波器

由于 DSB 和 SSB 信号的包络不反映调制信号的变化规律,而且不包含载波,所以不能用包络检波器解调,必须使用同步检波器解调。同步检波器又称相干检波器,在其输入端除需输入调幅信号 u_i 外,还需输入一个与载波同频同相的本地相干载波——同步信号 u_r。同步检波器可分为乘积型和叠加型两类。

1. 乘积型同步检波器

乘积型同步检波器由模拟乘法器和低通滤波器(LPF)组成,其电路模型如图 6-4-9 所示。

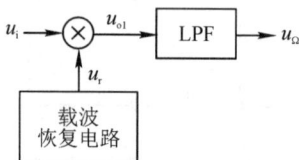

图 6-4-9 乘积型同步检波器的电路模型

1) 检波原理

设输入的调幅波为 DSB 信号,即 $u_i = U_{im}\cos\Omega t \cos\omega_c t$,经载波恢复电路产生的同步信号 $u_r = U_{rm}\cos\omega_c t$(与载波同频同相),且乘法器的系数为 1,则乘法器输出电压 u_{o1} 为

$$u_{o1} = u_i u_r = U_{im}U_{rm}\cos\Omega t \cos^2\omega_c t$$

$$= \frac{1}{2}U_{im}U_{rm}\left[\cos\Omega t + \frac{1}{2}\cos(2\omega_c - \Omega)t + \frac{1}{2}\cos(2\omega_c + \Omega)t\right]$$

可见,u_{o1} 中含有 Ω、$(2\omega_c \pm \Omega)$ 频率分量,经过低通滤波器可得到调制信号 u_Ω。

例 6.4.1 由模拟乘法器构成的检波器电路模型如图 6-4-9 所示。已知乘法器和低通滤波器的系数均为 1,同步信号为 $u_r = U_{rm}\cos\omega_c t$。当输入为 SSB 信号,即 $u_i = U_{im}\cos(\omega_c + \Omega)t$ 时,求输出信号 u_Ω 的表达式。

解 乘法器的输出电压 u_{o1} 为

$$u_{o1} = u_i u_r = U_{im}U_{rm}\cos(\omega_c + \Omega)t\cos\omega_c t = \frac{1}{2}U_{im}U_{rm}\left[\cos\Omega t + \cos(2\omega_c + \Omega)t\right]$$

经过低通滤波器后

$$u_\Omega = \frac{1}{2}U_{im}U_{rm}\cos\Omega t$$

同理,若输入为 AM 信号,用模拟乘法器构成的检波器也可以解调出调制信号。(见本节练习与思考 6-4-4)

上面分析的前提条件是本地参考信号 u_r 与输入载波同频同相,即保持严格的同步。如果 u_r 与输入载波同频但存在相位差 φ,即 $u_r = U_{rm}\cos(\omega_c t + \varphi)$,以双边带调制信号解调为例,则同步检波器的输出电压为

$$u_\Omega = \frac{1}{2}U_{im}U_{rm}\cos\varphi\cos\Omega t$$

由上式可见,同步检波器输出的低频信号的幅度与 $\cos\varphi$ 成正比。当 $\varphi = 0°$时,即同步信号与载波同频同相,u_Ω 的幅度最大;随着相位差 φ 的增大,u_Ω 的幅度减小;当 $\varphi = 90°$时,$u_\Omega = 0$。

2) 实际电路

用 MC1596 组成的同步检波器电路如图 6-4-10 所示。电路采用 12 V 单电源供电;调

幅信号 u_i 通过 0.1 μF 耦合电容加到①脚，其有效值在 10～100 mV 范围内都能不失真解调；同步信号 u_r 通过 0.1 μF 耦合电容加到⑧脚，电平大小只要能使乘法器工作于开关状态即可(有效值为 50～500 mV)。检波输出信号从⑫脚输出，经过 π 型低通滤波器(由两个 0.005 μF 电容和一个 1 kΩ 电阻组成)滤除高频分量，最后由 1 μF 的隔直电容去除直流，u_o 即为所需的低频输出信号。

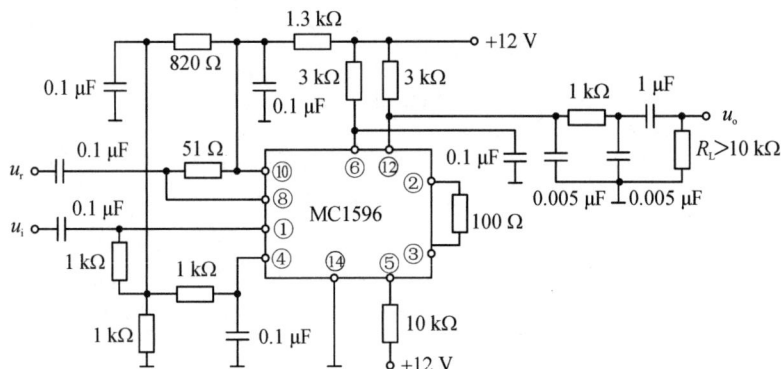

图 6 - 4 - 10　用 MC1596 组成的同步检波器电路

2. 叠加型同步检波器

叠加型同步检波器由叠加环节和包络检波器组成，其电路模型如图 6 - 4 - 11 所示。

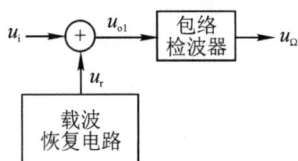

图 6 - 4 - 11　叠加型同步检波器的电路模型

1) 检波原理

设输入的调幅波为 DSB 信号，即 $u_i = U_{im}\cos\Omega t\cos\omega_c t$，经载波恢复电路产生的同步信号 $u_r = U_{rm}\cos\omega_c t$，且加法器的系数为 1，则加法器输出电压 u_{o1} 为

$$u_{o1} = u_r + u_i = U_{rm}\cos\omega_c t + U_{im}\cos\Omega t\cos\omega_c t$$

$$= U_{rm}\left(1 + \frac{U_{im}}{U_{rm}}\cos\Omega t\right)\cos\omega_c t$$

可见，只要满足 $U_{rm} > U_{im}$，则有 $M_a = U_{im}/U_{rm} < 1$，u_{o1} 为不失真的 AM 波，经包络检波器可得到调制信号 u_Ω。

若输入为 SSB 信号，即 $u_i = U_{im}\cos(\omega_c + \Omega)t$，理论分析可以证明，经包络检波器得到的解调信号包含有 Ω 及其各次谐波频率分量，即不能得到不失真的调制信号；但当 $U_{rm} > 10U_{im}$ 时，2Ω 与 Ω 频率分量幅度之比小于 2.5%，即失真可控制在可接受范围内。

2) 二极管平衡检波器电路

在解调 SSB 信号时，为进一步消除众多的失真频率分量，在实际中可采用如图 6 - 4 - 12

所示的二极管平衡检波器电路。理论分析可以证明，其输出的解调信号中抵消了 2Ω 及其以上各偶次谐波失真分量。

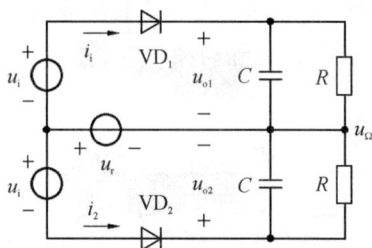

图 6 - 4 - 12　二极管平衡检波器电路

3. 载波恢复的方法

实现同步检波的关键是产生一个与输入载波同频同相的同步信号。那么，同步信号是如何产生的呢？根据待解调的调幅信号中是否含有导频（载波）信号，可采用不同的载波恢复方法。

1）提取导频信号为同步信号

在发射端发送 DSB 信号或 SSB 信号的同时，发送一个功率远低于边带功率的载波信号为导频信号（见 6.3.1 节中"调频立体声广播中调制信号的形成"）。接收端在收到导频信号后，经放大就可以作为同步信号。或者用导频信号去控制接收端的载波振荡器，使输出信号与发送端载波同步。因此，导频信号的作用就是在接收端恢复载波。这种利用导频来恢复载波的方法同样可用于普通调幅波的载波恢复。

┌┈┈┈┈┈┈┈┈┈┐
┆ **技术与应用** ┆
└┈┈┈┈┈┈┈┈┈┘

调频立体声的解调

导频制调频立体声的解调电路模型如图 6 - 4 - 13 所示，调频立体声信号经鉴频器恢复出的频谱如图 6 - 3 - 6(b) 所示的导频制调频立体声调制信号频谱。

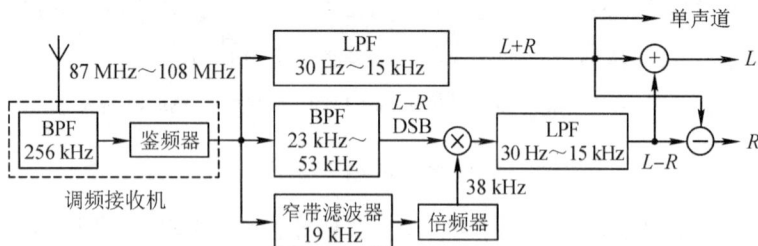

图 6 - 4 - 13　导频制调频立体声的解调电路模型

当用普通调频收音机（单声道）接收立体声广播时，解调器中仅有 30 Hz～15 kHz 的低通滤波器，只能听到 $L+R$ 信号。

若用立体声收音机接收，则由 19 kHz 的窄带滤波器提取导频信号，经倍频器得到与发射端相位相同的 38 kHz 同步信号，对经 23 kHz～53 kHz 带通滤波器取出的 $L-R$ 双边带信号进行同步检波，再经 30 Hz～15 kHz 的低通滤波器就可以得到 $L-R$ 信号。$L+R$ 信

号和 $L-R$ 信号再进行相加、相减

$$(L+R)+(L-R)=2L$$
$$(L+R)-(L-R)=2R$$

就可得到左、右两路音频信号。

2) 变换双边带信号为同步信号

对于双边带调幅波，同步信号可直接从其信号中变换出来，其原理框图如图 6-4-14 所示，这是从双边带调幅信号中提取同步信号的一种特有方法。

图 6-4-14　从双边带调幅信号中提取同步信号的原理框图

设输入的调幅波为 DSB 信号，即 $u_{\mathrm{DSB}}=U_{\mathrm{im}}\cos\Omega t\cos\omega_{\mathrm{c}}t$，通过平方运算电路的输出电压为

$$u_1=U_{\mathrm{im}}^2\cos^2\Omega t\cdot\cos^2\omega_{\mathrm{c}}t=\frac{1}{2}U_{\mathrm{im}}^2(1+\cos2\Omega t)(1+\cos2\omega_{\mathrm{c}}t)$$

可见 u_1 中含有 $2\omega_{\mathrm{c}}$ 频率分量，经中心频率为 $2\omega_{\mathrm{c}}$ 的窄带滤波器可将其取出，再经二分频电路将它变换成频率为 ω_{c} 的载波信号，最后经中心频率为 ω_{c} 的窄带滤波器滤除无用频率分量，得到与载波同频同相的同步信号。

3) 由本地振荡器产生同步信号

如果发送端不发送导频信号，特别是对不含导频信号的 SSB 调幅波而言，只能由接收端采用频率稳定度很高的石英晶体振荡器或频率合成器作为振荡源。显然，在这种情况下，要使两者严格同步是不可能的。

▶ 练习与思考

6-4-1　包络检波器的主要优点是_____、_____；但包络检波器只能解调_____信号的_____调幅波。

6-4-2　某包络检波器的输入信号为 $M_{\mathrm{a}}<1$ 的单音调制的普通调幅波，若其输出电压信号如图 6-4-15 所示，则图 6-4-15(a)是_____失真，图 6-4-15(b)是_____失真。

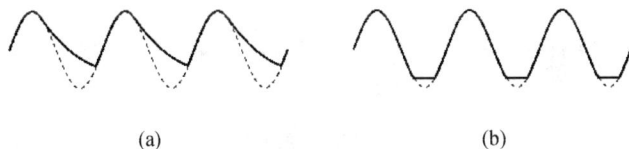

(a)　　　　　　　　　　　　(b)

图 6-4-15

6-4-3　包络检波器电路如图 6-4-1 所示，其输入电阻为_____。若采用图 6-4-3 所示电路，其输入电阻增大了_____倍。

6-4-4　由模拟乘法器构成的检波器电路模型如图 6-4-9 所示。已知乘法器和低通滤波器的系数均为 1，同步信号为 $u_r = U_{rm}\cos\omega_c t$。若输入为 $u_i = U_{im}(1 + M_a\cos\Omega t)\cos\omega_c t$，试求输出信号 u_Ω 的表达式。

6.5 混频原理与电路

观察与思考

在 1.2.3 节中介绍的"超外差式调幅广播接收机"中，混频器的作用是将接收到的调幅波信号变换成载波频率为 465 kHz 的中频信号，如图 1-2-10 所示，目的是提高接收机的选择性和灵敏度。

接收信号的载波频率是如何变换到中频的呢？

混频就是改变已调波信号的载波频率。经过混频，信号的频谱内部结构（即各频率分量的相对振幅和相互间隔）和调制类型（调幅或调频、调相）保持不变。混频器广泛应用于需要进行频率变换的广播、电视、通信等各类电子设备中。

6.5.1 混频的基本原理

混频器的电路模型及波形和频谱如图 6-5-1 所示，其中，非线性器件的作用是完成频率变换，其输入信号一个是高频已调波信号 u_s，另一个是本振信号 u_L；非线性器件常用具有相乘功能的二极管、晶体管、乘法器等；带通滤波器的作用是选出频率变换后所需要的中频分量信号 u_I。混频前信号 u_s 的载波频率为 f_s；本振即本地振荡器，其作用是产生一个频率为 f_L 的高频等幅振荡信号 u_L，作为非线性器件的参考信号；混频完成后信号 u_I 的载波频率为 f_I。从混频前后的波形看，其包络没有变化，只是改变了载波频率；从混频前后的频谱看，频谱结构没有变化，只是改变了位置。所以，混频也是频谱线性搬移的过程。如果混频器和本振共用一个器件，即非线性器件既产生本振信号又实现频率变换，则称之为变频器；如果频率变换和产生本振信号分别由两个器件完成，通常称为混频和本振。

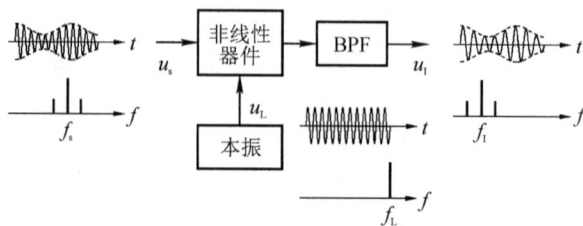

图 6-5-1 混频器的电路模型及波形和频谱

当 $f_I = f_L - f_c$ 时，由混频器产生的中频称为低中频；当 $f_I = f_L + f_c$ 时，由混频器产生的中频称为高中频。"超外差式调幅广播接收机"中 465 kHz 的中频即为采用低中频的方案。

混频器可分为乘积型和叠加型两类。

1. 乘积型混频原理

乘积型混频器的电路模型如图 6-5-2(a)所示。设输入信号为 $u_s=U_{sm}(1+M_a\cos\Omega t)$ $\cos\omega_s t$，即 AM 波，本振信号为 $u_L=U_{Lm}\cos\omega_L t$，且乘法器系数为 1。则乘法器的输出电压为

$$u_{o1}=u_s u_L=U_{sm}U_{Lm}(1+M_a\cos\Omega t)\cos\omega_s t\cos\omega_L t$$
$$=\frac{1}{2}U_{sm}U_{Lm}(1+M_a\cos\Omega t)\left[\cos(\omega_L-\omega_s)t+\cos(\omega_L+\omega_s)t\right]$$

由上式可见，u_{o1} 是载波频率分别为 f_L-f_c 和 f_L+f_c 的两个 AM 波信号。采用中心频率为 (f_L-f_s) 或 (f_L+f_s)、通频带为 $2F$ 的带通滤波器，可完成低中频或高中频混频。

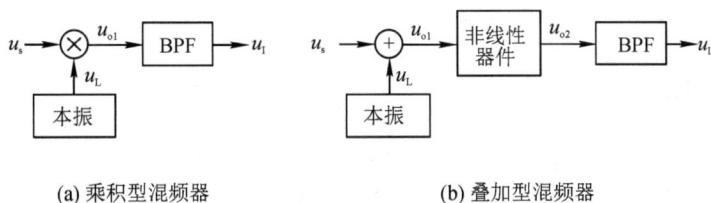

(a) 乘积型混频器　　　　　　　(b) 叠加型混频器

图 6-5-2　混频器的电路模型

2. 叠加型混频原理

叠加型混频器的电路模型如图 6-5-2(b)所示。设输入信号为高频载波，即 $u_s=U_{sm}\cos\omega_s t$，本振信号 $u_L=U_{Lm}\cos\omega_L t$。理论分析可以证明，非线性器件的输出信号 u_{o2} 中包含有无限多个频率分量，其一般表达式为

$$f_{pq}=\left|\pm pf_L\pm qf_s\right|\quad(p,q=0,1,2,\cdots)\qquad(6-5-1)$$

式(6-5-1)即为组合频率。其中，p、$q=1$ 时所对应的 $f_L\pm f_s(f_L>f_s$ 时)两个频率分量正是所需要的中频信号，采用合适的带通滤波器即可完成低中频或高中频混频。

例 6.5.1　混频器的电路模型如图 6-5-2(a)所示。设输入信号为 $u_s=U_{sm}\cos\Omega t\cos\omega_s t$，本振信号为 $u_L=U_{Lm}\cos\omega_L t$，且乘法器和滤波器的系数均为 1。带通滤波器的中心频率为 $f_I=f_L+f_s$，通频带为 $2F$。试求输出中频信号 u_I 的表达式，并定性画出频谱搬迁过程。

解　由于乘法器的系数为 1，所以有

$$u_{o1}=u_s u_L=U_{sm}U_{Lm}\cos\Omega t\cos\omega_s t\cos\omega_L t$$
$$=\frac{1}{2}U_{sm}U_{Lm}\cos\Omega t\left[\cos(\omega_L-\omega_s)t+\cos(\omega_L+\omega_s)t\right]$$

由上式可见，u_{o1} 是载波频率分别为 f_L-f_s 和 f_L+f_s 的两个 DSB 波信号，又因带通滤波器的中心频率为 $f_I=f_L+f_s$，通频带为 $2F$，系数为 1，所以

$$u_I=\frac{1}{2}U_{sm}U_{Lm}\cos\Omega t\cos(\omega_L+\omega_s)t$$

其频谱搬迁过程如图 6-5-3 所示。

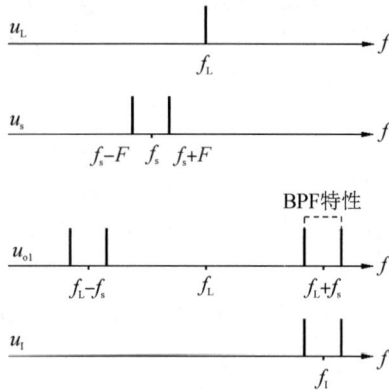

图 6 - 5 - 3 u_L、u_s、u_{o1}、u_I 的频谱

由图 6 - 5 - 3 可见，无论采用低中频还是高中频，输出信号的频谱结构与输入信号相同，仅改变了载波频率。

6.5.2   混频电路

按构成混频器的器件，混频器可分为模拟乘法器混频器、二极管混频器、晶体管混频器等。其中，模拟乘法器混频器具有混频增益高、输出频谱纯净、混频干扰小、调整容易、输入信号动态范围较大、对本振电压的大小无严格要求等优点，但其噪声系数较大；二极管混频器(包括二极管平衡混频器和二极管双平衡混频器)具有电路结构简单、噪声系数低、混频失真和组合频率干扰小、工作频率高、动态范围大等优点，但它们无混频增益，且要求本振信号的幅度要足够大；晶体管混频器具有混频增益高、噪声低的优点，但混频干扰较大。一般情况下，高质量通信设备中广泛采用二极管双平衡混频器和模拟乘法器混频器；在普通接收设备中，采用简单的晶体管混频器。几种常用混频器简要介绍如下。

1. 模拟乘法器混频器

采用模拟乘法器 MCl596 组成的混频器电路如图 6 - 5 - 4 所示。本振信号从第⑧脚注入，幅度为 $100 \sim 200$ mV；高频输入信号从第①脚输入，其幅度最大值约为 15 mV；混频信号由第⑥脚单端输出，经输出端外接的 π 型带通滤波器(中心频率为 9 MHz，通频带为

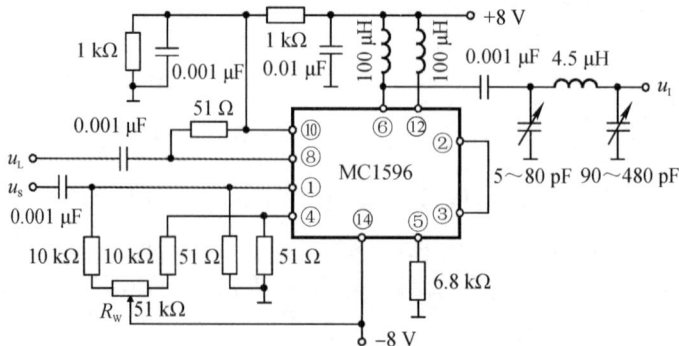

图 6 - 5 - 4   利用 MC1596 组成的混频器电路

450 kHz)滤波后，取出所需的中频信号。第①脚与第④脚之间接有平衡电路，以减小输出信号的失真。该电路可对高频或甚高频信号进行混频，例如，当 u_s 的频率为 200 MHz 时，本振信号为 209 MHz，输出差频即中频信号为 9MHz。

由模拟乘法器构成的混频电路，其输出信号的频谱比较纯净，可以减小接收系统的干扰；其输入信号的动态范围大，有利于减小交调失真和互调失真；对本振信号电压的大小也无严格限制，能够实现理想的相乘功能。但其工作频率还不能达到甚高频(VHF)以上，因此在甚高频以上的频率范围混频时还是采用肖特基二极管、晶体管等器件。

2. 二极管平衡混频器

二极管平衡混频器的原理电路及其简化的等效电路如图 6-5-5 所示。

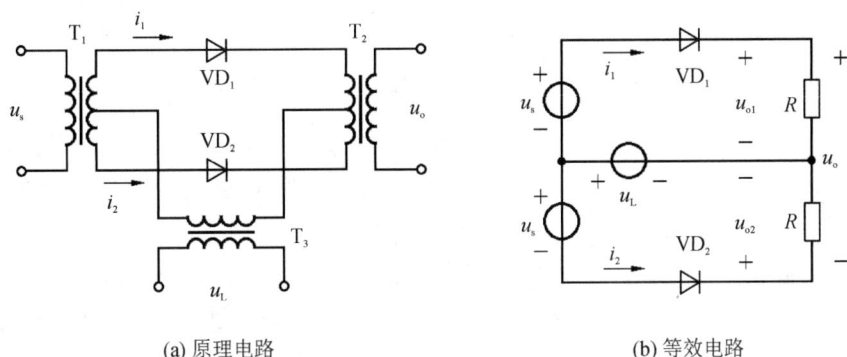

(a) 原理电路　　　　　　　　　　　(b) 等效电路

图 6-5-5　二极管平衡混频器电路

可以看出，二极管平衡混频器电路与图 6-3-13 所示的二极管平衡调幅电路基本相同，只是用 u_s、u_L 分别代替了 u_Ω、u_c 而已。当 $U_{Lm} > 0.5$ V 时，二极管工作在开关状态，可直接引用二极管平衡调幅电路的分析结果。

设输入信号为 $u_s = U_{sm}\cos\omega_s t$，本振信号 $u_L = U_{Lm}\cos\omega_L t$。根据式(6-3-8)可得二极管平衡混频电路的输出电流 u_o 为

$$u_o = (i_1 - i_2)R = \frac{2Ru_s}{r_D + R}S_1(\omega_L t) = \frac{2RU_{sm}\cos\omega_s t}{r_D + R}\left(\frac{1}{2} + \frac{2}{\pi}\cos\omega_L t - \frac{2}{3\pi}\cos3\omega_L t + \cdots\right)$$

$$= \frac{RU_{sm}}{r_D + R}\cos\omega_s t + \frac{2}{\pi}\frac{RU_{sm}}{r_D + R}\left[\cos(\omega_L - \omega_s)t + \cos(\omega_L + \omega_s)t\right] -$$

$$\frac{2}{3\pi}\frac{RU_{sm}}{r_D + R}\left[\cos(3\omega_L - \omega_s)t + \cos(3\omega_L + \omega_s)t\right] + \cdots \qquad (6-5-2)$$

当输出端接带通滤波器(中心频率为 $f_I = f_L - f_s$)时，输出中频电压 u_I 为

$$u_I = \frac{2}{\pi}\frac{RU_{sm}}{r_D + R}\cos(\omega_L - \omega_s)t \qquad (6-5-3)$$

3. 晶体管混频器

晶体管混频器是利用 i_C 和 u_{BE} 的非线性特性来进行频率变换的。由于晶体管混频器具有电路简单、变频增益高的特点，因此在中、短波接收机及一些测量仪器中广泛应用。

根据晶体管的组态和本振注入方式的不同，晶体管混频器有四种基本形式，如图 6-5-6 所示。其中，图 6-5-6(a)和图 6-5-6(b)都是共发射极混频器，即信号电压 u_s 都是从基

极输入的，区别在于图 6-5-6(a)中本振电压 u_L 从基极注入，图 6-5-6(b)中本振电压 u_L 从发射极注入。图 6-5-6(c)和图 6-5-6(d)为共基极混频器，即信号电压 u_s 都是从发射极输入，区别在于图 6-5-6(c)中本振电压 u_L 由发射极注入，而图 6-5-6(d)中本振电压 u_L 由基极注入。图 6-5-6(a)、图 6-5-6(b)电路应用较广，而图 6-5-6(c)、图 6-5-6(d)电路一般只在工作频率较高的混频电路中采用。

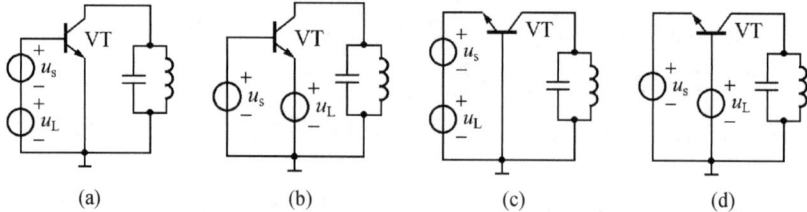

(a)   (b)   (c)   (d)

图 6-5-6 晶体管混频器的四种基本形式

尽管上述四种形式的混频器各具有不同的特点，但是它们的混频原理都是相同的。因为不管 u_L 的注入点和 u_s 的输入点是否相同，实际上 u_L 和 u_s 都是串接后加至晶体管的发射结，利用 i_C 和 u_{BE} 的非线性关系实现频率变换的。

若输入信号 $u_s = U_{sm}\cos\omega_s t$，本振信号 $u_L = U_{Lm}\cos\omega_L t$，由混频的基本原理可知，晶体管的集电极电流 i_C 中将包含无限多的组合频率，这其中也包含差频 $f_L - f_s$ 及和频 $f_L + f_s$ 成分。利用集电极 LC 选频回路(调谐在中频 f_I 上)的选频作用，即可从无限多的组合频率中选出所需的中频信号。

图 6-5-7 所示为超外差式调幅收音机的变频器电路。图中，天线线圈 L_A 和 C_{1A}、C_2 组成的输入回路调谐在信号频率 f_s 上，从而选出所需的电台信号 u_s，经变压器耦合输入到晶体管的基极；振荡线圈 L_Z 和 C_{1B}、C_6、C_5 组成的振荡回路调谐在本振频率 f_L 上。本振信号 u_L 从 L_Z 的抽头和地之间经 C_7 注入到晶体管的发射极；u_s 和 u_L 在晶体管中混频。L_5、L_6 为中频变压器，L_5 和 C_4 调谐在中频频率 f_I 上，它作为晶体管的负载，并选出中频信号。

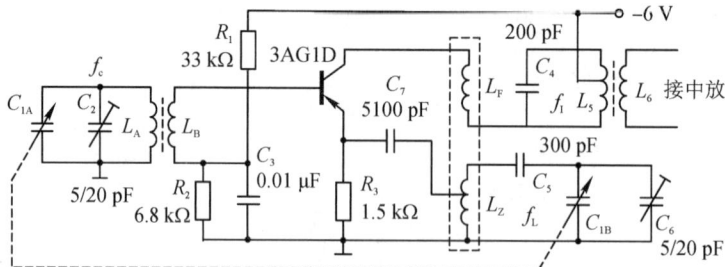

图 6-5-7 超外差式调幅收音机的变频器电路

对于本振频率 f_L 而言，L_A 所在的回路和 L_5 所在回路均可看成短路，则 L_B 两端也可看成短路，于是可画出变频器中的本振交流通路，如图 6-5-8 所示。由图可见，这是一个共基极变压器反馈式振荡器，振荡回路接在晶体管的发射极，振荡回路的频率可调。这种电路采用了部分接入的方式，可以减弱晶体管对回路的影响。

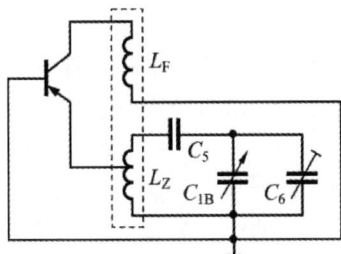

图 6 - 5 - 8　本振的交流通路

在图 6 - 5 - 7 中，C_{1A}、C_{1B} 为双联同轴可变电容器，它作为输入回路和本振回路的统调电容，使得在整个波段内，接收各个电台时本振频率 f_L 均与输入信号载频 f_s 同步变化，且 f_L 始终比 f_s 高一个中频 f_I（$f_I = 465$ kHz）。

┌─────────────┐
│ 知识拓展 │
└─────────────┘

什么是超外差

超外差原理是在外差原理的基础上发展而来的。

1. 外差与超外差

外差原理最早由美国无线电专家费森顿于 1901 年提出。所谓外差就是将接收到的高频已调信号与本振信号相作用，直接产生音频信号的方法。由于外差电路的稳定性差，且当时电子管还未诞生，因此未能得到广泛应用。

超外差原理最早由美国无线电专家阿姆斯特朗于 1918 年提出。所谓超外差就是将接收到的高频已调信号与本振信号相作用，先变换为固定的超音频，即高于音频的某一个中频，再经中频放大和检波，解调出音频信号的方法。由于超外差式接收机具有灵敏度高、稳定性好、抗干扰能力强等优点，适合远程通信对高频率、弱信号接收的需要，至今仍被广泛应用。

2. 超外差的含义

外差法由 heterodyne 翻译而来。在中文里"外"与"异"是相通的，外即相异；"差"由"差遣"简化而来，差即驱动。所以，外差法就是用不同频率信号驱动产生新频率分量的方法。

超外差由 super heterodyne 翻译而来。"超"即产生的新频率高于音频频率。所以，超外差法就是用不同频率信号驱动产生高于音频的新频率分量的方法。

6.5.3　混频干扰

混频器的非线性是混频电路产生各种干扰的主要原因。一般情况下，混频器的输入端除了有用信号和本振信号以外，还有从天线耦合进来的各种干扰信号，它们两两之间都有可能进行混频，产生无数的组合频率分量。当这些组合频率分量等于或接近中频时，将与有用的中频信号一起通过中频带通滤波器，经中频放大器放大后，再经解调，会在输出端形成干扰，影响有用信号的正常接收。下面对几种常见的干扰进行讨论。为了叙述方便，本节均以低中频（即 $f_I = f_L - f_s$）为例。

1. 组合频率干扰

由 6.5.1 节混频的基本原理可知，无论是乘积型混频器还是叠加型混频器，高频已调波信号 u_s 和本振信号 u_L 经混频后，输出信号中所包含的频率分量均可用组合频率 f_{pq} 表示。根据式(6-5-1)，f_{pq} 为

$$f_{pq} = |\pm p f_L \pm q f_s| \quad (p、q = 0, 1, 2, \cdots) \tag{6-5-4}$$

其中，当 $p = q = 1$ 时，$f_I = f_L - f_s$ 的中频分量为有用信号，其余众多的频率分量皆为无用的组合频率分量。所以，组合频率干扰是指输入信号 u_s 与本振信号 u_L 的不同组合而产生的干扰。

如果这些无用的组合频率分量接近中频 f_I，它就能与有用的中频信号一起被中频放大器放大后加到检波器上，并与中频发生差拍检波，最后产生的音频信号在扬声器中以哨叫的形式出现，故组合频率干扰又称为干扰哨声。

例如，某收音机的中频 $f_I = f_L - f_s = 465\ \text{kHz}$，若接收信号的频率 $f_s = 931\ \text{kHz}$，此时的本振频率 $f_L = f_I + f_s = 1396\text{kHz}$。当 $p = 1$、$q = 2$ 时，其组合频率为

$$f_{1,2} = -f_L + 2f_s = -1396\ \text{kHz} + 2 \times 931\ \text{kHz} = 466\ \text{kHz}$$

由于 466 kHz 在带通滤波器有效的带宽范围内，不能被滤除，所以无用信号频率 $f_{1,2}$ 和有用的中频 f_I 一起被中频放大器放大后送到检波器，在检波器中与中频信号进行差拍检波，检波器的输出信号中产生了新的频率 $\Delta f = f_{1,2} - f_I = 1\ \text{kHz}$。$\Delta f$ 信号经低频放大后，在扬声器中就可听到频率为 1 kHz 的干扰哨声。

显然，组合频率只要接近中频都会产生干扰哨声，即

$$|\pm p f_L \pm q f_s| \approx f_I$$

上式可分解为四个关系式，但只有两个关系式成立，即 $p f_L - q f_s \approx f_I$ 和 $-p f_L + q f_s \approx f_I$。将两式合并，并代入 $f_L = f_s + f_I$，可得到产生干扰哨声的有用信号频率为

$$f_s \approx \frac{p \pm 1}{q - p} f_I \tag{6-5-5}$$

式(6-5-5)表明，当中频选定后，凡某一信号频率满足式(6-5-5)，且落在接收频段内，都会产生干扰哨声。应当指出的是，由于组合频率分量的振幅总是随着 $(p+q)$ 的增加而迅速减小，因此能够产生明显干扰哨声的是 p 和 q 值较小的组合，而 p 和 q 较大值组合产生的干扰哨声一般可以忽略。

2. 寄生通道干扰

所谓寄生通道干扰又称为副波道干扰，副波道是相对频率为 f_I 的主波道而言的。若混频器之前的电路选择性不好，除接收所需要的有用信号外，其他干扰信号也会进入混频器。这些干扰信号与本振信号混频后也可能形成接近中频的干扰，这种干扰就是副波道干扰。设干扰信号频率为 f_N，则产生副波道干扰应满足下列关系式

$$|\pm p f_L \pm q f_N| \approx f_I$$

同样，上式中仅有 $p f_L - q f_N \approx f_I$ 和 $-p f_L + q f_N \approx f_I$ 两个关系式成立。将这两个关系式合并，并代入 $f_L = f_s + f_I$，可得到产生干扰的信号频率为

$$f_N = \frac{p}{q} f_s + \frac{p \pm 1}{q} f_I \tag{6-5-6}$$

式(6-5-6)为在 f_s 或 f_L 确定的情况下(即接收机调谐于 f_s)形成副波道干扰的外来

干扰信号频率。该式表明，理论上能形成副波道干扰的 f_N 很多。实际上，也只有当 p 和 q 值较小的干扰信号才会形成明显的副波道干扰，其中，产生副波道干扰最强的信号有以下两个：

(1) 中频干扰：当 $p=0$、$q=1$ 时，由式(6-5-6)得 $f_N=f_I$，即干扰信号频率等于或接近中频，故称为中频干扰。对于中频干扰信号，混频电路实际上起到中频放大器的作用，中频干扰信号被中频放大器再次放大，因而比有用信号具有更强的传输能力。为了抑制中频干扰，可以把中频设在接收信号的频率范围以外，例如，我国中波调幅广播的频率范围为 $526.5\sim1606.5$ kHz，接收机的中频设为 465 kHz，在接收范围之外。另外，还可以提高混频器之前各级选频回路的选择性，或在混频器前增加一个中频滤波器。

(2) 镜像干扰：当 $p=1$、$q=1$ 时，由式(6-5-6)得 $f_N=f_s+2f_I=f_L+f_I$，对于 f_L 而言，f_N 和 f_s 正好是镜像关系，如图 6-5-9 所示，故称为镜像频率干扰，简称镜像干扰或镜频干扰。对镜像干扰信号，混频电路具有与有用信号相同的变换能力，一旦这种干扰信号进入混频电路，就无法将其抑制掉。为了抑制镜像干扰，一是要提高混频器之前各选频回路的选择性；二是可采用二次混频。

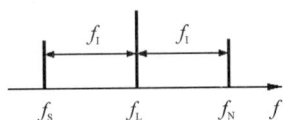

图 6-5-9　镜像干扰

3. 交叉调制干扰

当干扰信号为调幅信号时，干扰信号与有用信号同时加到混频器后，干扰信号的包络转移到了中频信号的包络中，经检波后能听到干扰信号。干扰现象是：当接收机对有用信号调谐时，在听到有用信号的同时，还可以听到干扰电台的声音；若接收机对有用信号失调时，干扰台也随之消失。这种由干扰信号与有用信号经混频而产生的干扰，称为交叉调制干扰，简称交调干扰。

交叉调制干扰的程度随干扰信号振幅增大而急剧增大，而与其频率无关。减小交叉调制干扰的主要方法：一是提高混频器前端电路的选择性，尽量减小干扰信号的幅度；二是选择合适的混频器件和合适的工作状态，以减小混频器件输出的非线性高次项的幅度；三是采用抗干扰能力较强的二极管平衡混频器和模拟乘法器混频器。

4. 互相调制干扰

当两个(或多个)干扰信号同时加到混频器输入端时，由于混频器的非线性作用，两个干扰信号与本振信号相互混频，当 $|\pm pf_L\pm qf_{N1}\pm rf_{N2}|\approx f_I$ 时，即产生的组合频率分量接近中频时，混频器的输出存在寄生中频分量，经中放和检波后产生哨叫声。这种由两个(或多个)干扰信号与本振信号彼此混频而产生的干扰，称为互相调制干扰，简称互调干扰。减小互调干扰的方法与抑制交叉调制干扰的措施相同。

例 6.5.2　有一中波超外差调幅收音机，接收范围为 $526.5\sim1606.5$ kHz，中频为 465 kHz。试分析以下干扰的性质。

(1) 当接收频率 $f_s=550$ kHz 的电台时，听到频率为 1480 kHz 电台的干扰声；

（2）当接收频率 $f_s=1400$ kHz 的电台时，听到频率为 700 kHz 电台的干扰声；

（3）在收听频率 $f_s=1396$ kHz 的电台时，听到哨叫声。

解　（1）由于 550 kHz+2×465 kHz=1480 kHz，所以 1480 kHz 是 550 kHz 的镜像频率，此时的干扰为镜像干扰。

（2）当 $p=1$、$q=2$ 时，由式（6-5-6）得

$$f_N=\frac{p}{q}f_s+\frac{p\pm1}{q}f_I=\frac{1}{2}\times1400\ \text{kHz}+\frac{1-1}{2}\times465\ \text{kHz}=700\ \text{kHz}$$

因此这是 $p=1$、$q=2$ 的寄生通道干扰。

（3）由于 465 kHz×3=1395 kHz，即 $f_s\approx3f_I$。当 $p=2$、$q=3$ 时，由式（6-5-5）得

$$f_s\approx\frac{p\pm1}{q-p}f_I=\frac{2+1}{3-2}\times465\ \text{kHz}=1395\ \text{kHz}$$

因此这是 $p=2$、$q=3$ 的组合频率干扰，且产生 1396 kHz−1395 kHz=1 kHz 的哨叫声。

▶ 练习与思考

6-5-1　为什么要用非线性元件实现混频？混频与检波有什么主要区别？

6-5-2　混频和变频的区别是什么？

6-5-3　已知高频输入信号的频谱如图 6-5-10 所示，本振频率为 1500 kHz。试画出高中频和低中频混频输出信号的频谱。

6-5-4　电路模型如图 6-5-11 所示。若要实现调幅、检波和混频功能，u_1、u_2 分别是什么信号？对滤波器有什么要求？

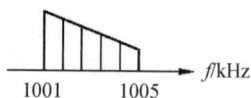

图 6-5-10

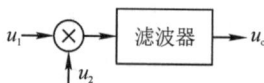

图 6-5-11

6-5-5　某超外差收音机的中频为 465 kHz。当接收频率 $f_s=1480$ kHz 的电台信号时，听到频率为 740 kHz 电台的干扰声，试分析产生干扰的原因。

6.6　技 能 训 练

6.6.1　模拟乘法器调幅实验

1. 实验目的

（1）理解振幅调制的工作原理；

（2）掌握用模拟乘法器实现普通调幅和双边带调幅的方法，并研究已调波与调制信号、载波之间的关系；

（3）掌握用示波器测量调幅系数的方法。

2. 实验内容

（1）模拟乘法器的输入失调电压调节；

（2）观察普通调幅波信号的波形，并测量其调幅系数；

（3）观察双边带调幅波信号的波形。

3. 实验器材

信号发生器，双踪示波器，实验模块 5（乘法器调幅）。

4. 实验电路

采用 MC1496 组成的调幅器实验电路如图 6-6-1 所示。高频载波 u_c 由 10 脚加入，调制信号 u_Ω 及直流电压加到 1 脚和 4 脚之间，输出信号从 6 脚单端输出。5W01 用来调节 1、4 脚之间的平衡；当开关 5K01 和 5K02 短路时，MC1496 的 1 端接入直流电压，输出为 AM 信号，调整 5W01 电位器，可改变给 u_Ω 附加的直流电压；当开关 5K01 和 5K02 开路时，1、4 脚之间电阻增大，直流电流减小，便于 5W01 调零，当 1、4 脚的直流电位相等时，输出为 DSB 信号。集成运算放大器组成跟随器，以提高调制器的带负载能力。

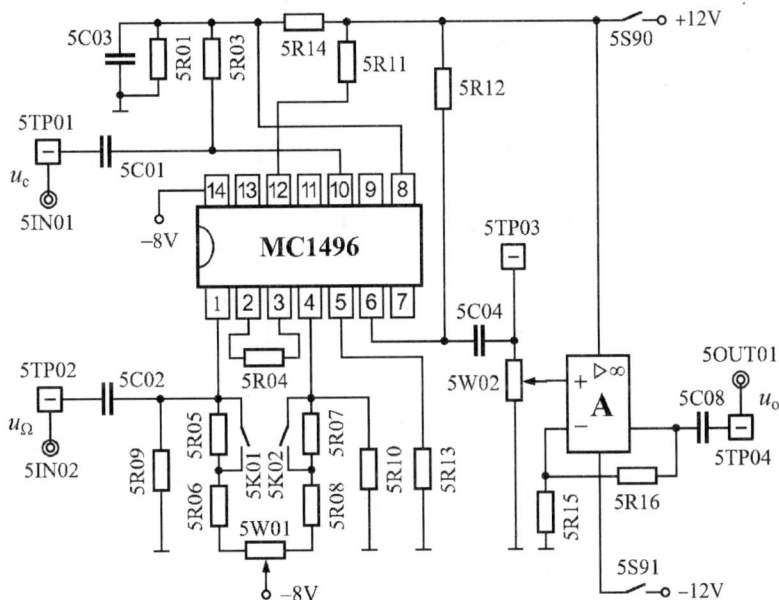

图 6-6-1　技能训练 6.6.1 电路

5. 实验步骤

（1）实验准备。

① 断开跳线开关 5K01 和 5K02。

② 打开实验箱电源，按下实验板电源开关 5S90 和 5S91，接通 ±12 V 电源。

③ 调制信号由信号发生器 CH1 输出。波形：正弦波；频率：1 kHz；幅度：200 mV。

④ 载波信号由信号发生器 CH2 输出。波形：正弦波；频率：10 kHz；幅度：100 mV。

⑤ 将调制信号接入 5TP02，将载波信号接入 5TP01；示波器 CH1 路接 5TP04，示波器

CH2 路接 5IN02(5TP02)。

（2）观察并记录 DSB 信号波形。

① 观察 DSB 信号波形。

调节 5W02 和示波器，使输出信号波形有合适的显示。

微调 5W01 电位器，使 DSB 波形达到对称。

观察调制信号波形和 DSB 信号波形，并记录于表 6-6-1 中。

表 6-6-1　DSB 信号与调制信号、载波信号的波形

u_Ω 与 u_{DSB} 波形	过零点处 u_Ω 与 u_{DSB} 波形	u_c 与 u_{DSB} 波形

② 观察 DSB 信号的反相点。

增大示波器 X 轴扫描速率，仔细观察调制信号过零点时所对应的 DSB 信号，并记录于表 6-6-1 中。

③ DSB 信号与载波信号的相位比较。

将示波器 CH2 路接 5IN01(5TP01)，比较载波波形与 DSB 波形的相位，并记录下来。可发现：在调制信号正半周期间，两者同相；在调制信号负半周期间，两者反相。

（3）测量并记录 AM 信号波形。

① 观察 AM 信号波形。

将示波器 CH2 路重新接到 5IN02(5TP02)。

短路跳线开关 5K01 和 5K02，调整 5W01 电位器，使输出的 AM 波形无失真，并记录于表 6-6-2 中。

表 6-6-2　u_{AM} 信号与 u_Ω 信号的波形

$M_a<1$ 时 u_Ω 与 u_{AM} 波形	$M_a=1$ 时 u_Ω 与 u_{AM} 波形	过调制时 u_Ω 与 u_{AM} 波形

② 测量调幅度 M_a。

在 AM 波形无失真时，调节示波器 X 轴扫描速率，只显示几个周期的调幅波波形，如图 6-6-2 所示。根据 M_a 的定义，测出 A、B，则

$$M_a = \frac{A-B}{A+B} =$$

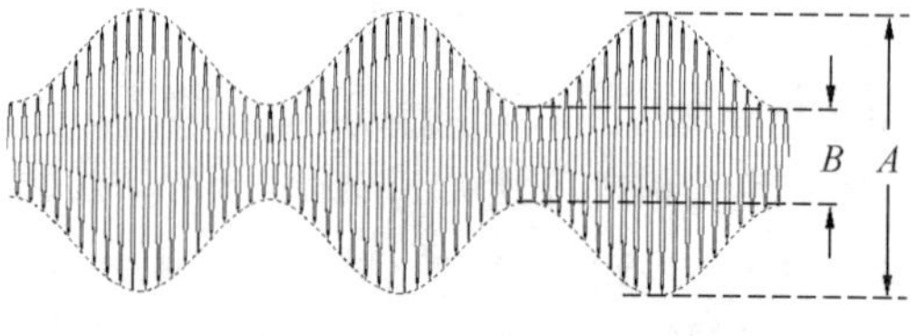

图 6-6-2　M_a 的测量方法

③ 观察 100% 调制时的 AM 波形。

增大调制信号的幅度，使调幅度达到 100%，观察此时的 AM 波形，记录于表 6-6-2 中，并与调制信号波形作比较。

④ 观察过调制时的 AM 波形。

继续增大调制信号的幅度，观察过调制时的 AM 波形，记录于表 6-6-2 中，并与调制信号波形作比较。

(4)观察并记录不同调制信号的 AM 波形。

改变调制信号分别为方波、三角波，调整幅度，使输出波形无失真。

观察输出波形，并记录于表 6-6-3 中。

表 6-6-3　不同调制信号的 u_{AM} 波形

u_Ω 为方波时 u_{AM} 波形	u_Ω 为三角波时 u_{AM} 波形

6. 总结与思考

(1) 整理实验数据，撰写实验报告。

(2) 当 $M_a=1$ 时，AM 波与 DSB 波有什么区别？

6.6.2　包络检波实验

1. 实验目的

(1) 掌握用包络检波器解调的方法；

(2) 理解包络检波器不能解调 $M_a>1$ 的 AM 信号和 DSB 信号的概念；

(3) 了解惰性失真、负峰切割失真现象及产生的原因。

2. 实验内容

(1) 观察包络检波器解调 AM 信号、DSB 信号时的性能；

(2) 观察解调 AM 信号时产生惰性失真、负峰切割失真的现象。

3. 实验器材

双踪示波器，信号发生器，实验模块 18(包络检波)。

4. 实验电路

二极管包络检波实验电路如图 6-6-3 所示。AM 信号由 18TP05 输入，经 18C09 耦合，在 18L02 上产生 AM 信号电压。18D05 为检波二极管，18C05、18C06、18C07、18R10、18R11、18R12 组成基本低通滤波器。当从 18B07 输出时，18R14、18R15 为检波器的交流负载。当从 18B09 输出时，18R16、18R17 为检波器的交流负载；18R13、18W05 构成避免负峰切割失真的改进型检波器。

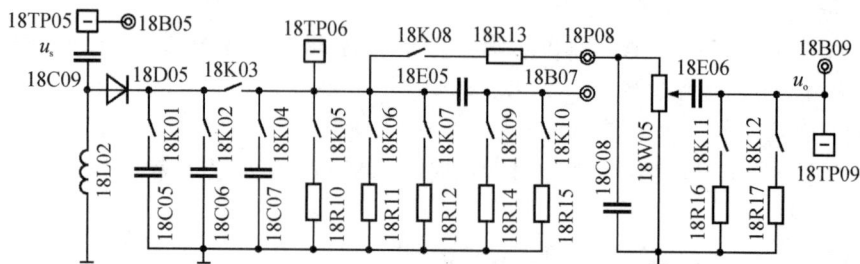

6-6-3 技能训练6.6.2电路

5. 实验步骤

（1）实验准备。

① 短路跳线开关18K01、18K03、18K04、18K08。

② 用信号源产生 AM 信号：载波的波形、频率、幅度分别为正弦波、465 kHz、2 V，调制信号波形、频率分别为正弦波、1 kHz，调幅度为 40%。

③ AM 信号由 18TP05 输入。

（2）解调 AM 信号。将示波器 CH1 路接 18TP09，示波器 CH2 路接 18B05（18TP05）。

① 当 $M_a=40\%$ 时，调节 18W05，使输出最大且不失真，观察并记录输入、输出波形，记入表 6-6-4 中。

表 6-6-4 u_{AM} 信号与 u_o 信号的波形

$M_a=40\%$ 时 u_{AM} 与 u_o 波形	$M_a=100\%$ 时 u_{AM} 与 u_o 波形	$M_a=120\%$ 时 u_{AM} 与 u_o 波形

② 当 $M_a=100\%$ 时，调整信号源，使调幅度为 100%，观察并记录输入、输出波形，记入表 6-6-4 中。

③ 当 $M_a=120\%$ 时，调整信号源，使调幅度为 120%，观察并记录输入、输出波形，记入表 6-6-4 中。

（3）观察惰性失真。调整信号源，使调幅度为 80%；短路跳线开关 18K02，使输出产生惰性失真；示波器 CH1 路接 18TP06。观察并记录此时的输入、输出波形，记入表 6-6-5 中。

表 6-6-5 检波失真的波形

惰性失真时 u_{AM} 与 u_o 波形	负峰切割失真时 u_{AM} 与 u_o 波形

（4）观察负峰切割失真。断开跳线开关 18K02，短路跳线开关 18K11、18K12；示波器 CH1 路接 18TP09。调节 18W05，使输出信号出现负峰切割失真。观察并记录此时的输入、输出波形，记入表 6-6-5 中。

（5）观察调制信号为三角波和方波的解调。断开跳线开关 18K11、18K12；调整信号源，使调幅度为 30%，分别设置调制信号为三角波和方波，观察并记录对应的输入、输出波形。

6. 总结与思考

（1）整理实验数据，撰写实验报告。

（2）分析产生惰性失真和负峰切割失真的原因。

6.6.3　同步检波实验

1. 实验目的

掌握用模拟乘法器解调 AM 信号和 DSB 信号的方法。

2. 实验内容

观察用同步检波器解调 AM 信号、DSB 信号时的性能。

3. 实验器材

双踪示波器，信号发生器，实验模块 MD04（调幅与解调），实验模块 5（乘法器调幅）。

4. 实验电路

用 MC1496 构成的同步检波器电路如图 6-6-4 所示（与图 6-4-10 所示电路基本相同）。

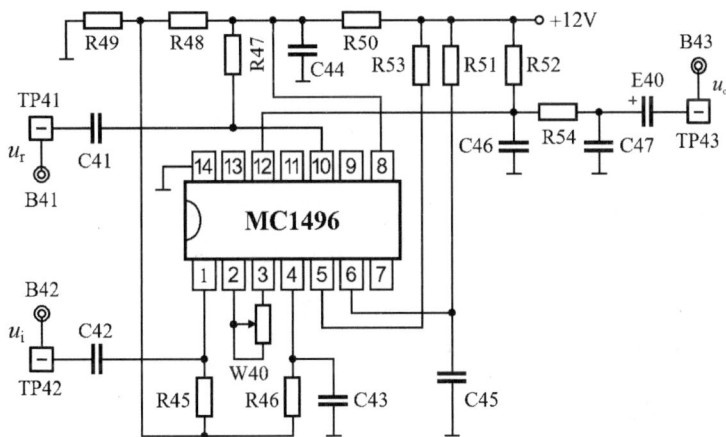

图 6-6-4　技能训练 6.6.3 电路

5. 实验步骤

（1）实验准备。

① 用信号源 CH1 路产生 AM 信号：载波的波形、频率、幅度分别为正弦波、465 kHz、200 mV，调制信号波形、频率分别为正弦波、1 kHz，调幅度分别为 40%、100%、120%。

用信号源 CH2 路产生同步信号：波形、频率、幅度分别为正弦波、465 kHz、100 mV。

② AM 信号由 TP42(B42)输入，同步信号由 TP41(B41)输入。

③ 示波器 CH1 路接 TP43(B43)，CH2 路接 TP42(B42)。

（2）解调 AM 信号。调节电位器 W40，使电路有检波输出。观察并记录输入、输出波形，记入表 6-6-6 中。

表 6-6-6　u_{AM} 信号与 u_o 信号的波形

M_a=40% 时 u_{AM} 与 u_o 波形	M_a=100% 时 u_{AM} 与 u_o 波形	M_a=120% 时 u_{AM} 与 u_o 波形

（3）解调 DSB 信号。

① 将 6.6.1 节中产生的 DSB 信号由 TP42(B42)输入；同步信号直接用产生 DSB 信号时的载波，用同轴线由 TP41(B41)输入。

② 调节信号源，产生 DSB 信号的调制信号分别为正弦波、三角波、方波。

③ 观察并记录输入、输出波形，记入表 6-6-7 中。

表 6-6-7　u_{DSB} 信号与 u_o 信号的波形

正弦波时的 u_{DSB} 与 u_o 波形	三角波时的 u_{DSB} 与 u_o 波形	方波时的 u_{DSB} 与 u_o 波形

6. 总结与思考

（1）整理实验数据，撰写实验报告。

（2）对包络检波和同步检波两种解调方法进行对比。

6.6.4　乘法器混频实验

1. 实验目的

掌握用模拟乘法器实现混频的方法。

2. 实验内容

（1）观察中频频率；

（2）观察混频器的输出波形。

3. 实验器材

双踪示波器，信号发生器，实验模块 MD03——混频与中放。

4. 实验电路

由 MC1496 构成的混频器电路如图 6-6-5 所示。图中，F30 为三端陶瓷滤波器，其中心频率为 4.5 MHz。

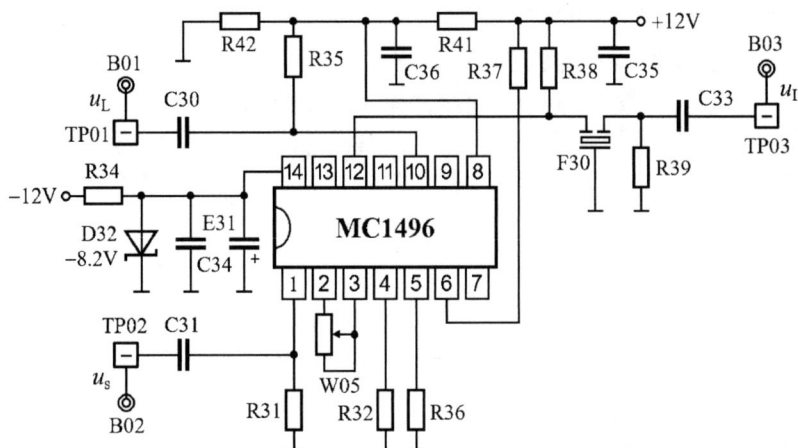

图 6-6-5 技能训练 6.6.4 电路

5. 实验步骤

(1) 实验准备。信号源 CH1 路接 TP02，信号源 CH2 路接 TP01，示波器 CH1 路接 TP03。

(2) 观测中频频率。

① 信号源 CH1 路产生输入信号：波形、频率、幅度分别为正弦波、10 MHz、100 mV。信号源 CH2 路产生本振信号：波形、频率、幅度分别为正弦波、14.5 MHz、200 mV。

② 调节电位器 W05，使混频器有输出信号。

③ 在示波器中观测输出信号的形状和频率，并将结果记入表 6-6-8 中。

表 6-6-8 中频信号的频率与波形

$f_s=10$ MHz、$f_L=14.5$ MHz	$f_s=10$ MHz、$f_L=5.5$ MHz	$f_s=5.5$ MHz、$f_L=10$ MHz
$f_I=$	$f_I=$	$f_I=$

④ 调节信号源，当使 CH1 路的 $f_s=10$MHz、CH2 路的 $f_L=5.5$ MHz；及使 CH1 路的 $f_s=5.5$MHz、CH2 路的 $f_L=10$ MHz 时，在示波器中观测输出信号的形状和频率，并将结果记入表 6-6-8 中。

⑤ 调节信号源，改变 CH1 路产生的本振信号的频率，在示波器中观测输出信号的形

状和频率。

（3）观测混频波形。

① 调节信号源 CH1 路产生 AM 信号：载波的波形、频率、幅度分别为正弦波、5.5 MHz、100 mV，调制信号波形分别为正弦波、三角波、方波，调制信号的频率为1 kHz，调幅度为 40%。

② 示波器 CH2 路接 TP02（B02）。

③ 在示波器中观测输出的中频信号的波形和载波频率，并将结果记入表 6-6-9 中。特别注意观察两路信号波形的包络是否一致。

表 6-6-9 混频器输入、输出波形对比

正弦波时 u_{AM} 与 u_o 波形	三角波时 u_{AM} 与 u_o 波形	方波时 u_{AM} 与 u_o 波形

6. 总结与思考

（1）整理实验数据，撰写实验报告。

（2）归纳并总结信号混频的过程。

小　结

1. 幅度调制

幅度调制是用低频调制信号控制高频载波幅度的过程。

调幅分为普通调幅（AM）、双边带调幅（DSB）、单边带调幅（SSB）和残留边带调幅（VSB）。

2. 各种调幅波波形和频谱的特点

AM：当 $M_a \leqslant 1$ 时，包络与调制信号成正比；当 $M_a > 1$ 时，出现过调失真。频谱包含载波、上边带和下边带。

DSB：包络不反映调制信号变化规律。频谱包含上边带和下边带。

SSB：包络不反映调制信号变化规律。频谱仅包含上边带或下边带。

VSB：包络不反映调制信号变化规律。频谱包含了抑制边带的一部分。

3. 调幅方法

调幅的实现方法分为高电平调幅和低电平调幅。

（1）低电平调幅：主要有模拟乘法器调幅和二极管平衡调幅。调幅电路接不同的滤波器可实现 AM、DSB、SSB、VSB 调幅。

SSB 调幅：主要有滤波法和相移法。

（2）高电平调幅：有基极调幅和集电极调幅。

4. 检波

对调幅波的解调称为检波，是调幅的逆过程。检波器分为包络检波器和同步检波器两大类。

（1）包络检波器：只适用于大信号普通调幅波的解调，由于其电路简单，得到了广泛应用。但它存在惰性失真和负峰切割失真，必须正确选择电路元件参数以避免这两种失真。

（2）同步检波器：可用于各种调幅信号的解调，但需要与载波同频同相的同步信号，故电路复杂。

5. 混频

混频器仅改变信号的载频，而不改变信号频谱的内部结构，因此是频谱搬移电路。

常用混频器有模拟乘法器混频器、二极管混频器、晶体管混频器。使用二极管平衡混频器和模拟乘法器混频器可以大大减少无用组合频率分量。

6. 混频干扰

接收信号与本振信号、干扰信号经混频器后，产生的组合频率分量可能接近中频，出现了混频器特有的干扰。混频干扰会影响有用信号的正常接收，必须采取措施予以减小或消除。

混频干扰主要有组合频率干扰、寄生通道干扰、交叉调制干扰和互相调制干扰。

测 试 题

6-1 填空题

1. 根据频谱变换的不同特点，频率变换电路分为频率_____变换电路和频率_____变换电路。

2. AM 调制为了使调幅波的振幅能真实地反映调制信号的变化规律，调幅度 M_a 应满足_____条件。

3. 在超外差接收机中，天线收到高频信号经_____、_____、_____、_____后送入低频功率放大器的输入端。

4. 单音频正弦调制的 AM 波有_____个边频，调幅度 M_a 的取值范围是_____。

5. 在各种调幅波中，功率利用率最低的是_____，占据频带最窄的是_____。

6. 某发射机输出级在 $R_L = 1\text{k}\Omega$ 负载上的输出信号为 $u_{AM} = 4(1+0.5\cos\Omega t)\cos\omega_c t$（V），则 $M_a =$ _____，载波频率 $f_c =$ _____，输出总功率 $P_{AM} =$ _____。

7. AM 信号波形如图 T6-1 所示，则其数学表达式为 $u_{AM} =$ _____$(1 +$ _____$\cos\Omega t)\cos\omega_c t$（V）。

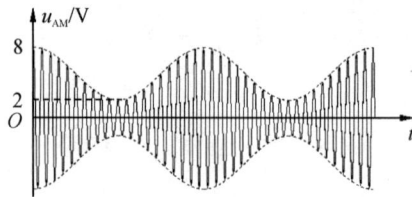

图 T6-1

8. 已调信号的频谱如图 T6-2 所示，此信号的载波频率为_____kHz，调制信号频率为_____kHz，带宽为_____kHz，数学表达式为_____，在单位电阻上产生的功率为_____W。

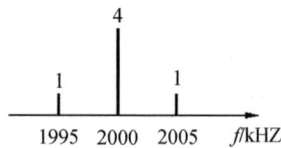

图 T6-2

9. 调幅电路分为用于产生 AM 信号的_____电平调幅电路和用于产生 DSB、SSB 信号的_____电平调幅电路。

10. 高电平调幅电路有_____调幅电路和_____调幅电路。

11. 滤波法实现 SSB 调制实现的技术难度与_____频率的高低有关，边带的相对频率间隔越_____，_____越容易实现。

12. 电路如图 T6-3 所示，设 $u_1 = (0.2\cos\Omega t + 0.16\cos2\Omega t)\cos\omega_1 t$(V)，$u_2 = 0.1\cos\omega_2 t$ (V)，若 $\omega_1 = \omega_2$，则 $u_{o1} = $ _____，$u_o = $ _____。

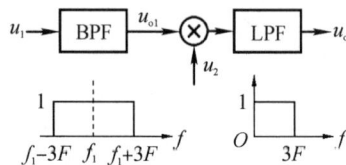

图 T6-3

13. 在进行 SSB 调制时，为了降低对滤波器的要求，常采用如图 T6-4 所示的多级滤波方案。其中 F 为调制信号频率，f_1、f_2、f_3 分别为第一、第二、第三载波频率，BPF1、BPF2、BPF3 均为上边带滤波器，则 BPF3 输出信号的频率为_____，等效于将调制信号调制到载波频率为_____的上边带。

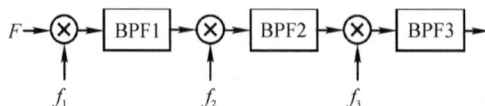

图 T6-4

14. DSB 信号在发射端通过_____调制电路获得，在接收端通过_____解调电路解调。

15．乘积型同步检波器可以解调的已调波有＿＿＿＿＿＿＿＿。

16．在包络检波中，输入信号应大于＿＿＿＿＿mV，避免惰性失真的条件是＿＿＿＿，避免负峰切割失真的条件是＿＿＿＿。

17．串联型包络检波器的输入电阻等于＿＿＿＿，其值越大，对前级＿＿＿＿电路的影响越小。

18．同步检波器分为＿＿＿＿型检波器和＿＿＿＿型检波器，同步检波器的关键是产生＿＿＿＿信号，且要求同步信号与载波信号＿＿＿＿。

19．常见的混频干扰有＿＿＿＿干扰和＿＿＿＿干扰。

20．镜像干扰频率 f_N 与中频 f_I 的关系为＿＿＿＿。

6－2　单选题

1．某发射机输出级在 $R_L = 100\ \Omega$ 负载上的输出信号为 $u = 4(1 + 0.5\cos\Omega t)\cos\omega_c t$（V），则发射机输出的边频总功率为（　　）mW。

　　A. 5　　　　　　B. 10　　　　　　C. 80　　　　　　D. 90

2．DSB 调幅波的数学表达式为 $u_{DSB} = U_m \cos 10\pi \times 10^3 t \cdot \cos 2\pi \times 10^6 t$，则此调幅波占据的频带宽度是（　　）。

　　A. 5 kHz　　　B. 10 kHz　　　C. 20 kHz　　　D. 2 MHz

3．某调幅波的频谱如图 T6－5 所示，其数学表达式为（　　）（V）。

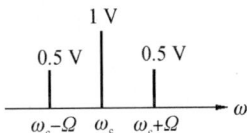

图 T6－5

　　A. $u = (1 + \cos\Omega t)\cos\omega_c t$　　　　　　B. $u = (1 + \sin\Omega t)\sin\omega_c t$

　　C. $u = \cos\Omega t\cos\omega_c t$　　　　　　　　D. $u = \cos(\omega_c t + 0.5\sin\Omega t)$

4．模拟乘法器的输入调制信号 $u_\Omega = 100\cos\Omega t$（mV），载波信号 $u_c = 50\cos\omega_c t$（mV），将产生（　　）频谱分量。

　　A. $\omega_c \pm \Omega$　　　B. $2\omega_c \pm \Omega$　　　C. $2\omega_c$　　　D. 无穷多

5．某中波调幅台的音频调制信号频率为 50 Hz～4.5 kHz，则已调波的带宽为（　　）。

　　A. 4.45 kHz　　B. 4.5 kHz　　C. 4.55 kHz　　D. 9 kHz

6．单频调制 AM 波的最大振幅为 3 V，最小振幅为 2 V，其调幅度 M_a 为（　　）。

　　A. 0.5　　　　　B. 0.4　　　　　C. 0.3　　　　　D. 0.2

7．在 $M_a = 0.4$ 的单频普通调幅信号中，含有有用信息的功率占它总功率的（　　）。

　　A. 12.5％　　　B. 10％　　　　C. 7.4％　　　　D. 4.3％

8．某发射机只发射载波时，功率为 9 kW，当发射单频调制的调幅波时，信号功率为 10.125 kW，则 M_a 为（　　）。

　　A. 0.5　　　　　B. 0.4　　　　　C. 0.3　　　　　D. 0.2

9．单边带信号通信的主要特点是（　　）。

A. 浪费频带、节省能量

B. 节省频带、浪费能量、解调容易

C. 浪费频带、浪费能量、难解调

D. 节省频带、节省能量、难解调

10. （　　）信号携带有调制信号的信息。

A. 载波　　　　B. 本振　　　　C. 已调波　　　　D. 同步

11. 设非线性元件的伏安特性为 $i=a_1u+a_3u^3$，它（　　）产生调幅作用。

A. 能　　　　B. 不能　　　　C. 不确定　　　　D. 在一定条件下能

12. 某同步检波器，输入信号为 $u_s=U_{sm}\cos(\omega_s+\Omega)t$，同步信号 $u_r=U_{rm}\cos(\omega_s t+90°)$，输出信号为（　　）。

A. 零　　　　B. 调制信号　　　　C. 载波信号　　　　D. 同步信号

13. 对于同步检波器，同步信号与载波信号的关系是（　　）。

A. 同频不同相　　B. 同相不同频　　C. 同频同相　　　D. 不同频不同相

14. 二极管包络检波器适用于（　　）调幅波的解调。

A. 单边带　　　B. 双边带　　　C. 普通　　　　D. 残留边带

15. 已知调幅收音机中频为 465 kHz，当收听中央台 620 kHz 的广播节目时，有时会受到 1550 kHz 信号的干扰，这种干扰属于（　　）干扰。

A. 交调　　　　B. 互调　　　　C. 中频　　　　D. 镜像

16. 某 AM 收音机，在收听交通台的同时也可听到音乐台，当交通台停止发射时，仍然可听到音乐台，这是由于混频器发生了（　　）干扰。

A. 交调　　　　B. 互调　　　　C. 组合频率　　　D. 寄生通道

17. 混频器中镜像干扰的产生是由于（　　）。

A. 混频器的非理想相乘特性

B. 中频放大器的选择性不好

C. 外来干扰与本振作用产生差频等于中频

D. 信号与本振的自身组合频率接近中频

18. 设混频器的本振频率为 f_L，输入信号频率为 f_s，输出中频频率为 f_I，三者满足 $f_L=f_s+f_I$，若有干扰信号 $f_n=f_L+f_I$，则可能产生的干扰称为（　　）干扰。

A. 交调　　　　B. 互调　　　　C. 中频　　　　D. 镜像

6-3　分析计算题

1. 已知：$u=10(1+0.6\cos2\pi\times3\times10^2t+0.3\cos2\pi\times3\times10^3t)\cos2\pi\times10^6t$（V）。

(1) 说明该信号的调制方式；

(2) 画出该信号的频谱图并标出各频谱的幅值，其带宽为多少？

(3) 该信号在单位电阻上产生的功率为多少？

2. 画出下列电压表达式的频谱图。

(1) $u_1=3(1+\cos\Omega t)\cos\omega_c t$（V）（$\omega_c\gg\Omega$）

(2) $u_2=4\cos\omega_c t\cdot\cos\omega_L t$（V）（$\omega_L>\omega_c$）

(3) $u_3=\cos2\pi\times10^3t+2\cos4\pi\times10^4t$（V）

3. 平衡混频电路如图 T6-6 所示。

(1) 如将输入信号 u_s 与本振信号 u_L 互换位置，混频器能否正常工作？为什么？

(2) 如将二极管 VD_1（或 VD_2）的正负极倒置，混频器能否正常工作？为什么？

(3) 如将二极管 VD_1 和 VD_2 的正负极同时倒置，混频器能否正常工作？为什么？

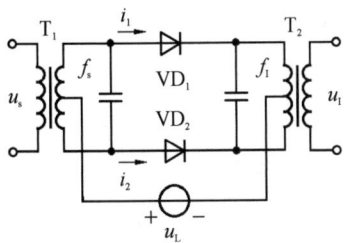 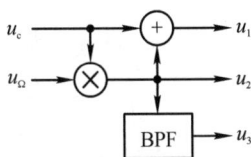 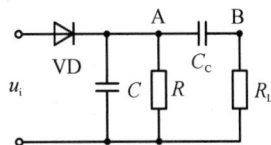

图 T6－6　　　　　图 T6－7　　　　　图 T6－8

4. 某调制电路如图 T6—7 所示，已知调制信号 $u_\Omega = 0.8\cos 2\pi \times 4 \times 10^3 t$ （V），载波信号 $u_c = \cos 2\pi \times 10^6 t$ （V），乘法器工作在线性范围、其系数为 1（1/V），带通滤波器 BPF 的参数为：高端截止频率 $f_H = 1005$ kHz、低端截止频率 $f_L = 1000$ kHz、通频带范围内电压传输系数为 1。

(1) 试求该电路的输出 u_1、u_2、u_3，并说明分别是什么信号；

(2) 若将 u_1、u_2、u_3 分别输入包络检波器（检波效率为 0.8），画出 u_{o1}、u_{o2}、u_{o3} 的波形。

5. 电路如图 T6-8 所示，已知 $R = 5$ kΩ，$R_L = 10$ kΩ，$C = 0.01$ μF，$C_C = 20$ μF，输入调幅波的载波为 465 kHz，调制频率为 5 kHz，调幅波振幅的最大值为 20 V，最小值为 5 V，检波电压传输系数为 1。

(1) 这是什么电路？

(2) 写出 u_i、u_A、u_B 的数学表达式；

(3) 电路是否会产生惰性失真和负峰切割失真？

(4) 若把二极管反接，电路能否正常工作？若能正常工作，输出波形与原电路有什么不同？

6. 外差式调幅广播接收机的组成框图如图 T6-9 所示。中频频率 $f_I = 465$ kHz。

(1) 填出方框 1 和 2 的名称，并简述其功能。

(2) 若接收台的频率为 810 kHz，则本振频率 f_L 为多少？

(3) 已知语音信号的带宽为 100～4500 Hz，分别画出 A、B 和 C 点处的频谱图。

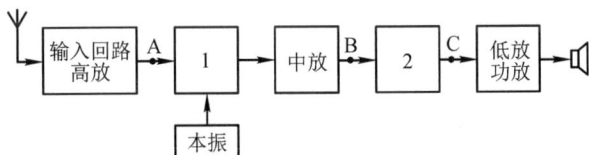

图 T6-9

7. 某调幅收音机的混频电路如图 T6-10 所示，输入信号是载频为 700 kHz 的普通调幅波。

(1) 本地振荡器是什么类型？

（2）试说明 L_1C_1、L_4C_4、L_3C_3 三个并联回路的谐振频率。

（3）定性画出 A、B、C 三点对地的电压波形。

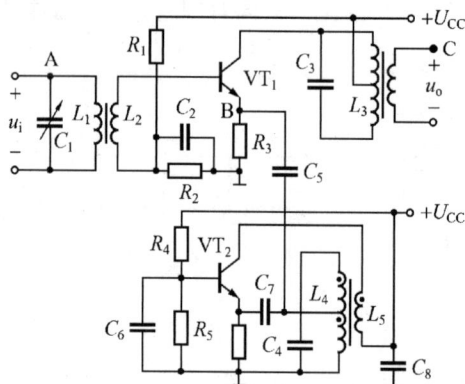

图 T6－10

8. 某接收机的电路模型及输入信号频谱、本振信号频谱、同步信号频谱、带通滤波器特性如图 T6－11 所示，定性画出 A、B、C、D 点处的频谱图。

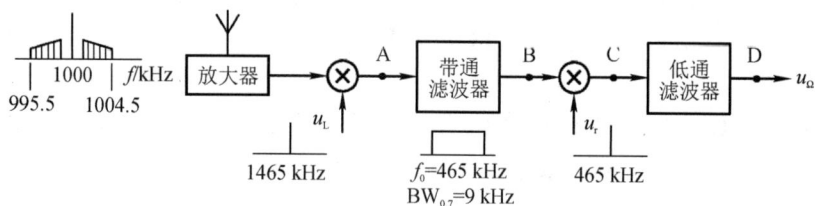

图 T6－11

第 6 章参考答案

第7章 角度调制与解调

角度调制(调角)包括频率调制(调频)和相位调制(调相),是通信系统中重要的调制方式。

角度调制是频谱非线性变换的过程。本章以调频为主,先介绍调频和调相的基本性质,在此基础上介绍实现调频与调相、鉴频与鉴相的基本原理、基本方法和典型电路。

7.1 概　述

角度调制是用调制信号控制高频载波的频率或相位来实现的调制。若用调制信号控制载波信号的频率,则称为频率调制,简称调频(FM);若用调制信号去控制载波信号的相位,则称为相位调制,简称调相(PM)。调频和调相都表现为载波的总相角受到调制,故将调频和调相合称为角度调制,简称调角。

对调频波信号的解调称为鉴频,对调相波信号的解调称为鉴相。与检波一样,鉴频和鉴相也是从已调波信号中还原出调制信号的过程。

角度调制及其解调电路属于频谱的非线性变换电路。经角度调制后,已调高频信号有以下基本特点:

(1) 波形是等幅波;

(2) 频谱不再保持调制信号的频谱结构,即不是调制信号频谱在频率轴上的线性搬迁;

(3) 与幅度调制相比,其带宽更宽。

与幅度调制相比,角度调制的主要优点是抗干扰能力强。因此,FM 广泛应用于广播、电视、通信等领域,PM 主要应用于数字通信。

▶ **练习与思考**

7-1-1 角度调制包括_____调制和_____调制。

7-1-2 对 FM 信号的解调称为_____,对 PM 信号的解调称为_____。

7-1-3 从波形方面分析,与调幅信号相比,调角信号为什么具有较强的抗干扰能力?

7.2 调角波的基本性质

外语考试中通常包括听力考试部分，英语听力考试通常用调频广播播放试题。调频与调幅有什么区别？调频波有哪些特点？

7.2.1 调角波的数学表达式及波形

高频载波信号的一般形式为

$$u_c = U_{cm}\cos\varphi(t) = U_{cm}\cos(\omega_c t + \varphi_0)$$

式中，$\varphi(t)$ 为载波的瞬时相位；ω_c 为载波的角频率，在此为常数；φ_0 为载波的初相位，为简化分析，令 $\varphi_0 = 0$。

1. 调频波的数学表达式

频率调制又称调频（FM），就是用调制信号 u_Ω 控制载波信号 u_c 的频率，使高频载波的频率按调制信号的变化规律而线性变化。经过频率调制的高频载波称为调频波。

1）调频波数学表达式的一般形式

根据调频的定义，调频波的瞬时角频率 $\omega(t)$ 随调制信号 $u_\Omega(t)$ 线性变化，即 FM 信号的瞬时角频率为

$$\omega(t) = \omega_c + k_f u_\Omega(t) = \omega_c + \Delta\omega(t) \qquad (7-2-1)$$

式中，k_f 为比例常数，一般由调制电路确定，即单位调制信号电压引起的角频率变化量，称为调频灵敏度，单位为 $\text{rad}/(\text{s} \cdot \text{V})$；$\Delta\omega(t) = k_f u_\Omega(t)$ 是载波频率按调制信号规律变化而产生的瞬时角频率偏移，简称频移。

瞬时角频率与瞬时相位的关系为

$$\omega(t) = \frac{\mathrm{d}\varphi(t)}{\mathrm{d}t} \qquad (7-2-2)$$

所以，FM 信号的瞬时相位为

$$\varphi(t) = \int_0^t \omega(t)\mathrm{d}t = \int_0^t [\omega_c + k_f u_\Omega(t)]\mathrm{d}t = \omega_c t + k_f \int_0^t u_\Omega(t)\mathrm{d}t \qquad (7-2-3)$$

则调频波的数学表达式为

$$u_{FM} = U_{cm}\cos\varphi(t) = U_{cm}\cos\left[\omega_c t + k_f \int_0^t u_\Omega(t)\mathrm{d}t\right] \qquad (7-2-4)$$

2）单频调制时调频波数学表达式和波形

设调制信号 $u_\Omega = U_{\Omega m}\cos\Omega t$。由式（7-2-1）可得，单频调制时 FM 信号的瞬时角频率为

$$\omega(t)=\omega_c+k_f U_{\Omega m}\cos\Omega t=\omega_c+\Delta\omega_m\cos\Omega t \tag{7-2-5}$$

式中，频移 $\Delta\omega(t)=k_f U_{\Omega m}\cos\Omega t=\Delta\omega_m\cos\Omega t$，习惯上称其最大值 $\Delta\omega_m$ 为频偏，即

$$\Delta\omega_m=k_f U_{\Omega m} \ \text{或} \ \Delta f_m=\frac{k_f U_{\Omega m}}{2\pi} \tag{7-2-6}$$

由式(7-2-3)可得，单频调制时 FM 信号的瞬时相位为

$$\varphi(t)=\omega_c t+k_f\int_0^t U_{\Omega m}\cos\Omega t\,\mathrm{d}t=\omega_c t+\frac{k_f U_{\Omega m}}{\Omega}\sin\Omega t$$
$$=\omega_c t+M_f\sin\Omega t=\omega_c t+\Delta\varphi(t) \tag{7-2-7}$$

式中

$$M_f=\frac{k_f U_{\Omega m}}{\Omega}=\frac{\Delta\omega_m}{\Omega}=\frac{\Delta f_m}{F} \tag{7-2-8}$$

称为调频指数，表示 FM 波的最大相位偏移；$\Delta\varphi(t)=M_f\sin\Omega t$ 称为瞬时相位偏移，简称相移。

将式(7-2-7)代入式(7-2-4)，可得到单频调制时 FM 信号的数学表达式

$$u_{FM}=U_{cm}\cos(\omega_c t+M_f\sin\Omega t) \tag{7-2-9}$$

图 7-2-1 所示为单频调制时的调制信号 u_Ω、频移 $\Delta\omega$、相移 $\Delta\varphi$ 和 FM 波的波形。

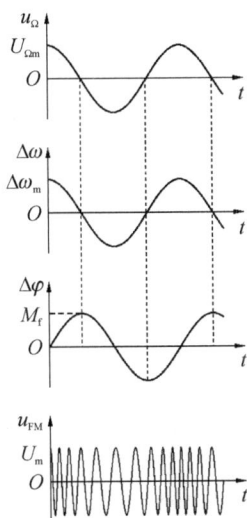

图 7-2-1　调频信号波形

2. 调相波的数学表达式

相位调制又称调相(PM)，就是用调制信号 u_Ω 控制载波信号 u_c 的相位，使高频载波的相位按调制信号的变化规律而线性变化。经过相位调制的高频载波称为调相波。

1) 调相波数学表达式的一般形式

根据调相的定义，调相波的瞬时相位 $\varphi(t)$ 随调制信号 $u_\Omega(t)$ 线性变化，即 PM 信号的瞬时相位为

$$\varphi(t)=\omega_c t+k_p u_\Omega(t)=\omega_c t+\Delta\varphi(t) \tag{7-2-10}$$

式中，k_p 为比例常数，一般由调制电路确定，即单位调制信号电压引起的相位变化量，称

为调相灵敏度，单位为 rad/V；$\Delta\varphi(t)=k_p u_\Omega(t)$ 是载波的相位按调制信号规律变化而产生的瞬时相位偏移，简称相移。则调相波的数学表达式为

$$u_{PM}=U_{cm}\cos\varphi(t)=U_{cm}\cos[\omega_c t+k_p u_\Omega(t)] \qquad (7-2-11)$$

由式(7-2-2)可得，PM 信号的瞬时角频率为

$$\omega(t)=\frac{d[\omega_c t+k_p u_\Omega(t)]}{dt}=\omega_c+k_p\frac{du_\Omega(t)}{dt} \qquad (7-2-12)$$

2) 单频调制时调相波数学表达式和波形

设调制信号 $u_\Omega=U_{\Omega m}\cos\Omega t$。由式(7-2-10)可得，单频调制时 PM 信号的瞬时相移为

$$\varphi(t)=\omega_c t+k_p U_{\Omega m}\cos\Omega t=\omega_c t+M_p\cos\Omega t=\omega_c t+\Delta\varphi(t) \qquad (7-2-13)$$

式中

$$M_p=k_p U_{\Omega m}=\Delta\varphi_m \qquad (7-2-14)$$

称为调相指数，表示调相波的最大相位偏移；$\Delta\varphi(t)=M_p\cos\Omega t$ 称为瞬时相位偏移，简称相移。

将式(7-2-13)代入式(7-2-11)，可得到单频调制时 PM 信号的数学表达式

$$u_{PM}=U_{cm}\cos(\omega_c t+M_p\cos\Omega t) \qquad (7-2-15)$$

将式(7-2-13)代入式(7-2-2)，可得到单频调制时 PM 信号的瞬时角频率

$$\omega(t)=\frac{d[\omega_c t+M_p\cos\Omega t]}{dt}=\omega_c-M_p\Omega\sin\Omega t=\omega_c-\Delta\omega_m\sin\Omega t \qquad (7-2-16)$$

式中，频移 $\Delta\omega=-M_p\Omega\sin\Omega t=\omega_c-\Delta\omega_m\sin\Omega t$，习惯上称其最大值 $\Delta\omega_m$ 为频偏，即

$$\Delta\omega_m=M_p\Omega \quad 或 \quad \Delta f_m=M_p F \qquad (7-2-17)$$

式中，F 为调制信号频率。

图 7-2-2 所示为单频调制时的调制信号 u_Ω、频移 $\Delta\omega$、相移 $\Delta\varphi$ 和 PM 波的波形。

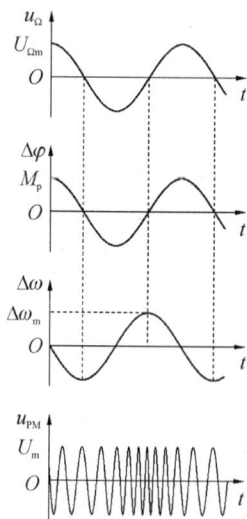

图 7-2-2 调相信号波形

综上所述，无论是频率调制还是相位调制，结果都是使瞬时相位发生了变化，即总相位发生了变化，只是总相位 $\varphi(t)$ 随调制信号变化的规律不同。

例 7.2.1　已知某调角信号的数学表达式为 $u=10\cos[2\pi\times10^6t+10\cos(2\pi\times10^3t)]$(mV)，若调制信号 $u_\Omega=5\cos(2\pi\times10^3t)$ (mV)，试指出该调角信号是调频信号还是调相信号？调制指数、载波频率、调制信号频率、振幅及最大频偏各为多少？

解　由调角信号表达式可知其瞬时相移为

$$\varphi(t)=\omega_ct+\Delta\varphi(t)=2\pi\times10^6t+10\cos(2\pi\times10^3t)$$

则调角信号的相移 $\Delta\varphi(t)=10\cos(2\pi\times10^3t)$ 与调制信号 u_Ω 变化规律相同，故可判断此调角信号为调相信号，显然调相指数 $M_p=10$。

由于 $\omega_c=2\pi\times10^6$，故载波频率 $f_c=10^6\,\text{Hz}=1\,\text{MHz}$。

由于 $\Omega=2\pi\times10^3$，故调制信号频率 $F=10^3\,\text{Hz}=1\,\text{kHz}$。

在角度调制时，载波振幅保持不变，所以载波振幅 $U_{cm}=10\,\text{mV}$。

最大频偏 $\Delta f_m=M_pF=10\times10^3\,\text{Hz}=10\,\text{kHz}$。

7.2.2　调角信号的频谱与带宽

1. 调角信号的频谱

由式(7-2-9)和式(7-2-15)可知，单频调制时 FM 波和 PM 波的数学表达式仅在附加相移的形式上不同，但由调制信号引起的附加相移是按正弦变化还是按余弦变化并没有本质差别，两者只在相位上相差 $\pi/2$。所以，两者的数学表达式没有本质差别，频谱也是相似的。

以 FM 波为例，理论分析证明：单频调制时的 FM 波的频谱，除了有载波频率分量外，还有无限多对边频分量；邻近两个边频之间的频率间隔均为 Ω；各边频的幅度与调频指数 M_f 和第一类贝塞尔函数 $J_n(M_f)$ 有关，$J_n(M_f)$ 的部分数据如表 7-2-1 所示(数值小于 0.1 以后的仅列出一项)，其中，n 为边频的次数，表中数值为各次边频分量的幅度与载波幅度的比值。

表 7-2-1　$J_n(M_f)$ 的部分数据

M_f ＼ n	0	1	2	3	4	5	6	7	8	9	10	11	12
0.0	1.00	0.00											
0.5	0.94	0.24	0.03										
1.0	0.77	0.44	0.11	0.02									
2.0	0.22	0.58	0.35	0.13	0.03								
3.0	−0.26	0.34	0.49	0.31	0.13	0.04							
4.0	−0.40	−0.07	0.36	0.43	0.28	0.13	0.05						
5.0	−0.18	−0.33	0.05	0.36	0.39	0.26	0.13	0.05					
6.0	0.15	−0.28	−0.24	0.11	0.36	0.36	0.25	0.13	0.06				
7.0	0.30	0.00	−0.30	−0.17	0.16	0.35	0.34	0.23	0.13	0.06			
8.0	0.17	0.23	−0.11	−0.29	−0.11	0.19	0.34	0.32	0.22	0.13	0.06		
9.0	−0.09	0.25	0.14	−0.18	−0.27	−0.06	0.20	0.33	0.31	0.21	0.12	0.06	
10.0	−0.25	0.04	0.26	0.06	−0.22	−0.23	−0.01	0.22	0.32	0.29	0.21	0.12	0.06

由表 7-2-1 可见,调频指数 M_f 越大,具有较大幅度的边频分量就越多,且有些边频分量的幅度超过载频分量的幅度。

在调制信号角频率 Ω 相同、载波相同的条件下,根据表 7-2-1,可画出当 $M_f=0.5$、1、5 和 10 时的调频信号的频谱,如图 7-2-3 所示(此处仅表示各边频的幅度,未考虑各边频的相位关系)。

由于调角信号为等幅波,当 U_{cm} 一定时,其平均功率等于未调制时的载波功率,即与调制指数 $M(M_f$ 或 $M_p)$ 无关。所以改变 M 仅使载波分量和各边频分量之间的功率重新分配,而总功率则保持不变。

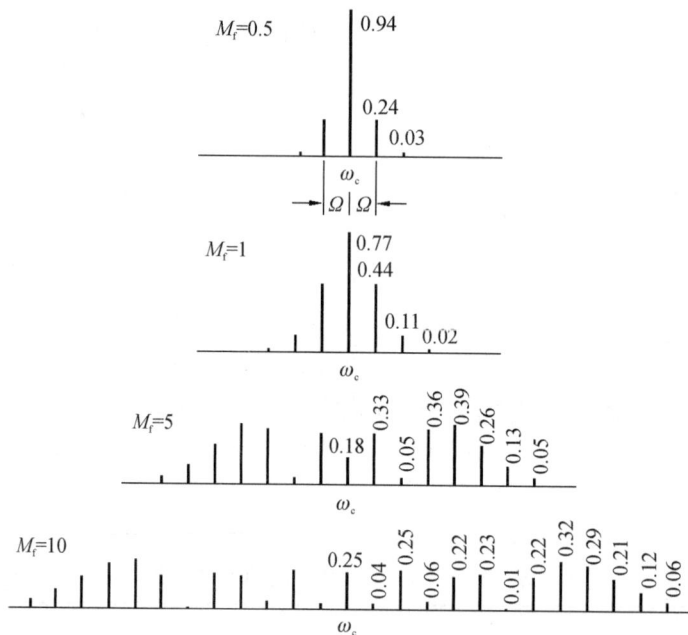

图 7-2-3 调频信号的频谱

调角信号的频谱分析简介

1. 第一类贝塞尔函数曲线

1817 年,德国数学家贝塞尔第一次系统地提出了贝塞尔函数的总体理论框架,后人以他的名字命名了这种函数。第一类贝塞尔函数简称为贝塞尔函数、J 函数,记作 $J_n(M)$。其中,n 是自然数,称为第一类贝塞尔函数的阶数;M 为宗数。

$$J_n(M) = \frac{1}{2\pi}\int_0^{2\pi}\cos(nt - M\sin t)\,dt \qquad (7-2-18)$$

根据式(7-2-18)可画出各阶贝塞尔函数随 M 变化的曲线,如图 7-2-4 所示。

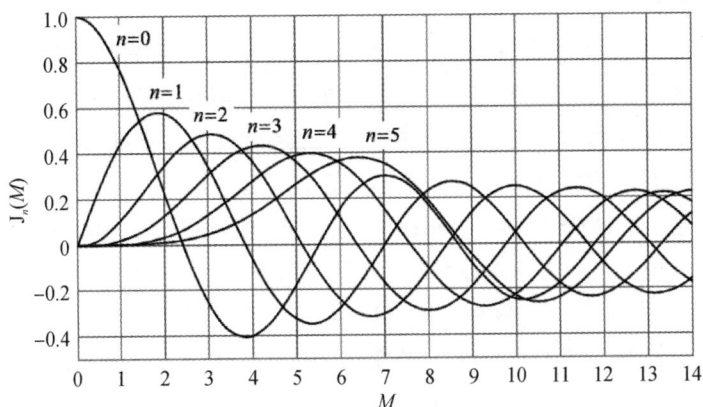

图 7 - 2 - 4　各阶贝塞尔函数随 M 的曲线

表 7 - 2 - 1 中的数值也是由式(7 - 2 - 18)得到的。

2. 调角信号的频谱分析

由于单频调制时 FM 波和 PM 波的数学表达式基本上是一样的,用调制指数 M 代替相应的 M_f 或 M_p,式(7 - 2 - 9)和(7 - 2 - 15)则可写成统一的调角表达式,即

$$u = U_{cm}\cos(\omega_c t + M\sin\Omega t) \tag{7 - 2 - 19}$$

利用三角函数公式可将上式改写为

$$u = U_{cm}\cos(M\sin\Omega t)\cos\omega_c t - U_{cm}\sin(M\sin\Omega t)\sin\omega_c t \tag{7 - 2 - 20}$$

在贝塞尔函数理论中,已证明存在下列关系式:

$$\cos(M\sin\Omega t) = J_0(M) + 2\sum_{n=1}^{\infty} J_{2n}(M)\cos2n\Omega t \tag{7 - 2 - 21}$$

$$\sin(M\sin\Omega t) = 2\sum_{n=0}^{\infty} J_{2n+1}(M)\sin(2n + 1)\Omega t \tag{7 - 2 - 22}$$

式中,$J_n(M)$ 是 n 阶第一类贝塞尔函数,将式(7 - 2 - 21)和式(7 - 2 - 22)代入式(7 - 2 - 20),可得

$$\begin{aligned}
u =& U_{cm}J_0(M)\cos\omega_c t - 2U_{cm}J_1(M)\sin\Omega t\sin\omega_c t + \\
& 2U_{cm}J_2(M)\cos2\Omega t\cos\omega_c t - 2U_{cm}J_3(M)\sin3\Omega t\sin\omega_c t + \\
& 2U_{cm}J_4(M)\cos4\Omega t\cos\omega_c t - 2U_{cm}J_5(M)\sin5\Omega t\sin\omega_c t + \cdots \\
=& U_{cm}J_0(M)\cos\omega_c t + U_{cm}J_1(M)[-\cos(\omega_c - \Omega)t + \cos(\omega_c + \Omega)t] + \\
& U_{cm}J_2(M)[\cos(\omega_c - 2\Omega)t + \cos(\omega_c + 2\Omega)t] + \\
& U_{cm}J_3(M)[-\cos(\omega_c - 3\Omega)t + \cos(\omega_c + 3\Omega)t] + \\
& U_{cm}J_4(M)[\cos(\omega_c - 4\Omega)t + \cos(\omega_c + 4\Omega)t] + \\
& U_{cm}J_5(M)[-\cos(\omega_c - 5\Omega)t + \cos(\omega_c + 5\Omega)t] + \cdots
\end{aligned} \tag{7 - 2 - 23}$$

由式 7 - 2 - 23 可以看出:在单频信号调制的情况下,调角信号可以用角频率为 ω_c 的载频分量与角频率为 $(\omega_c \pm n\Omega)$ 的无限对上、下边频分量之和来表示,这些边频分量和载频分量的角频率相差 $n\Omega$ (其中,$n = 1, 2, 3, \cdots$)。当 n 为偶数时,上、下边频分量相位相同,当 n 为奇数时,上、下边频分量相位相反。U_{cm} 是未调制时的载频振幅,在调制时,载频分量和各边频分量的振幅则由 U_{cm} 和贝塞尔函数 $J_n(M)$ 决定。

2. 调角信号的带宽

虽然调角信号的边频分量有无限对,即它的频带应为无限宽。但由图 7-2-3 可以看出,对于固定的调制指数 M,随着边频次数 n 的增大,各次边频幅度的大小虽有起伏,但总趋势是减小的,这表明离开载频较远的边频振幅都很小,在传送和放大过程中,即使舍去这些边频分量,调角信号也不会产生明显失真。因此,实际调角信号的带宽是有限的。

可以证明,当 $n>(M+1)$ 时,边频的振幅都小于载频振幅的 10%。因此,如果把这些边频分量都略去,即上、下边频总数等于 $2(M+1)$,则调角波的带宽为

$$BW=2(M+1)F=2(\Delta f_m+F) \tag{7-2-24}$$

式 $(7-2-24)$ 是广泛应用于调角信号的带宽公式,又称为卡森公式,由此计算的调角信号带宽称为卡森带宽。在实际应用中,调制信号均为多频信号。实践表明,在多频信号调制时,调频信号占有的带宽仍可用式 $(7-2-24)$ 表示,仅需将其中的 F 用调制信号中的最高频率 F_{max} 取代,Δf_m 用最大频偏 $(\Delta f_m)_{max}$ 取代即可。

例如,在调频广播系统中,按国家标准规定,调制信号的最高频率为 15 kHz,频偏为 75 kHz,则单声道调频广播信号的卡森带宽为 180 kHz;调频立体声广播的调制信号带宽为 53 kHz,则立体声调频广播信号的卡森带宽为 256 kHz。

3. 调角信号的功率

由于调频波和调相波都是等幅波,由式 $(7-2-4)$ 和式 $(7-2-11)$ 可知,其平均功率为

$$P_{av}=\frac{U_{cm}^2}{2R_L} \tag{7-2-25}$$

可见,调频波和调相波的平均功率与载波功率相等。这说明,角度调制的作用是将原来的载波功率重新分配到各个边频上,而总功率不变。这与调幅波完全不同。

进一步观察表 7-2-1 和图 7-2-3 还可以看出,角度调制后大于载频振幅 10% 的边频都集中在载波附近的 $(M+1)$ 个边频内。同时,载波分量的幅度也是随 M 增大而呈现减小的趋势,即有用信息所占的功率增大。这也是调角波抗干扰能力强的原因之一。

例 7.2.2 设有一组频率为 $300\sim3000$ Hz 的余弦调制信号,它们的振幅都相同,调频时最大频偏 $\Delta f_m=75$ kHz,调相时最大相位偏移 $\Delta\varphi_m=2$ rad。试求:

(1) 调频时 M_f 的变化范围;

(2) 调相时 Δf_m 的变化范围。

解 (1) 调频时,由式 $(7-2-6)$ 可知最大频偏 Δf_m 与调制信号频率无关,故可由式 $(7-2-8)$ 得

$$M_{fmax}=\frac{\Delta f_m}{F_{min}}=\frac{75 \text{ kHz}}{300 \text{ Hz}}=250$$

$$M_{fmin}=\frac{\Delta f_m}{F_{max}}=\frac{75 \text{ kHz}}{3000 \text{ Hz}}=25$$

计算结果说明,在调频时,若要求各频率的调制信号有相同的最大频偏,当调制信号的频率最低时,对应的调频指数最大;当调制信号的频率最高时,对应的调频指数最小。由此可见,当调制信号频率不同时,M_f 将在很大范围内变化。

（2）调相时，由式（7－2－14）可知最大相位偏移 $\Delta\varphi_{\mathrm{m}}$ 与调制信号频率无关，故可由式（7－2－17）得

$$\Delta f_{\mathrm{mmax}}=M_{\mathrm{p}}F_{\max}=2\times3\ \mathrm{kHz}=6\ \mathrm{kHz}$$

$$\Delta f_{\mathrm{mmin}}=M_{\mathrm{p}}F_{\min}=2\times300\ \mathrm{Hz}=600\ \mathrm{Hz}$$

可见，调相时最大频偏随调制信号频率的变化而有较大的变化。

7.2.3　调频信号与调相信号的比较

1. 调频波与调相波的关系

现将调频波和调相波的数学表达式，即式（7－2－4）和式（7－2－11）重列于下：

$$u_{\mathrm{FM}}=U_{\mathrm{cm}}\cos\left[\omega_{\mathrm{c}}t+k_{\mathrm{f}}\int_0^t u_{\Omega}(t)\mathrm{d}t\right]$$

$$u_{\mathrm{PM}}=U_{\mathrm{cm}}\cos\left[\omega_{\mathrm{c}}t+k_{\mathrm{p}}u_{\Omega}(t)\right]$$

可以看出，调频波可以看成调制信号为 $\int_0^t u_{\Omega}(t)\mathrm{d}t$ 的调相波，而调相波可以看成调制信号为 $\dfrac{\mathrm{d}u_{\Omega}(t)}{\mathrm{d}t}$ 的调频波。调频波与调相波的这种关系为间接调频奠定了理论基础（详见7.3.2 节）。

2. 调频波与调相波的带宽

现将调频指数 M_{f} 和调相指数 M_{p} 的数学表达式，即式（7－2－8）和式（7－2－14）重列于下：

$$M_{\mathrm{f}}=\frac{k_{\mathrm{f}}U_{\Omega\mathrm{m}}}{\Omega}=\frac{\Delta\omega_{\mathrm{m}}}{\Omega}=\frac{\Delta f_{\mathrm{m}}}{F}$$

$$M_{\mathrm{p}}=k_{\mathrm{p}}U_{\Omega\mathrm{m}}=\Delta\varphi_{\mathrm{m}}$$

可以看出，当调制信号频率 F 发生变化时，M_{f} 与 F 成反比，其带宽基本不变，故称为恒带调制（恒定带宽调制）。当调制信号频率 F 发生变化时，M_{p} 与 F 无关，其带宽将随 F 变化。

例 7.2.3　设调制信号频率 $F=1\ \mathrm{kHz}$，$M_{\mathrm{f}}=M_{\mathrm{p}}=12$。

（1）试求调频波和调相波的卡森带宽；

（2）若调制信号幅度不变，当调制信号频率分别为 2 kHz 和 4 kHz 时，求对应的调频波和调相波的卡森带宽。

解　（1）由式（7－2－24）可得

$$\mathrm{BW}_{\mathrm{FM}}=2(M_{\mathrm{f}}+1)F=2\times(12+1)\times1\ \mathrm{kHz}=26\ \mathrm{kHz}$$

$$\mathrm{BW}_{\mathrm{PM}}=2(M_{\mathrm{p}}+1)F=2\times(12+1)\times1\ \mathrm{kHz}=26\ \mathrm{kHz}$$

（2）对于调频，由式（7－2－8）可知：

$$\Delta f_{\mathrm{m}}=M_{\mathrm{f}}F=12\times1\ \mathrm{kHz}=12\ \mathrm{kHz}$$

当调制信号频率分别为 2 kHz 和 4 kHz 时，对应的调频指数分别为

$$M_{\mathrm{f}}'=\frac{\Delta f_{\mathrm{m}}}{F'}=\frac{12\ \mathrm{kHz}}{2\ \mathrm{kHz}}=6$$

$$M_{\mathrm{f}}''=\frac{\Delta f_{\mathrm{m}}}{F''}=\frac{12\ \mathrm{kHz}}{4\ \mathrm{kHz}}=3$$

则对应的卡森带宽分别为

$$BW'_{FM}=2(M'_f+1)F'=2\times(6+1)\times2\ kHz=28\ kHz$$

$$BW''_{FM}=2(M''_f+1)F''=2\times(3+1)\times4\ kHz=32\ kHz$$

对于调相，由式(7-2-14)可知，M_p 与 F 无关，故 $M_p=12$。

当调制信号频率分别为 2 kHz 和 4 kHz 时，对应的卡森带宽分别为

$$BW'_{PM}=2(M_p+1)F'=2\times(12+1)\times2\ kHz=52\ kHz$$

$$BW''_{PM}=2(M_p+1)F''=2\times(12+1)\times4\ kHz=104\ kHz$$

由例 7.2.3 可知，对于调频波来说，虽然 F 升高了，但 M_f 随之减小，所以其带宽增加的不多；而对于 PM 波来说，由于 M_p 不变，其带宽随 F 成正比增加。

▶ **练习与思考**

7-2-1 调幅波的调制系数不能大于1，为什么角度调制的调制系数可以大于1？

7-2-2 已知某 FM 信号的数学表达式为 $u_{FM}=100\cos(4\pi\times10^7t+10\sin2\pi\times10^3t)$ (mV)，则该信号幅度为_____V，载波频率为_____MHz，调制信号频率为_____kHz，调频指数为_____，卡森带宽为_____kHz，频偏为_____kHz，在单位电阻上产生的平均功率为_____mW。

7-2-3 某调制信号波形如图 7-2-5 所示，定性画出 $M_a<1$ 时的 AM 波和 FM 波。

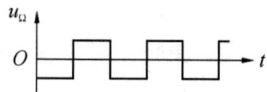

7-2-4 已知调制信号 $u_{\Omega m}=\cos2\pi\times500t$ (V)，$M_f=M_p=10$。试求：

图 7-2-5

(1) FM 波和 PM 波的带宽。

(2) 若 $U_{\Omega m}$ 不变，F 增大一倍，两种调制信号的带宽如何变化？

(3) 若 F 不变，$U_{\Omega m}$ 增大一倍，两种调制信号的带宽如何变化？

(4) 若 $U_{\Omega m}$ 和 F 都增大一倍，两种调制信号的带宽如何变化？

7.3 调频方法与电路

观察与思考

在 7.2.3 节提到了"间接调频"，那么有没有直接调频？

调频信号是如何产生的呢？

实现调频的方法有直接调频法和间接调频法两种。直接调频法的主要优点是可以获得较高的频偏，不足之处是中心频率稳定度不高；间接调频法因产生载波信号与调制是分开

的，所以主要优点是中心频率稳定度较高，但获得的频偏较小。

7.3.1　直接调频电路

直接调频法是利用调制信号直接控制振荡器的振荡频率来实现调频的方法，如图 7 - 3 - 1 所示。常用的直接调频电路有变容二极管（或电抗管）调频电路、晶体振荡器调频电路和集成调频电路等。

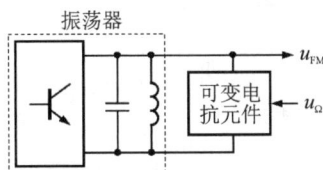

图 7 - 3 - 1　直接调频原理

1. 变容二极管调频电路

1）变容二极管

PN 结的结电容随外加偏置电压变化而改变，变容二极管正是利用这一特性而制作的。变容二极管的结电容与偏置电压的关系曲线如图 7 - 3 - 2 所示。

变容二极管一般工作在反向偏置状态，如图 7 - 3 - 3 所示，此时其反向电流极小、功耗低、产生的噪声也很小。当调制信号 u_Ω 变化时，加在变容二极管上的反向电压也随之变化，结电容 C_j 就发生了变化。

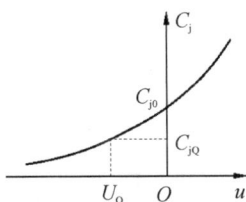

图 7 - 3 - 2　变容二极管特性　　图 7 - 3 - 3　变容二极管的偏置电路

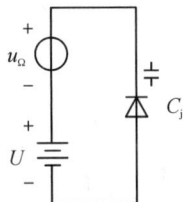

2）变容二极管直接调频电路

在用 LC 振荡器产生载波时，如果将变容二极管的可控电容参与到 LC 谐振回路中，并用调制信号 u_Ω 去控制变容二极管的电容量，就可以直接改变 LC 振荡器的振荡频率，构成变容二极管直接调频电路。

图 7 - 3 - 4(a)所示电路是卫星通信地面站某调频发射机的变容二极管直接调频电路。图中，电源 U_D 经 R_w、R_1 加在变容二极管的负极，经 L_2 接地，构成直流通路；C_1 对 u_Ω 视为短路，调制信号 u_Ω 通过 L_1、C_2、C_3 组成的 π 型滤波网络加到变容二极管上，构成低频通路；L_2 与变容二极管的结电容 C_j 组成振荡回路，并与晶体管 VT 组成电感三点式振荡器，构成如图 7 - 3 - 4(b)所示的高频通路，其中心频率为 140 MHz。图中 C_2、C_3、C_4 对载波频率视为短路。由于变容二极管的结电容 C_j 受调制信号 u_Ω 控制，所以振荡频率随 u_Ω 的

变化而变化,从而实现了直接调频。

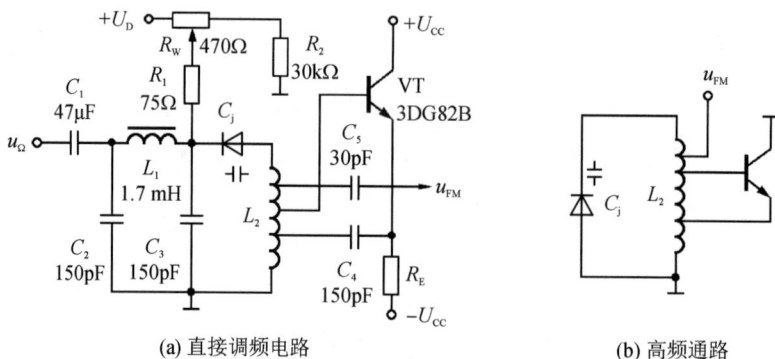

(a) 直接调频电路 (b) 高频通路

图 7-3-4 变容二极管直接调频电路

2. 晶体振荡器调频电路

1) 调频原理

晶体振荡器调频电路是将变容二极管和石英晶体滤波器串联或并联后,接入振荡回路构成的调频振荡器。其原理是通过调制信号对变容二极管结电容的控制,直接改变晶体振荡器的频率。

变容二极管与石英晶体滤波器串联的振荡原理电路、等效电路及其谐振特性如图 7-3-5 所示,f_s、f_p 分别为未接入变容二极管时由石英晶体滤波器本身参数确定的串联谐振频率和并联谐振频率,串联接入变容二极管后,f_s 变为 f'_s,而 $f'_s > f_s$。当调制信号控制变容二极管的结电容发生变化时,f'_s 也将随之发生变化,从而实现调频。这种电路的缺点是 f'_s 的变化范围限制在 f_s 和 f_p 之间,其调频频偏很小,相对频偏只能达到 0.01%。

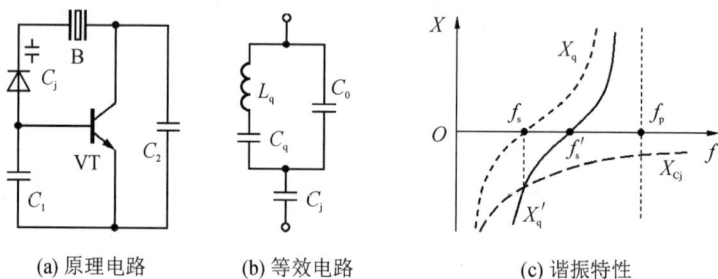

(a) 原理电路 (b) 等效电路 (c) 谐振特性

图 7-3-5 晶体振荡器调频原理

2) 调频电路

如图 7-3-6(a)所示是一个实用的晶体振荡器调频电路的原理电路。图中,9 V 电源经 200 Ω、10 kΩ 电阻加在变容二极管的负极,经 20 kΩ 电阻接地,构成直流通路;调制信号经输入变压器耦合进来,经 20 kΩ 电阻加在变容二极管上,构成低频通路;变容二极管与石英晶体滤波器、470 pF 电容串联,再与 200 pF、82 pF 电容组成振荡回路,并与晶体管 3DG6C 组成电容三点式振荡器,构成高频通路,如图 7-3-6(b)所示,调频振荡器的中心频率为 60 MHz,可获得约 7 kHz 的频偏。图 7-3-6(a)中集电极回路调谐在三次谐波上,通过三次倍频可进一步增大频偏。

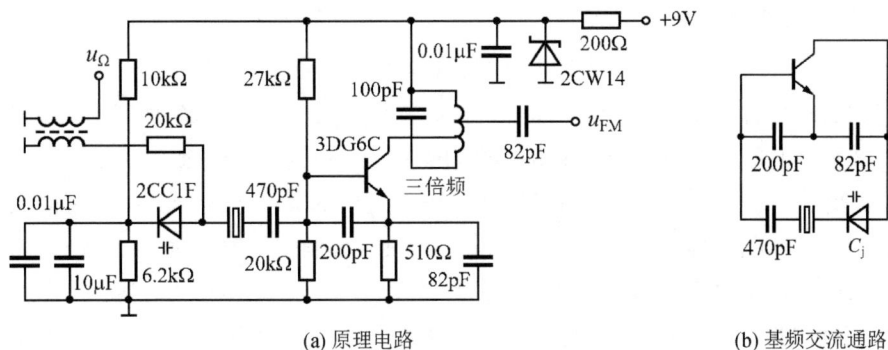

(a) 原理电路　　　　　　　　　　(b) 基频交流通路

图 7 - 3 - 6　晶体振荡器调频电路

3. 集成调频电路

锁相环(PLL)调频是集成调频电路的典型应用。图 7 - 3 - 7 所示是锁相环直接调频电路的组成框图,由图中可见,只要把调制信号 u_Ω 加在锁相环中 VCO 的频率控制端,使 VCO 的频率随调制信号做线性变化,就可以实现调频。这种锁相环直接调频电路的中心频率稳定、频偏很宽,在目前的移动通信基站台中使用很多。有关锁相环的内容请参阅其他相关教材。

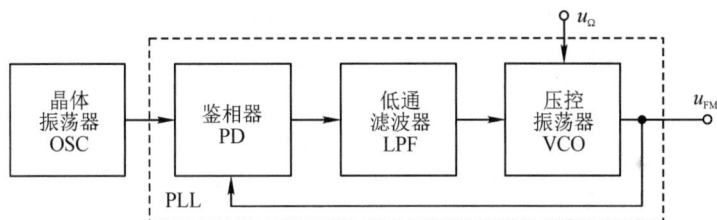

图 7 - 3 - 7　锁相环直接调频电路的组成框图

7.3.2　间接调频电路

间接调频法是利用调相电路间接地产生调频波。间接调频法的最大优点是可以获得中心频率稳度高的调频信号,广泛用于广播发射机和电视伴音发射机中。由调频波和调相波的数学表达式(7 - 2 - 4)和式(7 - 2 - 11)可看出,调制信号先经积分运算,再用积分后的信号对载波进行调相,就可以间接地得到所需的调频波。间接调频的原理框图如图 7 - 3 - 8 所示。实现调相的方法主要有变容二极管调相和矢量合成法调相。

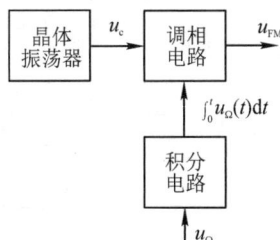

图 7 - 3 - 8　间接调频的原理框图

1. 变容二极管调相电路

如图 7-3-9 所示为变容二极管调相电路。电源 U_D 经 R_5 加在变容二极管的负极，构成直流通路；调制信号 u_Ω 通过 R_6、C_2、射频扼流圈 RFC 加到变容二极管上，构成低频通路。该电路实际上是单调谐高频电压放大器，输入信号 u_c 来自频率稳定度很高的晶体振荡器；集电极负载为 L、C_1 及变容二极管结电容 C_j 组成的并联谐振回路，由它构成调相电路，其中 C_3、C_4、C_C 对高频信号可看成短路。当没有调制信号输入时，由 L、C_1 及变容二极管静态结电容 C_{jQ} 决定的谐振频率等于晶振频率 ω_0，其回路阻抗为纯阻性，因而回路两端电压与电流同相。当有调制信号输入时，变容二极管 C_j 随调制信号电压而改变，使回路对载频处于不同的失谐状态：当 C_j 减小时，回路阻抗呈感性，回路两端电压超前于电流；反之，当 C_j 增大时，回路阻抗呈容性，回路两端电压滞后于电流。即调制信号通过控制 C_j 的大小就能使谐振回路两端电压产生相应的相位变化，实现调相。

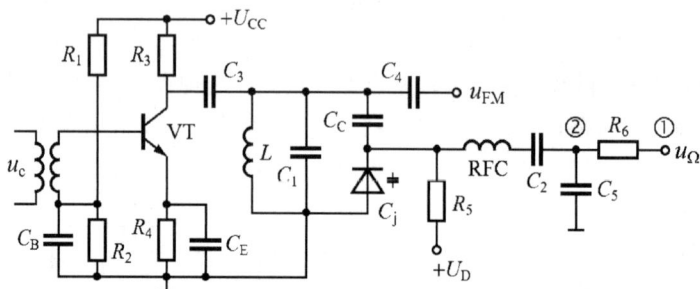

图 7-3-9 变容二极管调相电路

在小频偏时，谐振回路相移和调制信号振幅成正比，可以得到线性调相。所以，当调制信号 u_Ω 从②端输入时，输出为调相波；如果调制信号 u_Ω 从①端输入，即先经过 R_6、C_5 组成的积分电路再输入，就可以得到线性调频，则输出为调频波。

2. 矢量合成法调相电路

矢量合成法（相乘调幅合成法）调相电路的组成框图如图 7-3-10 所示。图中，积分后的调制信号 u_1 与移相 90° 的载频信号经模拟乘法器产生与载频正交的双边带信号，然后再与载频信号相加即可产生窄带调频信号（对于 u_1 而言是窄带调相信号）。理论分析可以证明，采用矢量合成法得到的调相信号的幅度不是恒定值（实际上是一个调幅调相信号），需要经过双向限幅后才能将其变换为调相信号。为扩大频偏，可采用倍频器进行倍频，使载频和频偏达到所需值。这里的载频振荡器是高稳定的晶体振荡器，其振荡频率是调频电路输出载频的 $1/n$ 倍。矢量合成法调相电路的缺点是输出噪声随 n 倍频而增大。

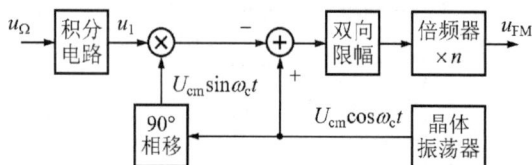

图 7-3-10 矢量合成法调相电路的组成框图

7.3.3　扩展最大频偏的方法

在实际调频电路中，为了扩展调频信号的最大线性频偏，常采用倍频器和混频器来获得所需的载波频率和最大线性频偏。

一个瞬时角频率为 $\omega(t)=\omega_c+\Delta\omega_m\cos\Omega t$ 的调频信号，通过 n 次倍频器，其输出信号的瞬时角频率将变为 $n\omega(t)=n\omega_c+n\Delta\omega_m\cos\Omega t$。可见，倍频器可以不失真地将调频信号的载波角频率和最大角频偏同时增大 n 倍，即倍频器可以在保持调频信号的相对角频偏不变的条件下（$\Delta\omega_m/\omega_c=n\Delta\omega_m/n\omega_c$），成倍地扩展最大角频偏。如果将调频信号通过混频器，若本振信号角频率为 ω_L，则混频器输出的调频信号角频率变化为（$\omega_L-\omega_s-\Delta\omega_m\cos\Omega t$）或（$\omega_L+\omega_s+\Delta\omega_m\cos\Omega t$）。可见，混频器使调频信号的载波角频率降低为（$\omega_L-\omega_s$）或升高为（$\omega_L+\omega_s$），但最大角频偏没有发生变化，仍为 $\Delta\omega_m$。这就是说，混频器可以在保持最大角频偏不变的情况下，改变调频信号的载波频率。

利用倍频器和混频器的上述特性，可以在要求的载波频率上扩展频偏。例如，可以先用倍频器增大调频信号的最大频偏，然后再用混频器将调频信号的载波频率降低到规定的数值。这种方法对于直接调频电路和间接调频电路产生的调频波都是适用的。

例 7.3.1　某调频设备电路的组成框图如图 $7-3-11$ 所示，已知间接调频电路输出的调频信号中心频率 $f_{c1}=100$ kHz，最大频偏 $\Delta f_{m1}=24.41$ Hz，混频器的本振信号频率 $f_L=24.45$ MHz，取下边频输出，试求调频设备输出调频信号的中心频率 f_c 和最大频偏 Δf_m。

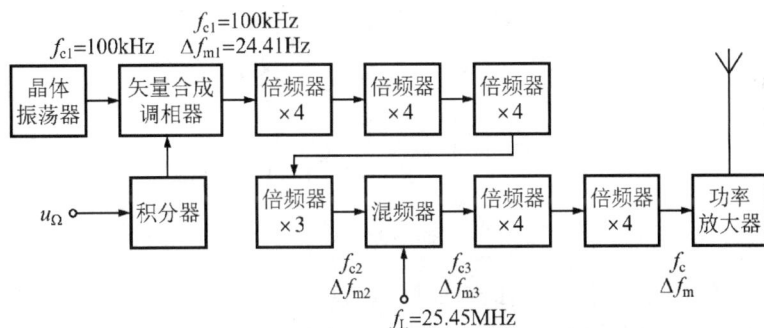

图 $7-3-11$　调频设备电路的组成框图

解　间接调频电路输出的调频信号，经三级四倍频器和一级三倍频器后其中心频率和最大频偏分别变为

$$f_{c2}=4\times4\times4\times3\times f_{c1}=192\times100 \text{ kHz}=19.2 \text{ MHz}$$
$$\Delta f_{m2}=4\times4\times4\times3\times\Delta f_{m1}=192\times24.41 \text{ Hz}=4.687 \text{ kHz}$$

经过混频后，中心频率和最大频偏分别变为

$$f_{c3}=f_L-f_{c2}=(25.45-19.2) \text{ MHz}=6.25 \text{ MHz}$$
$$\Delta f_{m3}=\Delta f_{m2}=4.687 \text{ kHz}$$

再经二级四倍频器后，则得调频设备输出调频信号的中心频率和最大频偏分别为

$$f_c=4\times4\times f_{c3}=16\times6.25 \text{ MHz}=100 \text{ MHz}$$

$$\Delta f_{m} = 4 \times 4 \times \Delta f_{m3} = 16 \times 4.687 \text{ kHz} = 75 \text{ kHz}$$

▶ 练习与思考

7-3-1 在频率调制时,可采用_____和_____两种实现方法。

7-3-2 某调频设备电路的组成框图如图7-3-12所示,已知:调制信号的频率为 1 kHz,直接调频器产生的频偏为1.25 kHz;混频器输出取差频。试求:

(1) 该设备输出信号的中心频率和频偏;

(2) 放大器1和放大器2的中心频率和通频带。

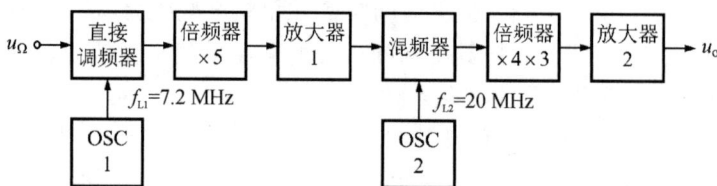

图 7-3-12

7-3-3 由石英晶体滤波器构成的变容二极管直接调频电路如图7-3-13所示,分别画出变容二极管的直流通路、低频交流通路和高频等效电路,并说明这是哪一种振荡电路。

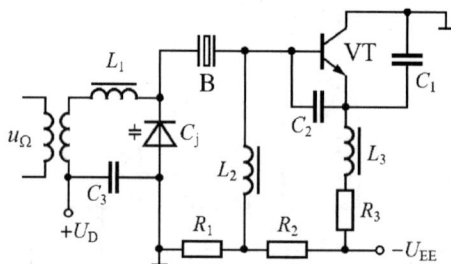

图 7-3-13

7-3-4 矢量合成法调相电路的组成框图如图7-3-10所示,若 $u_{\Omega} = U_{\Omega m}\cos\Omega t$,且乘法器、加法器和限幅器的系数均为1。试求其输出信号 u_{FM} 的数学表达式。

7.4 鉴频方法与电路

观察与思考

鉴频是调频的逆过程,即从高频调频波中取出原调制信号的过程。鉴频有哪些实现方法呢?

调频波是一个等幅波，调制信号反映在调频波的频率变化中，将频率变化转换为幅度变化是鉴频的关键。这个转换是如何实现的呢？

对调频信号的解调称为频率检波，又称鉴频。在调频信号中，因调制信号信息包含在已调信号的瞬时频率变化中，所以鉴频的任务就是把调频信号的瞬时频率变化不失真地转变为电压变化，即实现"频率-振幅"转换。

7.4.1　鉴频方法概述

1. 鉴频的实现方法

鉴频的实现方法有很多，其基本工作原理都是将输入的调频信号进行特定的波形变换，使变换后的波形包含反映瞬时频率变化的量，再通过低通滤波器滤波后，就能得到所需的原调制信号。常用的鉴频方法有以下几种：

1）斜率鉴频器

斜率鉴频器的原理框图如图 7-4-1 所示，等幅的调频信号送入频率-振幅线性网络，变换成幅度与瞬时频率成正比变化的调幅-调频信号，然后用包络检波器进行检波，还原出原调制信号。

图 7-4-1　斜率鉴频器的原理框图

2）相位鉴频器

相位鉴频器的原理框图如图 7-4-2 所示，等幅的调频信号送入频率-相位线性网络，变换成相位与瞬时频率成正比变化的调相-调频信号，然后通过相位检波器还原出原调制信号。

图 7-4-2　相位鉴频器的原理框图

3）脉冲计数式鉴频器

脉冲计数式鉴频器有各种实现电路，典型的电路组成框图及各信号波形如图 7-4-3 所示。由图可见，等幅的调频信号送入双向限幅电路，变为调频方波（u_1），然后通过微分网络，变换为微分脉冲序列（u_2），并用其中的正微分脉冲去触发脉冲形成电路，产生宽度为 τ 的调频脉冲序列（u_3），最后通过低通滤波器还原出原调制信号。脉冲计数式鉴频器的优点是线性好、通频带宽、易集成，其中心频率可在较宽的范围内调整，所以在现代通信集成电路中经常采用。其缺点是工作频率受到脉冲最小宽度的限制。

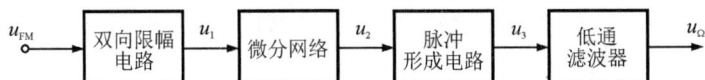

（a）电路组成框图

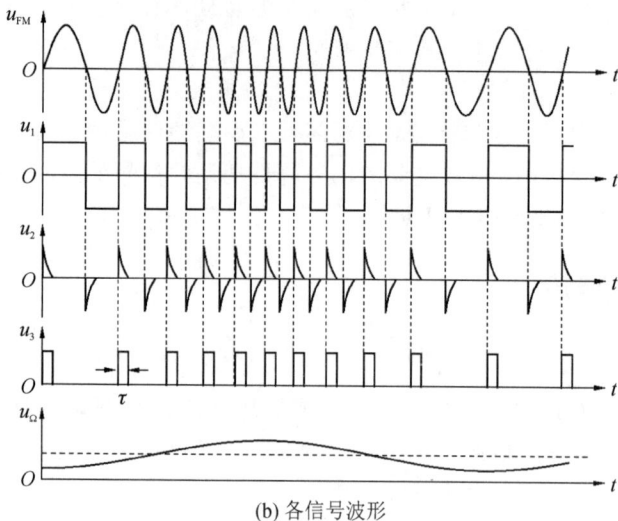

(b) 各信号波形

图 7 - 4 - 3 脉冲计数式鉴频器

2. 鉴频器的主要性能指标

鉴频器的主要特性是鉴频特性，即鉴频器的输出电压 $u_。$ 与输入调频信号频率 f 之间的关系。典型的鉴频特性曲线如图 7 - 4 - 4 所示。当输入鉴频器的信号频率为调频波的中心频率 f_c 时，输出电压 $u_。=0$；当输入信号频率偏离中心频率 f_c 时，输出电压随之发生变化。但当输入信号的频率偏移过大时，输出电压会降低。通常要求鉴频特性曲线要陡直，线性范围要大。因此鉴频器的两个主要技术指标如下：

1）鉴频灵敏度 S_D

鉴频灵敏度又称为鉴频跨导，是指在调频波的中心频率 f_c 附近，单位频偏产生的输出电压，即 $S_D=\Delta u_。/\Delta f$，单位为 V/Hz。显然，S_D 越大，相同频偏时的输出电压就越高，鉴频特性曲线也越陡峭，鉴频的能力就越强。

2）线性范围

线性范围又称为鉴频器通频带宽度 BW，是指鉴频特性曲线近似为直线段的频率变化范围，如图 7 - 4 - 4 所示。它表明鉴频器不失真解调时所允许的最大频率变化范围。鉴频时要求 BW 大于调频信号最大频偏的两倍，即 $2\Delta f_m$，同时应注意鉴频曲线的对称性。

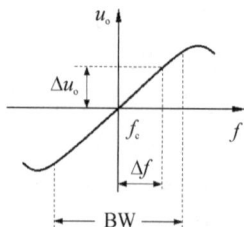

图 7 - 4 - 4 典型鉴频特性曲线

7.4.2　斜率鉴频器

1. 单失谐回路斜率鉴频器

图 7-4-5(a)所示为由单失谐回路和包络检波器构成的单失谐回路斜率鉴频器电路。图中,由 L、C_1 组成并联谐振回路,其谐振频率 f_0 高于(或低于)调频信号 u_{FM} 的中心频率 f_c,使 f_c 处于谐振回路幅频特性曲线的倾斜部分,且接近直线段的中心点 A,如图 7-4-5(b)所示。当输入调频信号 u_{FM} 时,失谐回路可将其变换为随瞬时频率变化的调幅-调频波。再由 VD、C_2、R_L 组成的振幅检波器对调幅-调频信号进行振幅检波,即可得到原调制信号。由于单失谐回路幅频特性曲线中倾斜部分的线性度差,鉴频器输出波形失真大,质量不高,故很少使用。

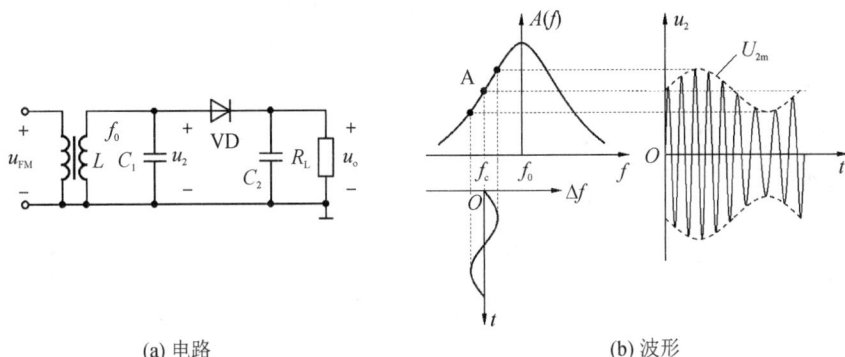

(a) 电路　　　　　(b) 波形

图 7-4-5　单失谐回路斜率鉴频器

2. 双失谐回路斜率鉴频器

在实际应用中,常采用两个单失谐回路斜率鉴频器组合成双失谐回路斜率鉴频器,其原理电路如图 7-4-6(a)所示。图中,两个二极管包络检波器参数相同,即 VD_1 与 VD_2 参数一致。设调频信号 u_{FM} 的中心频率为 f_c,上回路调谐在 f_{01} 上,且 $f_{01}>f_c$,下回路调谐在 f_{02} 上,且 $f_{02}<f_c$,则鉴频器的总输出为上、下两个单失谐回路斜率鉴频器输出之差,即 $u_o=u_{o1}-u_{o2}$。由此可得总的鉴频特性为上、下回路幅频特性曲线之差,即上、下两回路幅频特性曲线的合成,如图 7-4-6(b)所示。为保证工作的线性范围,$f_{01}-f_{02}$

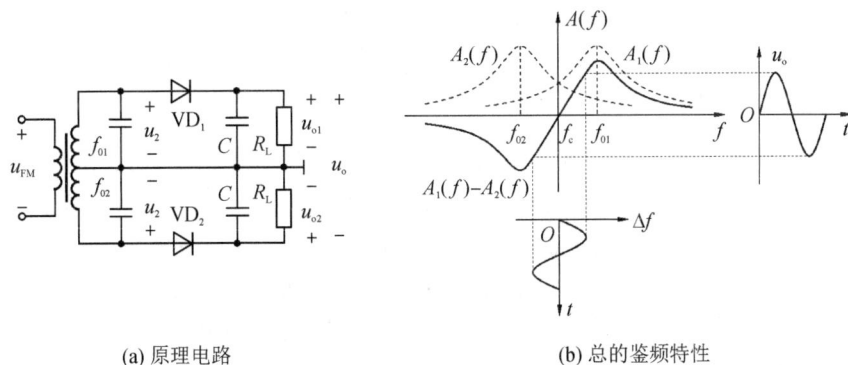

(a) 原理电路　　　　　(b) 总的鉴频特性

图 7-4-6　双失谐回路斜率鉴频器

应大于调频信号最大频偏 Δf_m 的两倍；为了使鉴频特性曲线对称并且呈线性，还应使频率间隔 $f_{01} - f_c = f_c - f_{02}$，并取合适的值。若频率间隔过小，线性范围将变窄；若频率间隔过大，合成的总的鉴频特性曲线在 f_c 处会出现弯曲。

由于双失谐回路斜率鉴频器采用了平衡电路，上、下两个单失谐回路的鉴频器特性可相互补偿，使鉴频器输出电压中的直流分量和低频偶次谐波分量相抵消，故鉴频的非线性失真小，线性范围宽，鉴频灵敏度高；其缺点是鉴频特性的线性范围和线性度与两个回路的谐振频率 f_{01} 和 f_{02} 配置有关，调整起来不太方便。

3. 集成电路中的斜率鉴频器

图 7-4-7(a) 所示为一种实用的集成斜率鉴频器电路，由于该电路便于集成化，且鉴频特性好，因此被广泛应用于调频接收机和电视伴音解调中。图中，L_1、C_1 和 C_2 构成频率-振幅线性网络，可将输入的 FM 波电压 u_s 转换为两个幅度按 FM 波瞬时频率变化的电压 u_1 和 u_2，而 u_1、u_2 又分别通过射极跟随器 VT_1 和 VT_2 加到晶体管包络检波器 VT_3 和 VT_4 上进行检波，检波后的输出电压分别加在差分放大器 VT_5 和 VT_6 的基极，差分放大器的输出信号 u_o 即为原调制信号 u_Ω。由差分放大器的特性知，u_Ω 与 u_1 和 u_2 的振幅的差值 $U_{1m} - U_{2m}$ 成正比。

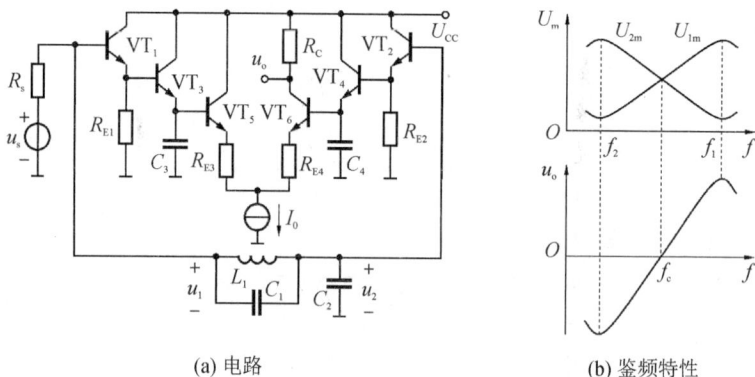

(a) 电路   (b) 鉴频特性

图 7-4-7 集成斜率鉴频器

由 L_1、C_1、C_2 组成的频率-振幅线性网络有两个谐振频率，分别为

$$f_1 = \frac{1}{2\pi\sqrt{L_1 C_1}} \tag{7-4-1}$$

$$f_2 = \frac{1}{2\pi\sqrt{L_1(C_1 + C_2)}} \tag{7-4-2}$$

当 f 增大至 f_1 时，L_1、C_1 并联回路谐振，阻抗最大，则有 u_1 最大、u_2 最小，故输出信号 U_{1m} 达到最大值、U_{2m} 则减至最小值。当 f 减小至 f_2 时，L_1、C_1 回路阻抗减小，且呈感性，与 C_2 产生串联谐振，阻抗最小，则有 u_1 最小、u_2 最大，故输出信号 U_{1m} 减至最小值、U_{2m} 达到最大值。显然 U_{1m} 和 U_{2m} 的大小是按 FM 波瞬时频率的变化规律而变化的。将 U_{1m}、U_{2m} 随频率变化的两条曲线相减所得到的合成曲线，再乘以由射极跟随器、检波器和差分放大器决定的增益，就可得到如图 6-4-7(b) 所示的鉴频特性。

在实际应用中，L_1 为可调电感，调节 L_1 可改变鉴频特性，包括中心频率、线性范围及鉴频特性曲线的对称性。

7.4.3 相位鉴频器

相位鉴频器有乘积型和叠加型两种。

1. 乘积型相位鉴频器

乘积型相位鉴频器的组成框图如图 7-4-8 所示，频率-相位线性网络先将 FM 信号 u_X 的瞬时频率变化转换成相位的变化，即实现"频率-相位"的转换，得到 u_Y，再与原 FM 信号相乘，得到两信号的相位差信号，即实现"相位-电压"的转换，再经低通滤波器即可获得原调制信号。

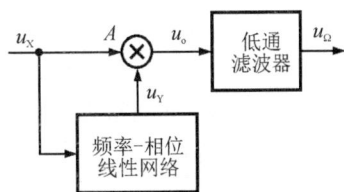

图 7-4-8 乘积型相位鉴频器的组成框图

设 $u_X = U_{Xm} \cos\omega_c t$，经频率-相位线性网络给 u_X 附加一个固定的相位差 $\pi/2$ 和相位差 φ，得到 $u_Y = U_{Ym} \sin(\omega_c t + \varphi)$。

根据加到乘法器输入端信号幅度大小的不同，可分以下三种情况讨论。

1）u_X、u_Y 均为小信号

当 U_{Xm} 和 U_{Ym} 均小于 26 mV 时，乘法器工作在线性状态。此时乘法器的输出电压为

$$u_o = A u_X u_Y = A U_{Xm} U_{Ym} \cos\omega_c t \cdot \sin(\omega_c t + \varphi)$$

$$= \frac{1}{2} A U_{Xm} U_{Ym} [\sin\varphi + \sin(2\omega_c t + \varphi)]$$

通过低通滤波器可滤除上式中第二项所示的高频分量，得到的输出电压为

$$u_\Omega = \frac{1}{2} A U_{Xm} U_{Ym} \sin\varphi \qquad (7-4-3)$$

式(7-4-3)说明，当 U_{Xm} 和 U_{Ym} 为固定值时，输出电压与两输入信号相位差的正弦值成正比。u_Ω 与 φ 的关系称为鉴相特性。小信号时乘积型相位鉴频器的鉴相特性如图 7-4-9 所示，为一条正弦曲线。当 $|\varphi| \leqslant \pi/6$ (30°)时，有 $\sin\varphi \approx \varphi$，鉴相特性近似为直线，可实现线性鉴相。

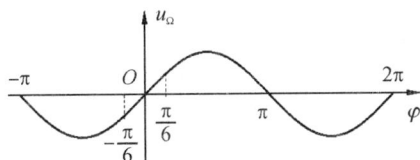

图 7-4-9 小信号时乘积型相位鉴频器的鉴相特性

2）u_X 为大信号、u_Y 为小信号

当 U_{Xm} 大于 100 mV、U_{Ym} 小于 26 mV 时，乘法器受 U_{Xm} 控制，工作在开关状态。此时乘法器的输出电压为

$$u_o = A u_Y S_2(\omega_c t) = A U_{Ym} \sin(\omega_c t + \varphi) \cdot \left(\frac{4}{\pi} \cos\omega_c t - \frac{4}{3\pi} \cos 3\omega_c t + \cdots \right)$$

$$= \frac{2}{\pi} AU_{Ym} [\sin\varphi + \sin(2\omega_c t + \varphi)] - \cdots$$

通过低通滤波器可滤除高频分量，得到的输出电压为

$$u_\Omega = \frac{2}{\pi} AU_{Ym} \sin\varphi \tag{7-4-4}$$

式(7-4-4)说明，当 u_X 为大信号时，鉴相特性仍为正弦特性，只是输出电压的幅度仅与 U_{Ym} 相关，而与 U_{Xm} 无关。

3）u_X、u_Y 均为大信号

当 U_{Xm} 和 U_{Ym} 均大于 100 mV 时，乘法器受 U_{Xm} 和 U_{Ym} 的共同控制，工作在开关状态。此时可将 u_X 和 u_Y 等效为双向方波信号 u_X' 和 u_Y'，其幅度分别为 U_{Xm}' 和 U_{Ym}'，波形如图 7-4-10(a)、(b)所示。u_X、u_Y 经相乘后的输出电压 u_o 波形如图 7-4-10(c)所示。由于低通滤波器的输出电压 u_Ω 正比于乘法器输出电压 u_o 的平均值，故由图 7-4-10(c)可得

$$u_\Omega = \frac{1}{2\pi} AU_{Xm}'U_{Ym}' \left[2\left(\frac{\pi}{2} + \varphi\right) - 2\left(\frac{\pi}{2} - \varphi\right) \right] = AU_{Xm}'U_{Ym}' \frac{2\varphi}{\pi} \tag{7-4-5}$$

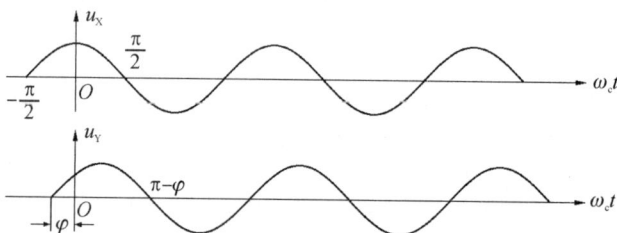

(a) u_X、u_Y 的波形

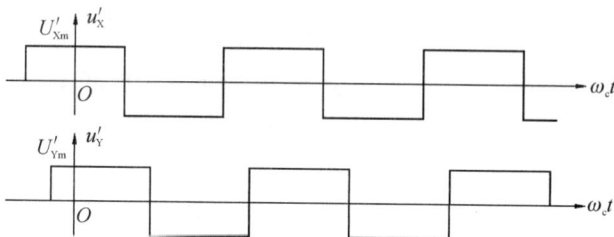

(b) u_X'、u_Y' 的波形

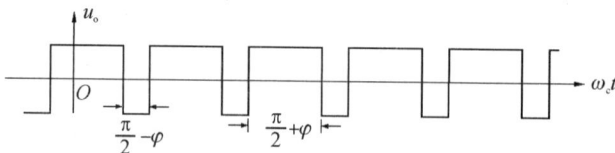

(c) u_o 的波形

图 7-4-10　大信号时乘积型相位鉴频器的工作波形

式(7-4-5)为大信号时乘积型相位鉴频器的鉴相特性，在 $|\varphi| \le \pi/2$ 范围内为通过原点的直线，即在此范围内实现了线性鉴相，且其线性范围为小信号鉴相特性的 3 倍，如图 7-4-11 所示。可以证明，当 $|\varphi| \ge \pi/2$ 时，鉴相特性向两侧周期性重复，为一条三角波。

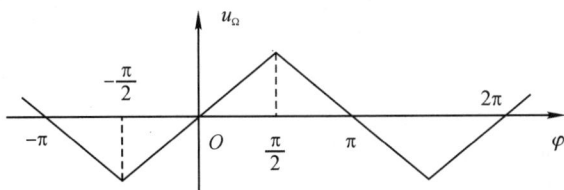

图 7-4-11　大信号时乘积型相位鉴频器的鉴相特性

2. 叠加型相位鉴频器

叠加型相位鉴频器的组成框图如图 7-4-12 所示。首先利用频率-相位线性网络将调频波转换为调相波，再将其与原调频波相加获得调幅-调频波，然后用包络检波器解调，恢复原调制信号。

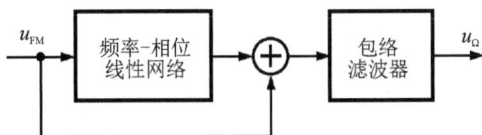

图 7-4-12　叠加型相位鉴频器的组成框图

图 7-4-13 所示为互感耦合的叠加型相位鉴频器电路，广泛应用于调频广播接收机中。电路分为三部分：由 VT 组成高频放大电路，将调频信号 u_{FM} 放大，得到 u_1；由 L_1C_1 和 L_2C_2 组成的初、次级互感耦合谐振回路作为频率-相位线性网络，它们均调谐在调频波的中心频率 f_c 上，将 u_1 变为调相-调频波 u_2；由两个二极管组 VD_1、VD_2 组成包络检波器，并接成平衡对称形式，以抵消偶次谐波成分。

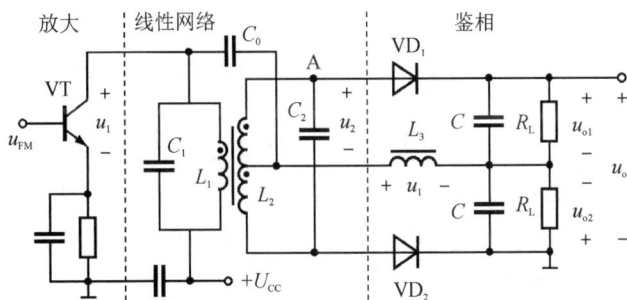

图 7-4-13　互感耦合的叠加型相位鉴频器电路

u_{FM} 经 V_T 放大后，在初级回路 L_1C_1 上产生的电压为 u_1，通过变压器在次级回路 L_2C_2 上产生的电压为 u_2，由于 L_2 被中心抽头分为两半，所以 L_2 上、下半边上的电压为 $u_2/2$。同时，u_1 通过耦合电容 C_0 加到高频扼流圈 L_3 上。因此，加到两个二极管上的高频信号分别为

$$u_A = u_1 + \frac{1}{2}u_2, \quad u_B = u_1 - \frac{1}{2}u_2$$

理论分析证明，u_A 和 u_B 为调幅-调频波，即完成了调频波到调幅-调频波的波形变换。再由包络检波器对调幅-调频波进行幅度解调，即可恢复出所需的原低频调制信号。

此外，还有电容耦合式叠加型相位鉴频器，其分析可参阅其他有关教材。

▶ **练习与思考**

7-4-1　对鉴频器有哪些主要要求？

7-4-2　为什么通常在鉴频器之前采用限幅器？

7-4-3　在图 7-4-6(a)所示的斜率鉴频器的原理电路中，若两个二极管 VD$_1$、VD$_2$极性同时反接，电路能否鉴频？其鉴频特性怎样变化？

7.5　调频制中的预加重与去加重

┌─────────────┐
│ 观察与思考 │
└─────────────┘

在 1.2.3 节介绍的"调频公众对讲机"中提到，发射部分对音频信号先进行"预加重"处理，以压低低频部分的电平；接收部分在对接收的调频信号鉴频后又对音频信号进行"去加重"处理，以恢复被压低的低频部分的电平。

在调频制中，为什么要对基带信号进行"预加重"处理呢？

无线电信号在传输中，噪声总是和有用信号一起传送。通信的质量和可靠性通常用信噪比来衡量。信噪比可以简单地理解为信号中有用信号的平均功率与噪声的平均功率之比，是通信系统中的一个重要技术指标。根据通信中不同的需要，信噪比有不同的表达方式，例如，在模拟通信系统中，信噪比一般是指接收机解调器输出端的信号平均功率与噪声平均功率的比值。

噪声的来源很复杂，大致可分为内部噪声和外部噪声两种。内部噪声主要来源于元器件产生的固有噪声、电路设计或安装工艺缺陷产生的噪声等；外部噪声主要来源于空间辐射干扰噪声、线路串扰噪声、传输噪声等。本节根据调频制的特点，仅从提高信号信噪比的角度简要介绍调频信号抑制噪声干扰的方法。

无论是调频波还是调幅波，边频传送的是有用信息，所以边频功率越大，信号的信噪比就越高。由图 7-2-3 可看出：随着调频指数 M_f 的提高，调频信号中载频分量的幅度明显减小，边频分量的数量增加、幅度提高，即在调频波中 M_f 越大，信噪比越高。例如，调频信号在其他条件相同的情况下，$M_f=5$ 时信噪比要比 $M_f=1$ 时的信噪比高约 14 dB。

为方便分析，现将式(7-2-8)，即调频指数的表达式重复如下：

$$M_f=\frac{k_fU_{\Omega m}}{\Omega}=\frac{\Delta\omega_m}{\Omega}=\frac{\Delta f_m}{F}$$

从式(7-2-8)可知，调频指数 M_f 与调制信号频率 F 成反比。当频偏 Δf_m 为规定值时，F越高，M_f 越小，信噪比降低，即调制信号高频端的信噪比将下降。从式(7-2-8)还可看出，当调制灵敏度 k_f 为常数时，提高调制信号的幅度 $U_{\Omega m}$ 可提高 M_f。在实际调频电路中，

k_f 通常为常数，故可在调频前提升调制信号高频端的幅度，以提高高频段的信噪比。

另外，理论分析可以证明，鉴频器输出的噪声功率谱密度随调制信号频率的升高按抛物线规律变化，如图 7-5-1 所示。但各种消息信号（语言、音乐）的能量主要集中在低频端，在高频端功率谱幅度随频率升高而下降，故在调制信号频率的高频端，鉴频器输出的信噪比会明显下降。另外由于鉴频器的非线性解调作用，在低输入信噪比条件下，噪声和弱信号的相互作用使鉴频器的输出信号中增加了大量脉冲噪声，从而使输出信噪比急剧下降，导致有用信号被噪声淹没。

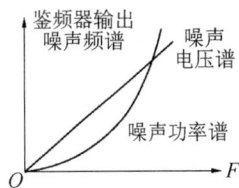

图 7-5-1　鉴频器输出噪声功率谱

针对上述特点，在调频中广泛采用预加重、去加重技术来抑制干扰和噪声。预加重就是在调频前提升调制信号高频端的幅度，以提高调制信号高频端的 M_f。去加重就是接收机在对调频信号鉴频后，降低解调信号高频端的幅度，以还原调制信号。

1. 预加重网络

典型的预加重网络及其传输特性如图 7-5-2(a)、(b)所示。预加重网络由 RC 电路组成，其实质是衰减调制信号中低频分量的幅度，这相当于提高了高频分量的幅度，使调制信号高频端的信噪比得到提高。

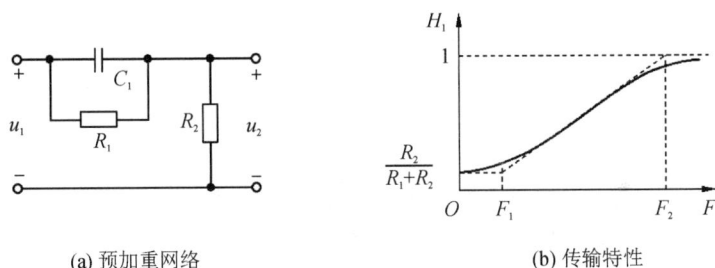

(a) 预加重网络　　　　　　　　(b) 传输特性

图 7-5-2　预加重网络及其传输特性

由理论分析可知，预加重网络的传输特性为

$$H_1 = \frac{u_2}{u_1} = \frac{R_2}{R_1 + R_2} \sqrt{\frac{1 + (f/F_1)^2}{1 + (f/F_2)^2}} \qquad (7-5-1)$$

式中，$F_1 = \dfrac{1}{2\pi R_1 C_1}$；$F_2 = \dfrac{1}{2\pi R C_1}$，$R = \dfrac{R_1 R_2}{R_1 + R_2}$。

在调频广播发射机中，预加重网络 R_1、R_2、C_1 的参数根据 $F_1 = 2.1$ kHz、$F_2 = 15$ kHz 来选择。

2. 去加重网络

典型的去加重网络及其传输特性如图 7-5-3(a)、(b)所示。去加重网络由 RC 电路组成，其实质是衰减解调信号中高频分量的幅度，使解调信号中高频端和低频端的各频率分量的幅度保持原来的比例关系，避免了因发射端采用预加重网络而造成的解调信号失真。

由理论分析可知，去加重网络的传输特性为

$$H_2 = \frac{u_2}{u_1} = \sqrt{\frac{1}{1 + (f/F_3)^2}} \qquad (7-5-2)$$

式中，$F_3 = \dfrac{1}{2\pi R_3 C_2}$。

在调频广播接收机中，去加重网络 R_3、C_2 的参数根据 $F_3 = 2.1\,\text{kHz}$ 来选择。

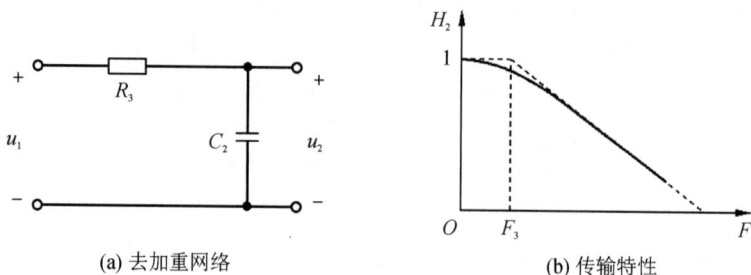

(a) 去加重网络   (b) 传输特性

图 7-5-3　去加重网络及其传输特性

例 7.5.1　某去加重网络如图 7-5-3(a) 所示，已知 $R_3 = 100\,\Omega$，$C_2 = 0.075\,\mu\text{F}$。

(1) 试求电路的上限频率 F_3。

(2) 当输入信号 u_1 的频率为 15 kHz 时，输出信号 u_2 衰减了多少？

解　(1) 电路的上限频率为

$$F_3 = \frac{1}{2\pi R_3 C_2} = \frac{1}{2\pi \times 100\,\Omega \times 0.075\,\mu\text{F}} = 2.12\,\text{kHz}$$

(2) 当 $f = 15\,\text{kHz}$ 时，有

$$H_2(15\,\text{kHz}) = \frac{1}{\sqrt{1 + \left(\dfrac{15\,\text{kHz}}{2.12\,\text{kHz}}\right)^2}} = 0.14$$

即，当输入信号频率为 15 kHz 时，输出信号的幅度为输入信号的 14%。

▶ 练习与思考

7-5-1　简述调频制中预加重的作用是什么。

7-5-2　预加重电路的实质是＿＿＿＿滤波器电路，去加重电路的实质是＿＿＿＿滤波器电路。

7.6 技 能 训 练

7.6.1　变容二极管调频器实验

1. 实验目的

(1) 掌握用变容二极管直接调频电路实现 FM 的方法；

（2）理解静态调制特性、动态调制特性的概念和测试方法。

2. 实验内容

（1）用示波器观察调频器输出波形，考察各种因素对于调频器输出波形的影响；

（2）变容二极管调频器静态调制特性测量；

（3）变容二极管调频器动态调制特性测量。

3. 实验器材

信号发生器，双踪示波器，万用表，实验模块 MD01（振荡器）。

4. 实验电路

实验电路由 Q16 组成的振荡器和 Q18、Q19 组成的放大器构成，如图 7−6−1 所示，其中 D19 和 D20 为变容二极管。Q16 组成电容三点式振荡器，与发射极相连的是 C36 和 C37，基极与集电极之间的振荡元件包括 L08、D19、D20、C39。+12V 直流电源通过 W16、R49、R50、L09 加到 D19 和 D20 的负极，并经 L08 到地，使 D19 和 D20 处于反偏；低频调制信号 u_Ω 经 E33、R50、L09 加到 D19 和 D20 的负极，并经 L08 到地。Q18 组成共发射极放大器。Q19 组成共集电极放大器。

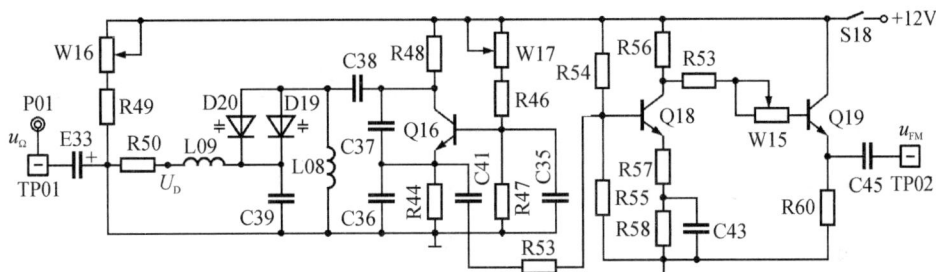

图 7−6−1　技能训练 7.6.1 电路

5. 实验步骤

（1）实验准备。

① 打开实验箱电源，按下实验板电源开关 S18，接通+12 V 电源。

② 示波器 CH1 路接 TP02。

③ 调节 W17，修改 Q16 的工作点，使输出波形不失真。调节 W15，使波形有足够输出幅度，并保持不变。

（2）静态调制特性测量。

① 输入端不接音频信号，调整 W16 使振荡频率 $f_0=10.245$ MHz，用万用表测量 R50 右端点电位值（U_D），填入表 7−6−1 中。

② 重新调节电位器 W16，使 U_D 在 1～9 V 范围内变化，并把相应的频率值填入表 7−6−1 中。

③ 在坐标纸上画出静态调制特性曲线（$U_D \sim f$）。

表 7 - 6 - 1　静态调制特性

U_D/V		1	2	3	4	5	6	7	8	9
f_0/MHz	10.245									

（3）动态调制特性测量。

① 调整 W16，使振荡频率 $f_0 = 10.245$ MHz。

② 信号发生器 CH1 路接 TP01。用信号发生器分别产生正弦波和方波，并使频率、峰峰值分别为 1 kHz、500 mV。

③ 观察输出波形，并记入表 7 - 6 - 2 中。

表 7 - 6 - 2　动态调制特性

调制信号	正弦波	方　波
调制信号波形		
调频信号波形		

6. 总结与思考

（1）整理实验数据，撰写实验报告。

（2）说明 W16 对于调频器工作的影响。

7.6.2　电容耦合相位鉴频器实验

1. 实验目的

（1）了解电容耦合相位鉴频器的工作原理；

（2）熟悉初/次级回路电容、耦合电容对于电容耦合相位鉴频器工作的影响。

2. 实验内容

（1）观察鉴频器输入、输出波形；

（2）观察初级回路电容、次级回路电容、耦合电容变化对 FM 波解调的影响。

3. 实验器材

双踪示波器，信号发生器，实验模块 MD05（调频与鉴频）。

4. 实验电路

电容耦合相位鉴频器电路如图 7 - 6 - 2 所示。由 LC 双调谐回路构成移相网络，D02、D03 构成平衡叠加型鉴相器。调节 C04、C08、C09 可以改变鉴频器中心频率和通频带宽度，调节 W02 可改善鉴频特性的对称性。

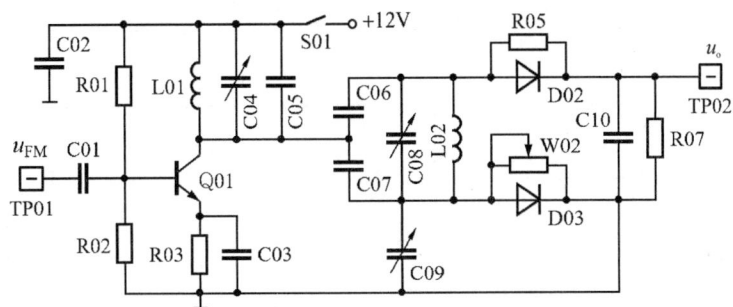

图 7-6-2　技能训练 7.6.2 电路

5. 实验步骤

(1) 实验准备。

① 用信号发生器产生 FM 波：载波的波形、频率、峰峰值分别为正弦波、4.5 MHz、1 V，调制信号波形、频率分别为正弦波、1 kHz，频率偏移为 25 kHz。

② FM 波信号由 TP01 输入，示波器 CH1 路接 TP01、CH2 路接 TP02。

③ 打开实验箱电源，按下实验板电源开关 S01，接通＋12 V 电源。

(2) 观察鉴频过程。

① 观察鉴频输出信号 u_o 波形。微调 C04、C08、C09 和 W02，使 u_o 幅值最大，且直流电平约为 0 V，将 u_o 波形及峰峰值 U_{opp} 记录于表 7-6-3 中。

表 7-6-3　不同频率偏移时鉴频器的输出电压

Δf_m/kHz	25	50	75	100
u_o 波形				
U_{opp}/V				
Δf_m/kHz	125	150	175	200
u_o 波形				
U_{opp}/V				

② 调节信号发生器，输出不同频率偏移的 FM 波，观察并测量 u_o 波形及参数，并记录于表 7-6-3 中。

(3) 测量鉴频特性曲线。

① 调节信号发生器，输出单一频率等幅正弦信号：频为率 4.5 MHz，峰峰值为 1 V。

② TP02 接万用表(直流电压挡)，微调 C04、C08、C09 和 W02，使输出的直流电压 U_o 为 0 V。

③ 调节信号发生器，输出不同频率的正弦波，逐点测量鉴频输出电压，并记录于表 7-6-4 中。

表 7 - 6 - 4   鉴频特性测量结果

f/MHz	2.0	2.2	2.4	2.6	2.8	3.0	3.2	3.4	3.6
U_o/V									
f/MHz	3.8	4.0	4.2	4.4	4.5	4.6	4.8	5.0	5.2
U_o/V									
f/MHz	5.4	5.6	5.8	6.0	6.2	6.4	6.6	6.8	7.0
U_o/V									

④ 在坐标纸上画出鉴频特性曲线($U_o \sim f$)。

6. 总结与思考

(1) 整理实验数据，撰写实验报告。

(2) 根据实验数据，说明 C04、C08、C09 的变化对于鉴频器输出波形的影响。

小　结

1. 频率调制与相位调制

频率调制(FM，简称调频)：用低频调制信号控制高频载波频率的过程，即 FM 信号的瞬时频率偏移 $\Delta f(t)$ 与调制信号 u_Ω 的幅度成正比。

相位调制(PM，简称调相)：用低频调制信号控制高频载波相位的过程，即 PM 信号的瞬时相位偏移 $\Delta \varphi(t)$ 与调制信号 u_Ω 的幅度成正比。

调频与调相都是角度调制，简称调角。

2. 调角信号的特点

调角波是等幅波，具有抗干扰能力强、信号传输的保真度高、发射机的功放管利用率高等优点。但调角波所占用的通频带要比调幅波宽得多，因此必须工作在超短波以上的波段。

(1) 频谱：不是调制信号频谱的线性搬迁，而是产生了无数个边频分量，是频谱的非线性变换。频谱结构与调制指数 M 有关。

(2) 调制指数：$M = \Delta f_m / F$。FM 波的 M_f 与调制信号频率 F 成反比；PM 波的 M_p 与调制信号频率 F 无关。

(3) 卡森带宽：$\text{BW} = 2(M+1)F = 2(\Delta f_m + F)$。FM 波的带宽与 F 无关，近似为恒定带宽；PM 波的带宽与 F 成正比。

(4) 功率：调角波的功率与其载波功率相等。调制的作用是将载波功率重新分配到各边频上。

3. 调频方法

调频的实现方法分为直接调频和间接调频。

(1) 直接调频：用调制信号控制振荡器中的可变电抗元件（通常是变容二极管），使其振荡频率随调制信号线性变化。直接调频可获得较大的频偏，但中心频率的频稳度低。

(2) 间接调频：将调制信号积分后，再对高频载波进行调相。间接调频时中心频率的频稳度高，但难以获得大的频偏，需采用多次倍频来加大频偏，并经混频得到合适的载波频率。

4. 鉴频与鉴相

对调频波的解调称为鉴频，对调相波的解调称为鉴相。

鉴频的方法主要有斜率鉴频、相位鉴频和脉冲计数式鉴频等。

(1) 斜率鉴频器：先将频率变化通过频率-振幅线性网络变换成幅度的变化，即将 FM 波变换成 AM-FM 波，再进行检波。

(2) 相位鉴频器：先将频率变化通过频率-相位线性网络变换成相位的变化，即将 FM 波变换成 PM-FM 波，再进行鉴相。

5. 预加重

为提高调频信号的信噪比，在调频制中广泛采用了预加重技术。

(1) 预加重：目的是提升调制信号的高频分量幅度。预加重网络的实质是衰减调制信号中低频分量的幅度。

(2) 去加重：目的是降低鉴频器输出信号中高频分量的幅度，以还原调制信号。

测　试　题

7-1　填空题

1. 已知调制信号 $u_\Omega = U_{\Omega m} \cos \Omega t$（V），载波 $u_c = U_{cm} \cos \omega_c t$（V）。

(1) 调幅时调幅灵敏度为 k_a，则 $u_{AM} = $ _____（V）；

(2) 调频时调频灵敏度为 k_f，则 $u_{FM} = $ _____（V）；

(3) 调相时调相灵敏度为 k_p，则 $u_{PM} = $ _____（V）。

2. 通信系统中调频比调相应用得广泛的主要原因是调频信号的带宽为 _____。

3. 调频信号与调相信号的主要相同点为 _____。

4. 和振幅调制相比，角度调制的主要优点是 _____ 强，因此在通信中获得广泛应用。

5. 已知调频波 $u_{FM} = \cos(2\pi \times 10^8 t + 40\sin 2\pi \times 10^3 t)$（V），则载波频率 $f_c = $ _____ MHz，调制信号频率 $F = $ _____ kHz，调频指数 $M_f = $ _____，最大频偏 $\Delta f_m = $ _____ kHz，

卡森带宽 BW＝＿＿＿＿＿kHz，平均功率 P_{av}＝＿＿＿＿＿W(设负载 R_L＝50Ω)。

6. 调频波的频偏与调制信号的＿＿＿＿＿成正比，而与调制信号的＿＿＿＿＿无关。

7. 间接调频的基本原理是先对调制信号进行＿＿＿＿处理，再对载波信号进行＿＿＿＿。

8. 直接调频的主要优点是可以获得比较＿＿＿＿＿的频偏，主要缺点是中心频率的稳定度＿＿＿＿；间接调频的主要优点是＿＿＿＿稳定度高，主要缺点是获得的频偏比较＿＿＿＿。

9. 间接调频时，通常用＿＿＿＿＿扩大频偏，用＿＿＿＿＿改变载波频率。

10. 将一个调频信号鉴相后，需经过＿＿＿＿＿电路处理后才能实现鉴频。

11. 鉴频就是把已调信号＿＿＿＿＿的变化变换成电压或电流＿＿＿＿＿的变化。

12. 斜率鉴频器的工作原理是：将调频波转换为＿＿＿＿＿波，而后通过＿＿＿＿＿电路输出解调电压。

13. 相位鉴频器是先将调频信号变换成＿＿＿＿＿信号，然后用＿＿＿＿＿进行解调得到原调制信号。

14. 预加重网络的作用是＿＿＿＿＿调制信号低频分量的幅度，这相当于＿＿＿＿＿了调制信号高频分量的幅度。

7-2 单选题

1. 在各种调制中，最节省带宽和功率的是(　　　)。

A. AM   B. DSB   C. SSB   D. FM

2. 已知调制信号 $u_\Omega = U_{\Omega m}\sin\Omega t$，载波 $u_c = U_{cm}\cos\omega_c t$。则调频信号的数学表达式 $u_{FM}=(\quad)$。

A. $U_{cm}\cos(\omega_c t + M_f\sin\Omega t)$ B. $U_{cm}\cos(\omega_c t - M_f\cos\Omega t)$

C. $U_{cm}\cos(\omega_c t + M_f\cos\Omega t)$ D. $U_{cm}\cos(\omega_c t - M_f\sin\Omega t)$

3. 如果调制信号振幅增大 1 倍、频率也升高 1 倍，则调频波的带宽(　　　)。

A. 增大 4 倍   B. 增大 2 倍   C. 增大 1 倍   D. 不变

4. 调频时，如果调制信号振幅增大 1 倍、频率也升高 1 倍，则最大频偏为原来的(　　　)，调频指数为原来的(　　　)。

A. 4 倍   B. 2 倍   C. 1 倍   D. 1/2 倍

5. 调相波的最大频偏与调制信号的 $U_{\Omega m}$、Ω 关系是(　　　)。

A. 与 $U_{\Omega m}$ 成正比、与 Ω 成正比

B. 与 $U_{\Omega m}$ 成正比、与 Ω 成反比

C. 与 $U_{\Omega m}$ 成反比、与 Ω 成正比

D. 与 $U_{\Omega m}$ 成反比、与 Ω 成反比

6. 利用相乘器加滤波器不可以实现的功能是(　　　)。

A. SSB   B. 鉴频   C. 检波   D. FM

7. 载波频率相同，调制信号频率(0.4～5 kHz)也相同的 FM 波(M_f＝15)和 SSB 波，它们的带宽分别为(　　　)kHz。

A. 75、5   B. 150、5   C. 160、5   D. 160、10

8. 斜率鉴频电路由(　　　)和包络检波器组成。

A. 乘法器   B. 变容二极管

C. 滤波器   D. LC 并联谐振回路

9. 调幅波的已调波总功率(　　)载波功率,调频波已调波总功率(　　)载波功率。

A. 大于　　　　　　　B. 等于　　　　　　　C. 小于　　　　　　　D. 以上均有可能

10. (　　)信号的最大频偏与调制信号频率无关;(　　)信号的最大频偏与调制信号频率成正比。

A. 调幅　　　　　　　B. 调频　　　　　　　C. 调相　　　　　　　D. 调角

11. 调频信号经过倍频器后,绝对频偏(　　),相对频偏(　　)。

A. 增大　　　　　　　B. 不变　　　　　　　C. 减小　　　　　　　D. 以上均有可能

12. 下面说法正确的是(　　)。

A. 在直接调频电路中,变容二极管必须反偏工作

B. 在间接调频电路中,变容二极管必须正偏工作

C. 理想 LC 并联谐振电路在谐振时,等效阻抗等于 0

D. 理想 LC 串联谐振电路在谐振时,等效阻抗等于无穷大

13. 已知某调频信号载波频率为 ω_c,调制信号频率为 Ω,调频指数 $M_f = 2$,其频谱包含的边频分量有(　　)个,卡森带宽内包括的边频分量有(　　)个。

A. 4　　　　　　　　B. 6　　　　　　　　C. 7　　　　　　　　D. 无穷多

14. 关于间接调频方法的描述,正确的是:先对(　　)信号调相,从而完成调频。

A. 调制信号微分,再对载波　　　　　　B. 调制信号积分,再对载波

C. 载波微分,再对调制　　　　　　　　D. 载波积分,再对调制

15. 已知某调相波的载波频率为 50 MHz,调制信号频率为 2 kHz,调相指数 $M_p = 4.5$,则此调相波占据的带宽 BW 为(　　)Hz。

A. 4 k　　　　　　　B. 22 k　　　　　　　C. 100 M　　　　　　D. 550 M

16. 已知调频波的数学表达式为 $u_{FM} = 500\cos(2\pi \times 10^8 t + 20\sin 2\pi \times 10^3 t)$ mV,调频灵敏度 $k_f = 8\pi \times 10^3$ rad/(s·V),则调制信号的表达式 $u_\Omega = ($　　$)$V。

A. $5\cos 2\pi \times 10^3 t$　　　　　　　　B. $-5\cos 2\pi \times 10^3 t$

C. $5\sin 2\pi \times 10^3 t$　　　　　　　　D. $-5\sin 2\pi \times 10^3 t$

17. 鉴频器所需的鉴频特性的最大线性范围 BW$_{max}$ 取决于(　　)。

A. 调制信号频率 F　　　　　　　　　B. 最大频偏 Δf_m

C. 载波频率 f_c　　　　　　　　　　D. 调频信号的带宽 BW$_{FM}$

18. 某调频信号的载波频率 $f_c = 10$ MHz、最大频偏 $\Delta f_m = 5$ kHz,经 $n = 12$ 的倍频器、本振为 45 MHz 的混频器后,载波频率和最大频偏分别为(　　)。

A. 165 MHz、5 kHz　　　　　　　　　B. 120 MHz、60 kHz

C. 75 MHz、60 kHz　　　　　　　　　D. 75 MHz、5 kHz

19. 调频信号的瞬时相位与调制信号的关系是(　　)。

A. 与调制信号呈线性关系　　　　　　B. 与调制信号成正比

C. 与调制信号成反比　　　　　　　　D. 与调制信号的积分成正比

20. 下面说法正确的是(　　)。

A. 将调制信号积分后再调频,可以实现调相

B. 将调频信号鉴相后再微分,可以实现鉴频

C. 将调相信号鉴频后再微分,可以实现鉴相

D. 将调制信号微分后再调相，可以实现调频

21. 已知某已调波的数学表达式为 $u=2(1+\sin2\pi\times10^3t)\sin2\pi\times10^7t$，则该信号为（　　）信号。

A. AM B. DSB C. SSB D. FM

22. 已知某已调波的数学表达式为 $u=\cos(2\pi\times10^8t+20\sin4\pi\times10^3t)$，则该信号为（　　）信号。

A. 调幅 B. 调频 C. 调相 D. 调角

23. 根据输入不同，包络检波器可以实现很多功能，不能实现的功能有（　　）。

A. 整流滤波 B. 鉴频 C. 鉴相 D. 相乘运算

24. 能够实现频谱搬移的电路是（　　）。

A. 带通滤波器 B. 相乘器

C. 鉴相器 D. 整流滤波电路

7-3　分析计算题

1. 已知载波 $u_c=5\cos2\pi\times12\times10^6t$（V），调制信号 $u_\Omega=1.5\cos2\pi\times10^3t$（V）。

(1) 若调频，且单位电压产生的频偏为 4 kHz，写出调频波表达式；求最大频偏、调频系数和带宽；并画出调频波波形。

(2) 若调相，且单位电压产生的相移为 3 rad，写出调相波表达式；求最大频偏、调相系数和带宽；并画出调相波波形。

2. 已知载波 $u_c=5\cos2\pi\times12\times10^6t$（V），调制信号 $u_\Omega=1.5\cos6280t$（V），调频灵敏度 $k_f=2\pi\times20\times10^3[\text{rad}/(\text{s}\cdot\text{V})]$。

(1) 试求调制频率 F、调频波中心频率 f_c、Δf_m、M_f；

(2) 试写出调频波的数学表达式；

(3) 当调制信号频率减半时，Δf_m、M_f 如何变化？

(4) 当调制信号振幅加倍时，Δf_m、M_f 如何变化？

3. 已知调频信号的数学表达式为 $u_{FM}=8\cos(2\pi\times10^8t+30\cos2\pi\times10^3t)$（V）。试求：

(1) 载波频率 f_c、调制频率 F、调频指数 M_f、频偏 Δf_m、卡森带宽 BW，以及在单位电阻上产生的平均功率 P_{av}；

(2) 调制信号的表达式（设调频灵敏度为 k）。

4. 已知调角信号的数学表达式为 $u=10\cos(2\pi\times10^7t+10\cos2\pi\times10^3t)$（V）。试求：

(1) 频偏 Δf_m、最大相移 $\Delta\varphi_m$、卡森带宽 BW，以及在 50 Ω 电阻上产生的平均功率 P_{av}；

(2) 能否确定是 FM 波还是 PM 波，为什么？

5. 某调相波的调制信号为 $u_\Omega=U_{\Omega m}(\cos\Omega_1t+\cos\Omega_2t)$（V），且 $\Omega_1<\Omega_2$。现用鉴频器对该调相波进行解调。

(1) 定性画出调制信号和解调信号的频谱；

(2) 若要求不失真解调，鉴频器后面应加什么电路？

6. 某调频发射机的原理框图如图 T7-1 所示。已知调制信号 $u_\Omega=U_{\Omega m}\cos\Omega t$（V），载波信号 $u_c=U_{cm}\cos2\pi\times4\times10^6t$（V），调相器比例常数为 k_p，混频器输出取差频。

(1) 求 A、B、C 各点瞬时频率 $f_1(t)$、$f_2(t)$、$f_3(t)$。

(2) 写出 A、B、C 各点电压表达式 u_A、u_B、u_C。

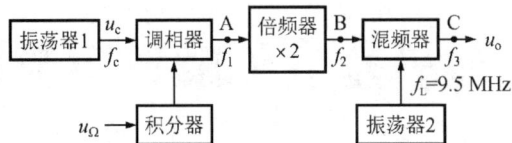

图 T7-1

7. 某调频无线话筒发射机的原理电路如图 T7-2 所示，看图回答问题：

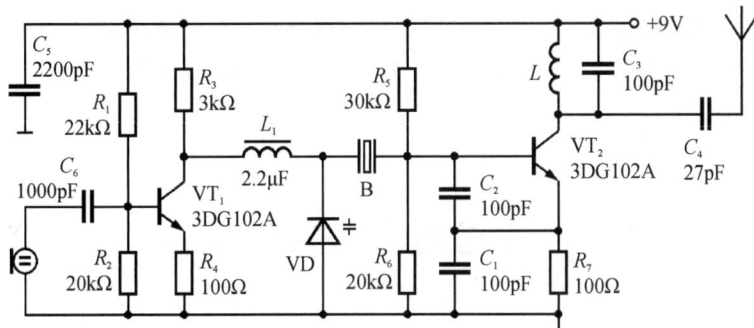

图 T7-2

(1) R_5、R_6、R_7 的作用是什么？

(2) 振荡回路由哪些元件组成？

(3) VT_1 的作用是什么？

(4) 说明电路的工作原理。

8. 某调频发射机电路的组成框图如图 T7-3 所示，要求输出信号的中心频率为 $f_0 = 100\ \text{MHz}$，最大频偏 $\Delta f_{m0} = 75\ \text{kHz}$。已知调制信号频率 $F = 1\ \text{kHz}$，混频器输出取差频信号，且 $f_{c3} = f_{L2} - f_{c2}$。

(1) 求直接调频器输出调频波的中心频率 f_{c1} 和频偏 Δf_{m1}；

(2) 求两个放大器的中心频率和通频带。

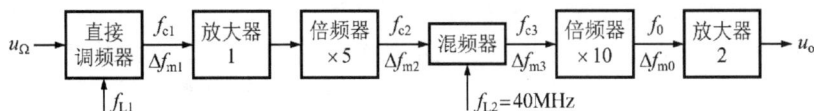

图 T7-3

第 7 章参考答案

附录 超外差式调幅收音机的安装与调试

目前，调频或调幅收音机一般都采用超外差式电路。在超外差式调幅收音机中，由于用中频放大器对固定频率的中频信号进行放大，所以它具有灵敏度高、工作稳定、选择性好及失真度小等优点。

一、实验目的、内容及器材

1. 实验目的

(1) 掌握电子元器件的识别及质量检验；

(2) 学习整机的装配工艺；

(3) 了解超外差式收音机的工作原理和装配过程；

(4) 培养动手能力及严谨的学习态度。

2. 实验内容

(1) 分析并读懂收音机电路图，对照电路原理图看懂接线电路图；

(2) 根据设计指标测试各元器件的主要参数；

(3) 理解六管超外差式收音机的工作原理及单元电路的调试过程；

(4) 按照印刷电路板正确装配器件，正确焊接和调试；

(5) 运用电子仪器检查、测量并调整电路工作状态，排除电路中的故障，使整机达到设计指标要求。

3. 实验器材

(1) 电烙铁、焊锡、剪刀、吸锡器、镊子；

(2) 收音机套件；

(3) 高频信号发生器、万用表。

二、基本原理

调幅收音机由输入调谐回路、本机振荡器、混频器、中频放大器、检波器、自动增益控制电路（AGC）及低频电压放大器和低频功率放大器组成，如图 A-1 所示。

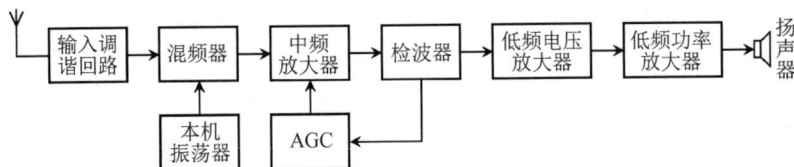

图 A-1　调幅收音机原理框图

下面以图 A-2 所示的六管超外差式调幅收音机的整机电路为例说明其工作原理。

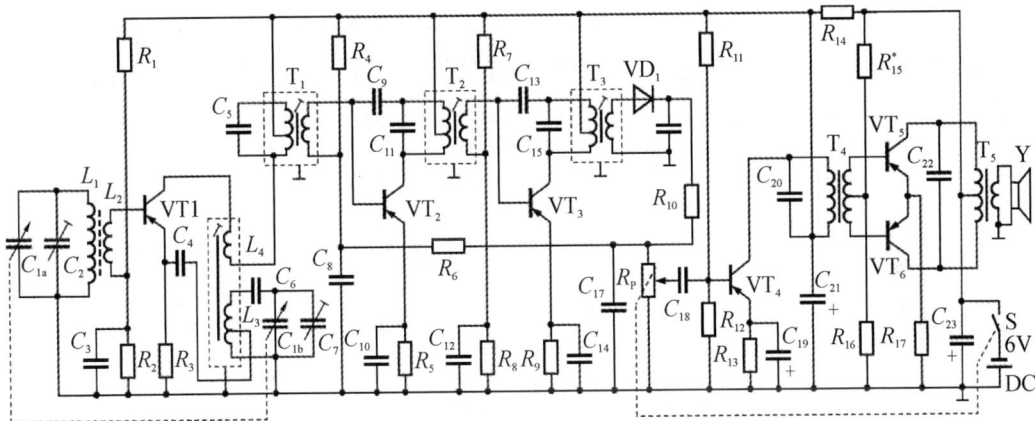

图 A-2　六管超外差式调幅收音机的整机电路

1. 输入调谐回路

收音机输入调谐回路的任务是接收广播电台发射的无线电波，并从中选择出所需电台信号。输入调谐回路如图 A-3 所示，由磁棒天线线圈 L_1、与调台旋钮相连的可变电容 C_{1a} 及微调电容 C_2 构成 LC 调谐回路，其谐振频率为

$$f_a = \frac{1}{2\pi\sqrt{L_1(C_{1a}+C_2)}}$$

调节可变电容 C_{1a} 可使 LC 调谐回路的谐振频率 f_a 等于电台频率，以选择不同频率的电台信号，再通过 L_2 耦合到下一级变频级。

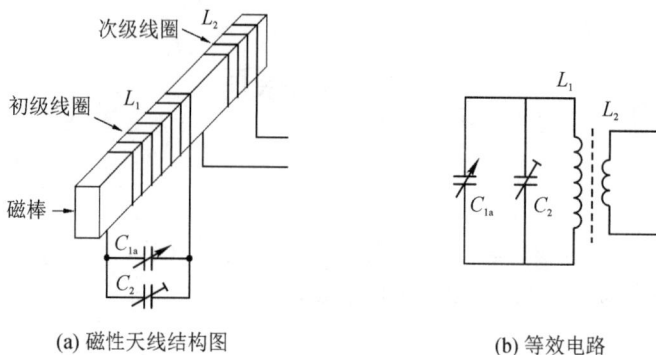

次级线圈 L_2

初级线圈 L_1

磁棒

C_{1a}

C_2

(a) 磁性天线结构图

L_1

L_2

C_{1a} C_2

(b) 等效电路

图 A-3 输入调谐回路

2. 变频器电路

变频器电路由混频器和本机振荡器组成，其主要作用是把不同频率的输入信号变成频率固定的 465 kHz 的中频信号，晶体管 VT_1 为混频器和本机振荡器共用，如图 A-4 所示。本机振荡器由 VT_1、L_4、L_3、C_6、C_{1b}、C_7 组成，为变压器耦合振荡器，L_3、C_6、C_{1b}、C_7 组成的振荡回路产生一个比输入信号频率高 465 kHz 的等幅振荡信号。VT_1、C_5、T_1 组成混频器，把输入信号和本振信号在 VT_1 中进行混频，利用晶体管的非线性，产生各种频率的电信号，再通过负载谐振电路（T_1、C_5），从众多频率的信号群中选出 465 kHz 的中频信号。

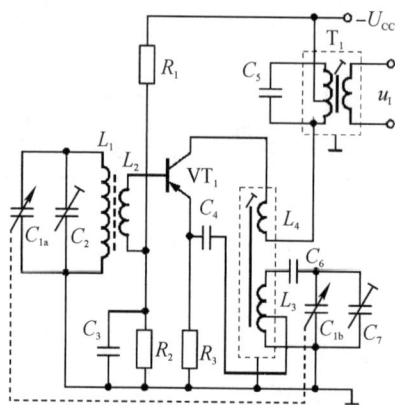

图 A-4 变频器电路

3. 中频放大器及检波器电路

中频放大器由 VT_2 和 VT_3 组成的两级高频小信号放大器组成，如图 A-5 所示，其作用是放大 465 kHz 的中频信号，以提高灵敏度和选择性。T_2、T_3 为中频变压器，因谐振在 465 kHz，故简称"中周"。

混频器输出的中频信号由 VT_2 的基极输入并进行放大，中频放大器的负载是中频变压器和谐振电容，它们组成并联谐振回路，谐振频率为中频 465 kHz。中频信号通过中频放大器放大以后,再送给检波器以得到所需的音频信号。

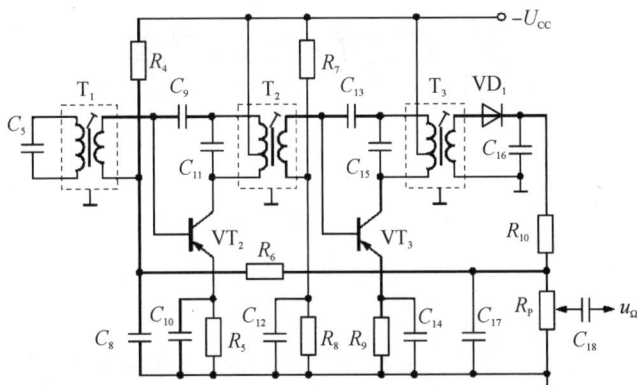

图 A-5 中频放大器及检波器电路

收音机检波电路的任务是把音频信号从中频载波中"取下来",以达到接收的目的。VD_1 为检波二极管,R_{10}、R_P 为检波负载。检波后的残余中频及高次谐波再通过由 C_{16}、C_{17}、R_{10} 组成的高频滤波电路滤除,最后把取出来的音频信号经电容 C_{18} 耦合到低频电压放大器进行放大。

4. 自动增益控制电路(AGC)

如图 A-5 所示,R_6、C_8 组成音频滤波电路,其输出的直流电压与检波器的输出信号强度成正比。当检波器的输出信号增大时,通过 R_{10}、R_6 使 VT_2 的基极直流电位升高,减小了 VT_2(PNP 管)的静态工作电流,降低了 VT_2 的电压增益,保证中频信号趋于稳定,不随电台信号强弱而变化。

5. 低频电压放大器和低频功率放大器电路

如图 A-6 所示,VT_4 组成低频电压放大器。VT_5、VT_6 组成推挽式低频功率放大器。T_4、T_5 分别为输入、输出变压器。该电路的作用是放大音频信号,输出足够的音频功率,推动扬声器 Y 发声。

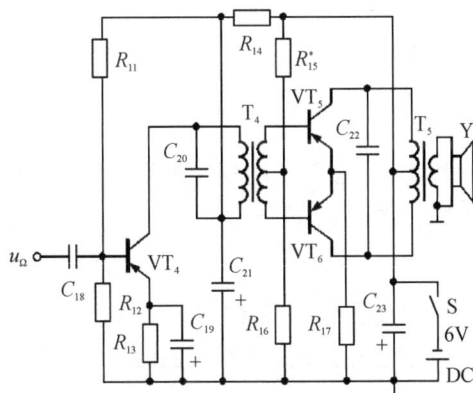

图 A-6 低频电压放大器和低频功率放大器电路

三、电路板的安装方法

（一）焊接练习

1. 准备焊接

清洁焊接部位的积尘及污渍、元器件的插装、导线与接线端钩连，为焊接做好前期的预备工作。

2. 加热焊接

将沾有少许焊锡的电烙铁头接触被焊元器件引线和焊盘 2～3 s，待焊锡将引线与焊盘浸润后移开烙铁头。注意：在焊锡凝固前，不可晃动焊件，否则易造成虚焊。如果要拆下PCB上的元器件，先用电烙铁加热焊点，使焊锡烙化，再用镊子或尖嘴钳夹住元器件轻轻拉动，将其以 PCB 上拉出。

电烙铁一般应选内热式（20～35 W）或调温式，烙铁的温度以不超过 400 ℃ 的为宜。烙铁头形状应根据 PCB 焊盘大小采用截面式或尖嘴式。

加热时应尽量使烙铁头同时接触印制板上铜箔和元器件引脚，对较大的焊盘（直径大于 5 mm）焊接时可移动烙铁，即烙铁绕焊盘转动，以免长时间停留一点导致局部过热。

3. 清理焊接面

当所焊部位焊锡过多时，可将烙铁头上的焊锡甩掉（注意不要烫伤皮肤，也不要甩到PCB上），然后用烙铁头"沾"些焊锡出来。当焊点焊锡过少、不圆滑时，可以用电烙铁头"蘸"些焊锡对焊点进行补焊。

4. 检查焊点

检查焊点是否圆润、光亮、牢固，是否有与周围元器件连焊的现象。

（二）电路读图及电路元件识别

1. 晶体管

晶体管包括变频管、中放管、前放管和功放管四种。注意晶体管的管脚的排列，当管腿朝下时，平面下方的三个管脚依次为 e、b、c。

2. 磁棒及线圈

线圈套在磁棒的外面，线圈要区分初级和次级，初级线圈的阻抗要大于次级的阻抗，通常初级线圈两根线的颜色为黑色和白色，次级线圈两根线的颜色为红色和绿色。

3. 本振变压器和中频变压器

本振变压器和中频变压器分为四种不同的颜色，变压器分初级和次级，外壳接地。检查时用万用表测量变压器的初级、次级与外壳之间的通断关系。

4．输入、输出变压器

输入、输出变压器也分初级和次级，检查时用万用表测量变压器初、次级之间的通断关系。

5．电阻

本实验使用的电阻全部是色环电阻。在实际检测电阻中经常会遇到色环的颜色辨别不清楚、色环离电阻两边的距离差不多的现象，这时不能确定电阻上的色环哪边是第一个色环，应使用万用表测量确定。

6．电容器

本实验使用的是瓷片电容器和电解电容器，瓷片电容器的容量较小，无正负极，用数字标写容量，如 223 表示 $22×10^3$ pF。电解电容器有正负极性和耐压要求，采用直标法，如 470 μF 16 V。对于电解电容器要注意极性，在新电容器中，一般引线长的极是正极，或在电容器上有负极的标示，通常是短"－"号，也可以用模拟万用表测量判断。

（三）电阻、电容和晶体管的安装

电子元器件的插装要求做到整齐、美观、稳固，同时应方便焊接和有利于元器件焊接时的散热。

1．元器件的分类

按电路图或清单将电阻、电容、二极管、晶体管、插排线、座、导线、紧固件等归类。

2．元器件引脚成形

所有元器件引脚均不得从根部弯曲，一般应留 1.5 mm 以上。要尽量将有字符的元器件面置于容易观察的位置。手工弯元器件的引脚时，可以借助镊子对引脚整形。

3．元器件插装的方式

手工插装元器件，应该满足工艺要求。二极管、电容器、电阻器等元器件根据两孔距离弯曲引脚，可采用卧式紧贴电路板安装，也可以采用立式安装，高度要统一。插装时不要用手直接触碰元器件引脚和 PCB 板上的铜箔。

（四）磁棒线圈和各种变压器的安装

1．磁棒线圈

磁棒线圈是用直焊漆包线生产的，线头可以不用小刀刮或砂纸磨。四根线头应先上锡，再焊接到 PCB 板对应的铜箔面上。

2．本振变压器和中频变压器

在安装本振变压器和中频变压器时，需要注意区分各变压器的编号和颜色；在 PCB 的元件面，变压器的位置上也印有变压器编号和颜色。

3．输入、输出变压器

在安装变压器时需要注意初、次级之间的标记，在线圈骨架上有凸点标记的为初级；

在 PCB 的元件面，变压器的位置上也有圆点作为初级标记。

注意：所有元器件按照先低后高的原则进行安装和焊接，且不得高于中周的高度。

四、整机调试

收音机装焊完成后，还需要经过检查、测量和调试。例如，检查装焊有无问题；用万用表测量整机工作电流和各工作点电压来判断电路工作是否正常；调试中频频率、收听频率范围等。一台未经过调试的收音机可能收不到电台信号或声音很小。

（一）检测调试步骤

1. 检查

在通电调试之前，要对照印刷电路图认真检查元器件有无错漏的地方，焊点之间有没有短路现象，元器件引线之间有无相碰现象，电路是否有虚焊、假焊和短路的地方，电阻是否有阻值接错的，电容、二极管是否有正负极反了的，晶体管的 e、b、c 脚接对了没有，中周的型号是否有误等。逐步分析，发现错误及时纠正，以免通电后烧坏元件。

接入电源前必须检查电源有无输出电压（3 V）和引出线正负极是否正确。

2. 初测

接入电源（注意"＋""－"极性），将频率盘拨到 530 kHz 无台区，在收音机开关不打开的情况下首先测量整机静态工作总电流；然后将收音机开关打开，分别测量所有晶体管的 e、b、c 三个电极对地的电压值（即静态工作点），将测量结果填到实习报告中。测量时注意防止表笔将要测量的点与其相邻点短接。

3. 试听

如果元器件完好，安装正确，初测也正确，即可试听。接通电源，慢慢转动调谐盘，应能听到广播声，否则应重复前面要求的各项检查内容，找出故障并改正，注意在此过程中不要调中周及微调电容

4. 调试

经过通电检查并正常发声后，可进行调试工作。

1）调中频频率

将中周的谐振频率调整到固定的中频频率 465 kHz 上，俗称调中周。调中周应使用无感改锥，用信号发生器输出 465 kHz 的调幅信号、调制信号频率为 1 kHz、调制度为 30％。

调试步骤如下：

（1）将本机振荡回路用导线短路，使它停振，以避免对中频调试工作的干扰。

（2）将双连可变电容器调到最大值（逆时针旋转到底）。

（3）打开收音机的电源开关，将音量电位器 R_P 旋到最大。

(4) 信号发生器的输出头碰触 VT_3 的基极，调整 T_3，使扬声器发出的声音最响。

(5) 信号发生器的输出头碰触 VT_2 的基极，调整 T_2，使扬声器发出的声音最响。

(6) 重复步骤(4)和(5)，反复调 2～3 次，中频就调整好了。

注意：在调整中频变压器时，动作要轻，而且调整幅度不能太大。因为中频变压器的磁芯很脆，一般在出厂时都已调准于 465 kHz 上，装机以后，由于谐振电容的误差和分布电容的影响，会使谐振频率偏移，但不会偏离太远，所以只要左右稍微调一下即可。

2）调整频率范围

调整频率范围通常叫调频率覆盖或对刻度。双联电容从全部旋入到全部旋出，所接收的频率范围应该是整个中波波段，即 526.5 kHz～1606.5 kHz。

调整频率范围的方法如下：

(1) 当接收 528 kHz 的调幅信号时，将双连电容全旋进去，调振荡回路的线圈 L_3，使声音达最大而且不刺耳。

(2) 当接收 1605 kHz 的调幅信号时，将双连电容全旋出，调振荡回路的补偿电容 C_7，使声音达最大而且不刺耳。

(3) 重复上述两项调整 2～3 次，使信号最强。

3）统调

本机振荡频率比输入回路的谐振频率始终应高出一个固定的中频频率"465 kHz"。

统调方法如下：

(1) 在低频端：将信号发生器调至 600 kHz，并将刻度盘旋至 600 kHz 的刻度处，调整线圈 L_1 在磁棒上的位置，使信号最强（一般线圈位置应靠近磁棒的右端）。

(2) 在高频端：将信号发生器调至 1500 kHz，并将刻度盘旋至 1500 kHz 的刻度处，调 C_2，使高频端信号最强。

(3) 由于高频端、低频端之间相互影响，重复上述两项，调整 2～3 次，调完后即可用蜡将线圈固定在磁棒上。

（二）验收

验收要求如下：

(1) 外观：机壳及频率盘清洁完整，不得有划伤、烫伤及缺损。

(2) 印制板安装整齐美观，焊接质量好，无损伤。

(3) 导线焊接要可靠，不得有虚焊，特别是导线与正负极片间的焊接位置和焊接质量要好。

(4) 整机安装：转动部分灵活，固定部分可靠，后盖松紧合适。

(5) 性能指标要求：

① 频率范围为 526.5 kHz～1606.5 kHz；

② 灵敏度较高；

③ 音质清晰、声音洪亮、噪声低。

参 考 文 献

[1] 张肃文. 高频电子线路[M]. 6 版. 北京：高等教育出版社，2023.

[2] 冯军，谢嘉奎. 电子线路：非线性部分[M]. 6 版. 北京：高等教育出版社，2022.

[3] 高吉祥. 高频电子线路[M]. 4 版. 北京：电子工业出版社，2016.

[4] 钟苏，刘守义. 高频电路分析与实践[M]. 西安：西安电子科技大学出版社，2012.

[5] 行鸿彦. 高频电子线路[M]. 北京：电子工业出版社，2021.

[6] 陈启兴. 通信电子线路[M]. 北京：清华大学出版社，2019.

[7] 耿照新. 高频/通信电子线路实验指导[M]. 北京：北京交通大学出版社，2015.

[8] 张玉侠，豆明瑛. 高频电子线路实验教程[M]. 西安：西北工业大学出版社，2016.